U0299147

中华民族
传统家具大典

Encyclopedia of Chinese Traditional Furniture

张福昌
主编

综合卷

清華大学出版社
北　京

内 容 简 介

本书是第一部系统反映我国代表性地区和少数民族传统家具历史和特色的家具大典，全书共有四卷，分别为地区卷、民族卷、场景卷和综合卷。本卷为综合卷，分 9 章论述。第 1 章阐述了传统家具的基本概念，传统家具的形成和研究的意义，并从生活的角度论述了传统文化对家具的形成与历史发展的影响，以及对家具的地域、时代、风格的影响。第 2 章阐述了传统家具的主要分类及构成要素，并介绍了中国代表性地区的传统家具。第 3~7 章论述了传统家具的基本特征、结构特征、常用材质及其加工工艺特征。第 8 章论述了中国竹家具的资源分布、材质与加工工艺特征，以及竹家具的代表性地区和代表性竹家具产品。第 9 章为传统家具的探索与展望，论述了传统家具的风格与文化特征、风格的断流和现代的再建、传统家具的研究与发展方向、传统家具的传承与创新实践。

本书既可供国内外图书馆收藏，也可供从事家具、室内、建筑设计的生产企业与研究单位的工作人员参考，还可作为家具与工业设计、环境设计、设计艺术学、设计文化等学科的师生和喜好我国传统家具及文化的读者的参考资料。

图书在版编目 (CIP) 数据

中华民族传统家具大典 . 综合卷 / 张福昌主编 . -- 北京 : 清华大学出版社 , 2016
ISBN 978-7-302-43308-8

Ⅰ . ①中…　Ⅱ . ①张…　Ⅲ . ①家具 – 介绍 – 中国　Ⅳ . ① TS666.2

中国版本图书馆 CIP 数据核字（2016）第 051683 号

责任编辑： 张秋玲
封面设计： 傅瑞学
责任校对： 刘玉霞
责任印制： 李红英

出版发行： 清华大学出版社
网　址：http://www.tup.com.cn，http://www.wqbook.com
地　址：北京清华大学学研大厦 A 座　　邮　编：100084
社 总 机：010-62770175　　邮　购：010-62786544
投稿与读者服务：010-62776969, c-service@tup.tsinghua.edu.cn
质量反馈：010-62772015, zhiliang@tup.tsinghua.edu.cn
印 装 者： 三河市中晟雅豪印务有限公司
经　销： 全国新华书店
开　本： 210mm × 285mm　　印　张：23.75　　字　数：585 千字
版　次： 2016 年 5 月第 1 版　　印　次：2016 年 5 月第 1 次印刷
定　价： 198.00 元

产品编号： 066035-01

编　委　会

特别鸣谢

本书是以中国几代从事传统文化和传统家具教育和研究的院校师生、从事传统家具生产和经营的企业家、从事传统家具收藏的艺术家和爱好者，长期积累的成果为基础编著而成的。本书在编写过程中特别得到了下列院校、企业和个人的热情支持和无私帮助，在此向他们表示崇高的敬意！

单位：

江南大学设计学院
江南大学设计科学与文化研究所
南京林业大学家具与工业设计学院
东北林业大学材料科学与工程学院
北京林业大学材料科学与技术学院
中南林业大学家具与艺术设计学院
河南工业大学设计艺术学院
广东轻工职业技术学院设计学院
深圳祥利工艺家俬有限公司（友联为家）
浙江宁波永淦进出口有限公司
台湾工艺研究发展中心
台湾台南·家具产业博物馆
台湾“中国家具博物馆”
香港华埔家具有限公司
福建省连天红家具有限公司
南通市永琦紫檀家具艺术珍藏馆
东阳杜隆工艺品有限公司
《家具》杂志社
《家具与室内装饰》杂志社
扬州工艺美术协会
扬州漆器厂
广东中山忠华瑞明清古典家具
广东省东莞名家具俱乐部
广西玉林民间收藏家协会等

个人：

田霖霞　平国安　王庆斌　王温漫　林秀娟　王美星　刘丽聪　朱方成　代福平
訾　鹏　魏　强　杨宛萤　李林芳　苏　健　刘倩茹　邓利刚　徐秋鹏　刘曦卉
朱宁嘉　周　林　李　慧　刘俊哲　沈卓娅　赵来振　赵永淦　陈燕木　谢世强
周芳莼　边文虎　王少君　郭谕历　许丛瑶　吴如松　覃芳圆　田登刚　钟锦德
唐　恬　葛美琴　冉祥飞　伍　琴　朱瑞兴　莫沃佳　顾永琦　许熠萤　杨　淳
牛晓霆　刘　婷　李　伟　肖雪霞　廖晓梅

序 一

家具不但是人类的生活必需品，也是人类的宝贵文化遗产。中国是世界上屈指可数的传统家具文化大国，具有几千年的历史，家具的种类和数量为世界之最。但是，随着全球经济一体化和中国经济快速发展与大规模城市化，人们的生活方式和文化发生了巨大变化，现代家具高速发展、种类繁多。与此同时，随着人民物质经济生活水平和精神文化消费需求的不断提高，传统家具的生产制造和消费市场正在国内迅速扩大。

由张福昌、吴智慧、许美琪、胡景初、王逢瑚、林作新等10多位专家教授和企业的设计师编写的《中华民族传统家具大典》，着眼于以优秀传统家具为主体的中国传统文化遗产的挖掘、保护和传承，从全国各地收集、积累了几万张珍贵图片，经过精心挑选，编撰出这部展示中国代表性地区和少数民族传统家具类型，品种最多、规模最大的传统家具大型图书。

本书不但从学术上系统论述了中国传统家具的类型、特征等理论，内容也显著区别于目前大量出版的供收藏、拍卖和企业模仿参考的古典家具图册，在中国传统家具研究领域中既有地区和民族文化的广度，又有传统家具研究的高度和深度。本书作为对中华民族传统家具理论和实践的专项研究，在历史、地域、民族和文化的跨度上都具有代表性、典型性和开拓性，除了在家具学科方面的作用之外，在文物学、历史学、民族学、美术学等领域也都具有较高的学术研究价值和现实应用价值。本书以中国代表性地区和少数民族所创造的实用、经济、美观的民间"原生态"传统家具及其代表性的家具场景为主体，充分体现了传统的"以人为本"、"天人合一"的设计理念和传统家具绿色环保的特色。

本书特色鲜明，图文并茂，强调系统性、科学性、学术性、资料性、实用性和鉴赏性，展示了中国传统家具的博大精深及中华民族的无穷智慧和创造力。本书的编著出版符合国家经济、社会、文化的发展方向，不但能够弘扬中华民族的优秀传统文化、振奋民族精神、增强民族自信心，而且对中国家具产业继承优秀的传统设计理念和文化遗产，走有中国特色的创新发展道路具有十分重要的意义。可以说，这是一部兼具很高学术价值和社会价值的大型图书。

張齐生

中国工程院院士，南京林业大学教授

2014年10月14日

序　二

中国传统家具历经几千年，其发展历程源远流长，灿烂辉煌，所达到的艺术造诣举世闻名，其影响遍及世界各地，几乎所有世界闻名的博物馆都有收藏。作为中华民族固有文化的重要组成部分，中国传统家具既是弥足珍贵的文化科学遗产，又是技术基因的重要载体。

传统家具不仅在历史上发挥了重大作用，对现代生活也有很大的影响。传统家具的造型、装饰和工艺对现代家具设计和生产都有启示和指导意义。许多现代经典家具中都包含中国元素，“中国传统家具系统中所蕴含的丰富理念为现代家具的主流成就提供了基石”得到了充分的论证。中国传统家具的精髓在于神，神乃中华灿烂文化的精神享受。中国古人在先哲的精神指引下，将神化物，不懈追求，让家具设计日臻完美，使得中国家具在世界家具史上独树一帜。

本书的作者都是分布在全国各地长期从事传统家具研究的学者及企业的设计专家，他们经过长期的系统研究，拾遗中国传统家具的美质，传承中国民族家具的款式，积累了大量的精美图片素材，尤其在各地区家具和少数民族家具方面具有系统性、完整性和独创性。本书全面介绍了中国传统家具的造型、装饰、结构、材料及工艺，并通过对代表性地区及少数民族家具的分析介绍，展现了原汁原味的地域特色和民族风情家具，既有理论高度，又有实用价值。

随着中国现代化建设的进展以及人民物质生活和精神生活水平的提高，人们的审美也趋于多样化和丰富性。本书内容丰富全面、结构合理、叙述严谨、信息量大，是一部中国民族传统家具方面的综合性著作，对弘扬民族传统文化、推动中国家具事业的延续传承与创新发展都有着深刻而重大的意义。

中国工程院院士，东北林业大学教授

2014年10月10日

前　言

随着信息革命、知识经济时代的到来，大工业时代的“大量生产、大量消费、即用即丢”的大工业文明将随之成为历史，整个世界尤其以发达国家为代表，正由物的不足转向精神的不足，由物质消费转向精神文化消费。随着世界科技的日新月异，全球经济一体化，商品竞争国际化，世界已进入一个崭新的设计文化时代。

大工业时代划一的工业产品充斥世界每个角落，尽管改变了人们的生活方式和生活文化，但是人们越来越深刻地认识到，以牺牲环境为代价的大工业文明造成了全球性的自然生态破坏，引发了越来越多的对人类生存构成严重威胁的自然灾害。同时人们也认识到，大工业时代也导致了曾经创造辉煌的世界各国特色鲜明的传统文化正在迅速衰亡，各民族的文化生态也受到了不同程度的破坏，诱发了种种社会问题。

随着全球经济一体化和文化产业的发展，随着人们生活质量的提高，对精神文化的需求和对个性化的要求日益增强，因此，在新的技术革命和知识经济时代的条件下，整个世界都在重新审视和评价各国的传统文化，都在重新发现传统文化的美，同时把发掘和振兴地域传统文化作为发展经济的战略之一。正是在这样的背景下，具有5000年文明历史的中国传统文化产业再次受到世界和国人的关注，中国的传统古旧家具也成了国内外收藏的热门产品。

家具是人类衣食住行中必不可少的。人生的三分之一因睡眠而在床上度过，还有三分之一是因生活、工作而在桌椅上度过的。

家具是一门古老而年轻的学科，说其古老，是指世界家具有几千年历史；说它年轻，是指对家具进行科学研究的历史仅半个多世纪。家具伴随着人类的种种需求而创造，伴随着生活方式的变化、科技的进步而日新月异，伴随着各地不同的自然资源、传统文化及民俗而呈现出千姿百态、五彩斑斓的地域特色。

中国地域辽阔，人类历史文化和自然遗产丰富，人口和民族众多，在漫长的历史进程中，各族民众利用当地丰富的资源，发挥聪明才智，创造了无数世代相传、经济、实用、美观、特色鲜明的家具，因此，从某种意义上说，中国是世界上屈指可数的家具文化大国，其种类和数量可称世界之最，可以称得上是世界家具博物馆。

然而，长期以来，人们似乎只知道中国的明式家具和清式家具，却对平民百姓日常生活中所创造和使用的家具熟视无睹。虽然我们世世代代、年复一年、日复一日地接触这些极其普通的家具，但是对其了解甚少，甚至可以说是一片空白。历史总带有偏见，总是记载帝王将相、达官贵人的一切，而真正创造人类文明的民众以及他们创造的无数充满智慧的生活用品却总被遗忘。这些文化遗产尽管在历史上很少被人刻意地收集、整理和保存下来，但她仍以强大的生命力伴随着人类生活文化而不断地继承和创新到今天。如果说明式家具是中国传统家具的典范，那么各族人民在历史的长河中用智慧所创造的无数传统家具则组成了中国家具的海洋。传统家具绝不是民间那些简单、低俗的家具的代名词，而是有着极其丰富的内涵。

本书之所以不用“民族家具”，是因为在同一地域聚居多个民族，其生活用品有相当数量是相同的；之所以不用“民间家具”，是因为传统有广泛的文化内涵，不仅仅是相对达官贵人而言，还包含其他阶层的人群和习俗。本书所述的“传统家具”，是指一种深具文化内涵的生活用具，它表现了各时代、各地域、各民族的物质和精神风貌，深深打上了中国传统民族文化的烙印。传统家具是家具与传统文化相结合的产物，除了具有家具的基本特征外，更主要的是受到传统文化背景和资源环境的影响，是中国优秀传统文化的物化表现。中国的传统家具，几千年来始终保持着鲜明的地域和民族的传统文化特征。

尽管在古代还没有人体工学的研究，但是我们的祖先早已根据自身的人体尺寸创造了各种符合人体工学的器具。如农具，同样的犁，东西南北各地尺寸都不一样；椅子，男女尺寸有别；儿童用的立桶，可以随着孩子的成长调节高度。

尽管古代中国没有材料学和生态学的研究，但我们的祖先早已根据不同的功能合理选材，并有效使用材料。特别是利用竹材的特性创造了无数的竹家具、竹工艺、竹工具制品，以及建筑、桥梁、交通工具等。这些物品不但是中华民族的创举，也是对人类社会的贡献。这些物品废弃后又回归自然，周而复始，良性循环，和谐发展。

尽管古代劳动人民没有富裕的物质条件，但是各族人民发挥聪明才智，根据生活和生产的需要，遵循“天人合一”的理念，因地制宜，就地取材，因陋就简，创造了无数实用、经济、美观、朴实的家具和工具；尽管古代还没有系统论的研究，但是我们的前人早就以自己的民族文化为指导，创造了具有鲜明文化特色的系列产品，其中尤以与建筑风格一致的成套系列家具为典型。如苏式家具与江南民居十分协调；又如十里红妆家具，其功能的完善，品种的齐全，造型、色彩、装饰风格的一致，以及制作的精美，令人赞叹不已。

此外，像儿童藤睡床，取开床面活动小板，孩子可坐，盖上可睡；楼梯椅既可作座椅，也可作楼梯使用；钓鱼凳上面为椅面，下面为桶，可存放钓上的鱼，一物多用；菜橱柜，上部有橱门，可存放熟食防虫，下部有开敞框架，可存放蔬菜及不用器物；秧凳下部用一大块翘头平板，既便于向前移动又不会下陷；榨凳利用了物理杠杆的作用，既省力又便于移动；枕箱可将最重要的物品放在枕内，较为安全；清代竹编葫芦提梁餐具篮，用将近 30 件物品，组合成一个葫芦形的提篮；还有轻巧而便于储存和携带的折叠交机等。这些科学合理的古旧家具不仅使我们对前人的创造深感钦佩和震撼，而且对我们重新认识设计的原点，端正设计思想，如何设计创造有中国特色和地域风格以及深受消费者欢迎的产品，如何创造“人、物、自然、社会”的和谐系统，具有重要的现实意义和学术价值。但是，早在中国开始逐步认识到这些传统古旧家具的文化价值之前，西方发达国家就已经一批又一批地把中国传统家具运往国外进行收藏、陈列和研究。因此，加快对中国传统家具的收集、整理、保护和研究，已是摆在我们面前的一件迫在眉睫的任务。

本书的写作计划源于日本，成在祖国。1981 年，我肩负着祖国人民的重托，到日本千叶大学工业意匠学科做访问学者，研修工业设计及其设计基础，期间日本著名学者小原二郎先生的室内、家具的人间工学研究和宫崎清教授的传统工艺产业的设计振兴给我留下了终生难忘的印象。1983 年回国后，我将传统工艺的设计振兴和传统家具的科学与文化研究作为一项长期研究的课题，30 年来，收集了数以万计的中国传统家具资料，指导了一些研究生研究、设计传统家具，取得了可喜的成果。设计的多种产品已经投产，撰写的国家重点图书《中国民俗家具》获得了 2006 年首届中华优秀出版物提名奖，得到了国内外专家的好评。

随着国家越来越重视传统文化产业，随着对传统家具研究的不断深入和资料的进一步丰富，2009 年我们团队决定在《中国民俗家具》的基础上，编纂一部以代表性地区和少数民族传统家具为主的《中华民族传统家具大典》，以填补国内外的这一空白。虽然这是一项“劳民伤财”的事情，但是这一计划得到了南京林业大学张齐生院士和东北林业大学李坚院士的推荐；得到了吴智慧、胡景初、许美琪、林作新、王逢瑚、和品正等家具设计界著名学者和学科带头人，李伟、周橙旻、张小开、张欣宏、赵俊学、张宗登、傅小芳、陈立未、王黎、和玉媛、黄河等中青年学术骨干，以及在传统家具创新设计开发方面成果突出的台湾台南·家具产业博物馆馆长江文义、东莞市弘开实业有限公司总裁戴爱国、深圳祥利工艺家俬有限公司（友联为家）总经理王温漫等企业家的热烈反响和支持，大家怀着拯救中华民族传统文化的强烈的责任感与使命感共同努力完成书稿。从立项以来，老一辈的专家们不但积极撰写了研究论文，还为本书的特色、内容结构等提出了宝贵的建议；长期生活工作在少数民族地区的李伟教授将自己多年研究、收集、积累的成果整理成书稿；年轻的学者们将自己的博士、硕士学位论文以及工作以后的研究成果整理成文；身为纳西族的和品正、和玉媛父女，朝鲜族的赵俊学副教授和满族的蒋兰老师，为了撰写本民族的传统家具，一次又一次深入民族地区、民居和博物馆收集第一手资料；傅小芳副教授利用长期收集的河南各地的家具资料撰写了河南传统家具，填补了河南家具的空白；桂元龙教授为本书收集传统家具资料做了大量工作；周林校友在百忙中专门协助我们请广西玉林收藏家协会提供传统家具资料……在各位作者、家具界和设计院校的朋友们的支持下，本书收集的传统家具资料在地域上，涉及 23 个省（直辖市、自治区），包括京作家具、苏作家具、广作家具、宁作家具、晋作家具、海派家具、福建客家家具、皖南家具、河南家具、巴蜀家具、台湾传统家具等；在民族上，涉及蒙古族、藏族、维吾尔族、苗族、彝族、满族、朝鲜族、傣族、纳西族等十几个民族；在传统家具应用上，涉及宫廷王府、宅邸、衙署、宗教庙宇、园林、名人故居、普通民居等；在传统家具类型上，涉及床榻类、椅凳墩类、桌案几类、框架类、箱柜橱类、屏风类、门窗格子类、综合类等，所有这些奠定了本书的基础。

在这里要特别指出的是，为了填补台湾传统家具的空白，台湾工艺研究发展中心、台湾台南·家具产业博物馆和“中国家具博物馆”的台湾朋友为我们提供了无私帮助，不但提供了丰富的资料，江文义先生还在百忙之中对“台湾传统家具”部分进行了认真仔细的修改和补充，令人感动。

《中华民族传统家具大典》一书出版的目的，既不是为了满足人们的怀旧情结，也不是要作为收藏指南，更不是为了抄袭复制，而是在于“温故而知新”，学习前人坚持以人为本、天人合一、因地制宜、珍惜资源、保护环境的创造理念，学习前人继承与创新的方法，从中得到启迪、找到规律，提取中国的地域特色元素，在国际化、个性化时代，古为今用、与时俱进，少一点崇洋媚外和盲目模仿外国的思想，多一点民族自信，创造更多深受广大消费者欢迎又具有鲜明时代特征和地域文化特色的科学合理的新的中国传统家具。

本书的出版虽然填补了国内外的空白，作者们在编著过程中的每个环节也都尽心尽力、精益求精，但是，中国传统家具源远流长、博大精深，几千年来各族人民世代传承和创新了无数家具，这一世界文化宝库的整理和研究绝不是我们这代人花十年八年时间就可以得到一个完美结果的。书中所涉及的家具种类和数量只能算是沧海一粟，再加上我们水平有限，经验不足，研究条件有限，在传统家具的发掘、传承与创新发展，在传统家具的科学与文化艺术的深层次研究等方面还有待专家们进一步探讨，我们期待本书的出版能起到抛砖引玉的作用。

杨叔子院士说过：“一个国家没有高科技一打就垮，没有传统文化不打自垮。”希望本书的出版能引起社会各界关注，进一步加强对传统家具的深入研究，涌现更多传统家具研究的新成果，弘扬民族传统文化，振奋民族精神，为中国家具产业屹立于世界民族之林，再创辉煌作出新贡献。

参加本卷图书编写工作的有：张福昌，吴智慧，周橙旻，许美琪，林作新，胡景初，张小开，王黎，戴爱国，黄河。在编写过程中，作者们学习和参考了家具界老一辈专家的研究成果，参考了国内已出版的各种古典家具图书及其相关资料，因此，在某种意义上来讲，本书是中国家具界传统家具研究成果的一次汇总，是全国各地传统家具的老中青研究队伍的一次集体创作。在此谨向所有关心、支持和帮助本书出版的单位和专家、朋友们表示最衷心的感谢！

最后，要感谢南京林业大学的周橙旻副教授，是她一次又一次不辞艰辛、不遗余力地承担了一般人难以接受的书稿的修改工作；特别要感谢清华大学出版社的吴培华总编辑和理工分社的张秋玲社长，在我们迷茫的时候，是他们高瞻远瞩、独具慧眼，不断给予我们鼓励、鞭策、支持和帮助，使我们满怀信心坚持到今天，使这本中国家具历史上第一本传统家具大典能够和读者见面。

“滴水之恩，当涌泉相报”，我们谨以本书：

献给我们深爱的祖国！

献给养育我们的人民！

献给世世代代传统家具的创造者！

献给传统家具制作和研究的前辈！

2014 年 4 月 26 日

目 录

1

中国传统家具概述

在漫长的历史长河中，人类始终凭借着智慧和双手，根据生活和生产的需求，利用当地的自然资源，制造出了无数优秀的实用美观的传统生活工艺品，同时形成了世界性的产业。传统手工艺沉积着特定的历史时代和地域环境下形成的价值观念和审美意识。富有特色和个性的传统手工艺产业在世界文明史上作出了无与伦比的历史性贡献。

中国传统家具是中国传统文化的重要组成部分，它充分体现了各民族民众的智慧，有鲜明的地域文化特征和浓郁的生活情感，是就地取材、回归自然的绿色设计产品。几千年来，中国传统家具保持着优秀的民俗传统和作风，因极少受到外来影响而独成体系，形成了中国家具的艺术特色，成为中国古代物质文明的有机组成部分。在它的形貌里蕴含着高尚的民族意识，象征着将来的工艺复兴。

1.1 传统与传统文化

所谓“传统”，是指“由历史沿传而来的思想、道德、风俗、艺术、制度等”。[①]传统对人们的社会行为有无形的影响和控制作用。传统是历史发展继承性的表现，在有阶级的社会里，传统具有阶级性和民族性。积极的传统对社会发展起促进作用，保守和落后的传统对社会的进步和变革起阻碍作用。“文化”是指“人类在社会历史发展过程中所创造的物质财富和精神财富的总和，特指精神财富，如文学、艺术、教育、科学等”。[②] 由此可见，传统和传统文化，无论是过去、现在还是将来，都是世界各国、世界各族人民和人类社会发展进步的灵魂和原动力所在。因此，在某种意义上来说，没有传统和传统文化内涵的产品，就像一个人没有灵魂一样，很难有感召力、生命力、吸引力和竞争力，很难形成特色好品牌。

“传统产品（或文物）”在不同的国家有不同的理解。在历史悠久的国家，一般来说，具有100年以上历史的产业及其产品才是能够称得上“文物”的传统产品，即在中国一般是指民国以前的东西。但在美国等国家，有40~50年历史的物品就被视为文物。一般而言，如果一个产业和产品在人类的历史上存在越长，其文化积淀就越厚，不但有很高的附加价值，更有无穷的智慧值得我们去学习和研究。

纵观人类历史可以知道，在漫长的历史进程中主要是地域文化形成传统，传统都是在特定的历史条件下形成和随着人类社会的不断发展而不断传承发展的。无论哪个国家和民族的传统，既有积极的也有消极的，我们在学习过程中决不能兼收并蓄，而一定要继承、发展和创新，为今天所用。尤其在全球经济一体化的现代信息时代，世界各国的文化频繁交流和交融，我们更应该弘扬优秀的民族传统文化，走有中国特色的发展道路。

---

① 见参考文献 [1] 第 606 页。

② 中国社会科学院语言研究所词典编辑室 . 现代汉语词典 [M]. 5 版 . 北京：商务印书馆，2005：1427.

1.2 传统家具的定义

虽然“中国传统家具”一词多处可见，但是在权威的词典中还找不到一个规范的定义，也没有一个真正从学术意义上界定的中国传统家具的权威定义。在《中国家具协会传统家具专业委员会章程》中有这样一段话：“本专业委员会所指的‘中国传统家具’是泛指以传统造型和做法为主，在继承传统基础上发展创新的各类家具，包括通常所称红木、硬木、中性木材、软性木材及其他材料制作的各类家具，不具有特别的学术意义。”

胡景初、李秀敏编著的《家具设计词典》中对“传统家具”的解释为：“我国家具历史悠久，工艺精湛，至明代发展到了它的历史高峰，形成了鲜明、独特的民族风格。在我国许多地方，至今保持着我国家具的传统做法和传统式样，继承这些做法和式样的家具，都称之为传统家具。现在主要有北京硬木家具、苏州红木家具、上海红木家具、广州酸枝木家具、云南镶嵌大理石家具、宁波骨嵌家具、山东潍坊嵌银丝家具等。对于西方，传统家具是指相应的历史传承的家具式样或技术。”从上面的解释可见，通常所说的“传统家具”泛指以传统造型和做法为主的、在继承传统基础上发展创新的各类家具，包括常说的红木、硬木、中性木材及其他材料制作的各类家具，但没有明确把中国各地、各民族几千年来在生产生活中所创造的伴随着一代又一代人生活和生产、充满智慧和创造的“原生态”家具作为传统家具来研究和生产。这些历史悠久、世代相传、特色鲜明的家具应该是各族人民生活中的主体，绝不是可有可无的家具。我们决不能只是把贵族使用和收藏的昂贵的家具列为传统家具，而把大量人们自己创造、制作和使用的家具不列为传统家具。传统家具不能够以材料的名贵来分类，而是应该从是否在人们生活和生产中创造和能否长期使用流传来划分。这也是中国各地的民间传统家具大量流失到国外的重要原因之一，不能不说这是中国家具产业发展中的一个重大失误。

最近10多年来出版了很多供收藏、拍卖和供企业设计参考模仿的古典家具图册。中国对明清家具乃至中国古典家具研究的人已为数不少，在外国也不乏高人。20世纪，自德籍教授古斯塔夫·艾克开始，最有成就和影响的要数王世襄先生。但是如果在传统家具前加上一个“当代”，就有很多人不甚了解了。这表明要在一个新的领域里探讨传统家具的现代意义。

如果要给中国传统家具的定义画一个圈，不知道“榫卯结构”是不是能够成立——以传统榫卯结构为主的红木、硬木、中性木材和其他材质生产的家具，即是中国传统家具。即使不以“榫卯结构”来划定，但也可以说“榫卯结构”是中国传统家具的灵魂。正是先人创造的“榫卯结构”构筑了中国传统家具的基本框架，并以之独立于世界家具之林。王世襄先生对“榫卯结构”有过这样的论述：“各构件之间能够有机地交结而达到如此的成功，是因为那些互避互让但又相辅相成的榫子（南方叫‘榫头’）和卯眼起着决定性的作用。构件之间，金属的钉子完全不用，鳔胶粘合也只是一种辅佐手段，凭借榫卯就可以做到上下左右、粗细斜直，连接合理，面面俱到，工艺精确，扣合严密，间不容发，常使人喜欢赞叹，有天衣无缝之妙。”因而“榫卯结构”为主干，加之款式、纹样、打磨和上漆等就构成了中国传统家具的基本元素和符号。当然，这仅仅是表层意义上的定义，构成中国传统家具的根本元素还在于千百年来锤铸而成的中国人文精神，这种精神浸透在家具每一个榫头和卯眼之中，浸透在每一下打磨之间，与我们的整部中华文明史是相辅相成的。

中国传统家具的历史可以一直向上追溯，甚至到我们文化开始的源头。古斯塔夫·艾克在《中国花梨家具图考》一书中谈道：“中国家具虽然历经了各个时代的风格变迁，但直到一个传统将要结束的时期，还始终保持其结构特征且精真简练的遗风。中国家具所表现的处理手法服从于中国厅堂布置的对称性，这些方法可能远在中国文化发展的初期就已开始被运用。”他还指出，有关中国家具历史的文献很多，除了文学作品的引述之外，还有商代的象形文字（公元前 12 世纪以前）、商代和周代的青铜器（公元前 3 世纪以前）、从汉代遗址发现的家具实物碎片（公元前 3 世纪至公元 3 世纪）、中亚和黄河流域发掘出土的文物、古代佛像的底座、从汉朝到郎世宁和清帝国末年的石刻和图画，特别是保存在奈良正仓院中的精美唐代家具（公元 7—8 世纪），但从古至今其基本形式变化却很少。中国传统家具从新石器时代开始，经过前三代到春秋战国，以至先秦两汉、魏晋南北朝、隋唐五代、宋元，一直到明代才发展到中国古典家具的顶峰，之后的“清三代”还能承其遗韵，再后就“江河日下”了。近一二百年来，中国传统家具的境遇与中国的其他传统文化艺术差不多，或者还不及。在民国及解放初期，传统家具虽有所发展，但缺乏足够的影响。中国当代传统家具能够发展起来，是改革开放 30 年来的事情。我们在传统前面冠以“当代”，是指在今天以传统制作手法为主生产的中国家具，而振兴当代的传统家具生产是我们的目的所在。

作为一个产业，中国当代传统家具生产的兴起始于 20 世纪 70 年代。首先是从原有传统制作工艺的一些地区开始的。据不完全统计，全国现有家具企业 6 万家左右，从业人员约 500 万，其中从事传统家具生产的约占 15%，而能够形成规模的在百家左右，主要分布在广东、浙江、江苏、河北、北京和上海等地。其中，广东在企业数量和产品产量上又拔“头筹”，主要集中在深圳、中山、广州、东莞和肇庆等地。目前，生产企业在一个地区内比较集中的现象突出，如广东中山的大涌镇有红木家具生产企业 500 多家，江苏常熟有红木家具生产企业 300 多家，河北武邑、大城及浙江象山也有传统家具生产企业几百家。这些企业的规模一般不大，甚至有很多作坊式工厂，能够形成上亿元产值或接近这个数字的企业在全国不足 10 家。另外，由于传统家具的特殊性，一些厂家的产值还难以估计。从生产制作和风格上来看，当代传统家具已不能用“苏作”、“广作”、“京作”、“宁作”和“海派”来区分了。从产品看，大致可以分成两类：一是生产新家具，即在继承传统基础上发展创新的，这类企业占多数。二是生产旧家具，这类企业也分两种，基本是旧家具收购修复和按照旧家具款式生产的，即称为生产“高仿”的企业。在这些企业里有相当一部分堪称是“明星级”的。中山的大涌是“团体冠军”，在他们大大小小近 500 家企业中有不少是出类拔萃的；而深圳的“友联”、台山的“兴隆”、中山的“风行御宝轩”，北边的“龙顺成”，南边的“年年红”等家具企业，正在发展中逐渐形成自己的特色。

家具作为人们生活、工作中必不可少的用具，在满足使用功能的同时，还要满足一定的审美要求。家具在不同社会发展历史阶段中，还依赖于生产力的水平和时代的民族文化特征。使用功能、物质技术条件以及造型美是构成家具设计的基本要素，它们共同构成家具设计的整体，其中，使用功能是前提、是目的，物质技术条件是基础，造型美是设计者的审美构思。

中国传统家具是维持人们日常生活的器具，功能是第一性的，是在有限的物质技术条件之下把民间劳动者创造性智慧物化并结晶，是广大民众的生活创作与劳动成果。家具的创作和生产的主体是广大的农民、市民和手工业劳动者，广泛地扎根于民众的生产劳动和生活中。在其产生和发展过程中，其设计者、制造者和使用者始终属于劳动人民阶层。

中国地域辽阔，不同的民族以及各地人口资源和自然环境差异很大，数千年来积淀的传统文化，形成了各地不同特色和风格的传统家具。传统家具的首要特征，是它的生活本质。生活是创作的源泉，需求产生创造。这些众多的传统家具形式都是在生活和生产中产生的，也是为生活和生产而制作和创造的。在这里，没有装腔作势的虚伪与矫饰，都是以满足生活中的需要为目的，因此，实用性成为传统家具最本质的属性和价值。

中国传统家具同时也是一种美的创造，是人们对美的理解和朴实无华的表达。它就地取材、精心灵巧的制作，创造出了一种融于生活之中又比一般物品更美、更感性、更感情化的东西。从形式上看，中国传统家具常有一种近乎自然的历史样态，这种具有历史和传承的必然性的形式，表明了中国传统家具的制作者们对传统文化形式的尊敬与仰慕，体现了形式与情感因素的一致性。

中国传统家具不仅满足了人们生活生产的需要，同时也创造了新的生活方式。在中国传统家具的实用性中，劳动者表现了自身对生存的奋斗精神和智慧，中国传统家具的艺术性是劳动者对生存的乐观精神和感性动力的生动体现。生活中的奋斗精神在某种意义上讲，是人们对艰难与压迫的奋力抗争，它激发人们的智慧，产生解决问题的具体方法，促进了中国传统家具的实用、科学和合理性；乐观精神则来自人们对自身创造和力量的自信及对未来的希望。正是这种劳动者的奋斗和乐观精神的统一，形成了中国传统家具的感性动力。

因此，顽强的生活精神和乐观的生活情趣是中国传统家具的本质特征。“莲生贵子”、“麒麟送子”、“百子图”等装饰纹样，以及一些取谐音或谐意的造型设计都表现出了这两种精神，是劳动者对于未来寄予希望的一种象征。由此可见，中国传统家具在本质上是面向未来的，是人性和智慧融合的结晶。

中国传统家具本身是家具与传统文化相结合的一个概念，除去家具的基本特征之外，更主要的特征是来自传统文化的背景和环境的影响，因此，中国传统家具的研究范畴就地理范围而言，涵盖了中国整个地域，不仅有广大的汉族地区，还包括各少数民族地区。这些丰富多彩的传统家具与地域性、民族性和生活方式有密切联系。

就历史范畴而言，只要有人群，就会有传统家具。因此，中国传统家具几乎涵盖了家具发展的整个历史时期，从商周、秦汉，到魏晋南北朝，隋唐五代，至宋、元、明、清、民国，到现代，不同时期都有其各自的传统家具。

就生产方式而言，中国传统家具主要是非大批量生产的，大部分是制造者个体化、小型化的生产行为。

1.3 研究中国传统家具的意义

1.3.1 传统家具在中国家具历史发展中的作用

1. 对于家具造型的贡献

传统家具的产生直接来源于生活需要，是功能性第一的家具，亦是劳动人民集体智慧的结晶。纵观家具的发展历史，基本的家具形式的确立都来源于传统家具的发展与成熟。

生活的需要直接对家具产生了功能需求，这建立了传统家具存在的物质需求基础。因而从实际的功能需要出发，考虑家具的造型、结构、材料、加工等因素，就形成了最初期的家具形式。而这种家具在使用中经过不断的改进，使其在舒适性、结构的合理性以及耐久性等方面都有了很大的提高，从而形成了与当时生活环境相适应的较为固定的家具形式。由于这个过程直接与普通使用者相接触和交流，就被看作是发展中的传统家具形式。

这类传统家具以其成熟的功能与造型很快就能流传开来，在流传的过程中同时又加入了许多改进的思想，多数是在其审美层次上发生。在传统家具所形成的基础上，社会中不同阶层有其不同追求，具有不同价值观的使用者按其自己的需求进行了进一步的改造。广大劳动人民在其生产和生活中，根据其复杂多样化的要求与背景条件，对发展中的家具进行改造，最终形成了成熟的家具形式。而那些非平民阶层的使用者，即在消费阶层划分中属于平民以上阶层的人们，也会依据其自身的生活环境与需求对家具形式予以进一步改变，从而形成了高于平民阶层的家具形制，即我们所说的高档家具、宫廷家具等。因此，中国传统家具从其形成与发展的历史而言，主要包括历代皇家宫廷、贵族使用的高档家具和各族人民祖祖辈辈使用至今的民俗传统家具。

2. 对环境保护的贡献

中国传统家具深受“天人合一”传统思想的影响，体现了人与环境、自然的协调发展。从现代环境保护的意义而言，“天人合一”的思想是更高层次的环保。现代所提的环保概念，仅限于“保护”的层次，是人对自然单方面的行为。针对现代社会的发展，环保的行为在某种程度上带有一些无奈，甚至还具有强迫性，这样的环保可以看作是人与自然间较低层次的沟通。而“天人合一”讲求的是人与自然的共生，人属于自然的一部分，而非自然的对立面。谋求人和自然的良性互动和共同发展，是两者间的高层次沟通，是环保的必然发展趋势。

中国传统家具在很多方面都能体现“天人合一”的思想，其中，选材方面尤为突出。山西核桃木家具就是一个很好的例子。山西地区盛产核桃树，有的树龄达几百年。核桃树到了晚年以后结果率低，淘汰后制作家具，顺理成章，充分体现了人与自然的良性沟通。

由于古代人类改造自然的能力很低，赖以生存的一切都直接来自自然，对自然怀有敬畏与感激之情。只有“天人合一”的思想，才能使人们在技术与生产力皆很落后的农业社会中谋求生存与发展，因此，“天人合一”成为中国人几千年来的生存之道。但是，随着人类技术的发展，我们有能力并随心所欲地改造自然，“天人合一”在现代社会被渐渐忽视与遗忘。在全世界提倡环保、关注环境的今天，研究中华民族的传统家具，研究其中所展现的设计思想，对当代家具的设计和生活方式的设计都是很有意义的。

3. 对设计思维的贡献

有效的设计是指传统家具利用有限的资源，最大限度地满足生活的各种需求，即设计所达到的使用满意度。

中国传统家具以有限的资源，创造了最大的适用范围，提高了家具的使用率；为不同的人、场合和环境提供了适用的家具，让使用者对家具的满意度达到了一定的高度；通过舒适性的考虑，以传统家具现有的品种与形制，为使用者提供了最大的舒适度；通过耐久性的设计，延长了家具的使用寿命。中国传统家具的这些特点，提升了家具的价值，使其能更有效地为使用者服务，是现代设计师在进行家具设计和产品设计时值得借鉴的。

4. 对地方产业的贡献

中国传统家具的研究和地方产业振兴的关系主要是从家具地域性特点进行考虑的。中国传统家具本身地域化的取材，适应当地气候条件、生活方式和习惯的设计特点，使家具对不同的地域条件都有良好的适应性。同时，地域化特征不但为中国传统家具提供了多样化的品种与形制，还根据当地传统的审美习俗建立了家具地域化的造型和审美特点。

因此，通过对中国传统家具地域性特征的研究，可以以地方资源为依托，配合传统家具的造型，树立具有地方特色的家具造型，以此增加作为商品的家具的附加价值，参与市场竞争，把得天独厚的地域化优势转化成市场竞争的优势，并作为振兴地方经济的一种有效手段。

由此可见，传统家具的研究对于家具设计有着十分重要的意义。它不但对于家具的实用性应如何满足生活需要和多元化文化需要有着重要意义，同时也对中国家具如何把握自身特色、增强竞争力提出了建议。而这两个方面恰恰是中国家具业如今发展中存在的问题，也是亟待解决的问题。

1.3.2 中国传统家具现代化的研究和发展方向

1. 家具的发展历史

中西方家具的历史可以分为 3 期：第一期是草创时期，东西方都是由于宗教或日常生活的需要而开始做家具的，逐步形成自己的特点；第二期进入古典成熟时期，家具开始走出神权，而融入各自的文化之中，东西方各自形成自己的风格；第三期进入现代发展时期，尤其是工业革命之后，西方独领风骚，成为世界家具生产、设计的主流。这 3 个时期的具体对比，见表 1.3.1。

其实，西方在工业革命之后的发展也能给我们提供许多实例，足资参考。而他们完整的家具文化史，其中的曲折反复，可以作为我们探讨中国传统家具发展的借鉴。

表 1.3.1　中外家具 3 个历史时期的对照

历史时期	中国	西方国家
草创时期	商周时期的家具，以祭祀用的礼器为主，有案子、台子、床，材料有木材和青铜，有漆也有雕刻。 秦汉时期有了床榻、几案、屏风。魏晋开始从席地而坐改为垂足而坐。 唐代，家具发展丰富，椅子、几案的发展也多样化，清雅素洁，没有奢华	古埃及、古罗马和古希腊，有了椅子、凳子、桌子、床和箱子等的雏形。 之后进入神权的黑暗时代。教堂的大量兴建主宰了家具的主流，哥特式建筑和家具风行一时，但做工十分粗糙，表面也没有油漆，主要的材料是橡木
古典成熟时期	明代，从南洋带回大量的优质木材，如紫檀、花梨等。家具在加工技术、造型等方面都已达到很高的水平。工艺理论方面有专著《鲁班经》《天工开物》《园冶》等。 明式家具，造型、设计理念和工艺都趋于完美。可以说，中国人是比欧洲人早 200~300 年走到了现代家具的门前。 发展到清代，走向繁琐、臃肿	欧洲文艺复兴，家具设计和生产以意大利为中心，开始有箱类、箱式长椅、小衣柜、靠背椅、扶手椅，甚至有了软包座椅。 英、法、德、意及西班牙等国开发出自己的风格，大体都是少装饰、更家庭化、方便和实用，例如，意大利的巴洛克家具，法国的路易十四式家具，英国的复辟式家具、威廉 - 玛丽式家具、洛可可风格家具、安妮女王式家具和齐宾代尔式家具。 法国的巴洛克、洛可可、新古典主义家具，英国的乔治式家具，德国的比德迈式家具等构成了 16—19 世纪的欧洲古典家具，门类相当齐全，包括坐具类、贮藏类、桌类、床类，甚至已有软包椅、沙发等
现代发展时期	鸦片战争之后，中国传统家具走向衰退，家具的用料、做工都逐渐衰落，宫廷家具更是衰败不堪	19 世纪末至 20 世纪初，现代家具肇始。从托耐特的弯曲木家具开始，英国最初提出了工业设计的思想及至莫里斯的工艺美术运动，直到后来一系列在设计理论方面的探索如新艺术运动、装饰艺术运动、英国格拉斯哥学派和美国芝加哥学派，最终由风格派和包豪斯在 20 世纪 30 年代建立了现代家具设计的基础

2. 中国传统家具现代化的研究目的与方法

1）研究目的

（1）全面了解中国传统家具的过去和现况，包含市场、生产方式、设计、材料以及技术与工艺；探讨中国传统家具现代化的必要性与途径。

（2）提出自己的改革方案，使改革后的中国传统家具能符合现代的生产方式和市场要求，概言之就是探索出一条实现中国传统家具现代化的途径。

2）研究方法

（1）为了解中国传统家具的现况，先对市场进行问卷调查。

（2）以现有的机器设备为基础，从中国传统家具的现有资料中，配合现今人们的生活习惯以及生活空间，重新设计一系列具有中国传统风格的家具，然后以工时、成本、质量等方面来进行新旧比较。

（3）采取现代的测试手段来检测新设计的系列，检验其是否符合国家的质量标准。

（4）以问卷调查来估计市场对中国传统家具的需求量，以及对设计、色泽、材料、规格等的要求。

最后，希望从中国传统家具的丰富遗产中吸取养分，设计并且以现代的生产方式和材料来开发中国传统家具的再生产品。和欧洲的新古典主义一样，将自己的古典作品改革再现，赋予它新的生命力，从而被现代人所接受，成为现代的东西，使中国传统家具的生命获得延续，并以此为契机，开发出现代的中国风格家具。

参考文献

[1] 辞海编辑委员会 . 辞海 [M]. 上海：上海辞书出版社，1999.
[2] 张福昌 . 中国民俗家具 [M]. 杭州：浙江摄影出版社，2005.
[3] 张福昌，张彬渊 . 室内家具设计 [M]. 北京：中国轻工业出版社，2001.
[4] 胡德胜 . 中国古代家具 [M]. 上海：上海文化出版社，1992.
[5] 胡景初，李秀敏 . 家具设计词典 [M]. 北京：中国林业出版社，2009.
[6] 胡景初 . 现代家具设计 [M]. 北京：中国林业出版社，1992.
[7] 胡景初，戴向东 . 家具设计概论 [M]. 北京：中国林业出版社，1999.
[8] 吴智慧 . 室内与家具设计——家具设计 [M]. 北京：中国林业出版社，2005.
[9] 胡文彦 . 中国家具文化 [M]. 石家庄：河北美术出版社，2004.
[10] 吴智慧 . 绿色家具技术 [M]. 北京：中国林业出版社，2006.
[11] 吴智慧 . 家具的文化特性及其构成要素与设计表现 [J]. 艺术百家，2009（2）：100-106.
[12] 刘曦卉 . 中国民俗家具研究初探 [D]. 无锡：江南大学，2002.
[13] 周橙旻 . 中国传统家具的装饰语言研究 [D]. 无锡：江南大学，2003.
[14] 陈立未 . 宁式家具的地域风格及在当代的传承和创新之研究 [D]. 无锡：江南大学，2004.
[15] 徐秋鹏 . 中国传统家具结构形式现代化的研究 [D]. 无锡：江南大学，2004.
[16] 董玉库 . 西方历代家具风格 [M]. 哈尔滨：东北林业大学出版社，1990.
[17] 王世襄 . 明式家具研究 [M]. 北京：生活·读书·新知三联书店，2008.
[18] 王世襄 . 明式家具珍赏 [M]. 北京：文物出版社，2003.
[19] 陈志华 . 外国建筑史 [M]. 北京：中国建筑工业出版社，1997.
[20] Blakemore R G. History of Interior Design Furniture[M]. Hoboken, USA: Willey, 1997.
[21] Edward L S.Furniture: A Concise History[M]. London: Thames & Hudson, 1993.
[22] Morley J.The History of Furniture Twenty-five Centuries of Style and Design in the Western Tradition[M]. London: Thames & Hudson，1999.
[23] 日本工业设计协会 . 工业设计百科词典 [M]. 东京：鹿岛出版社，1990.
[24]（日）剑持仁，等 . 家具百科词典 [M]. 东京：朝仓书店，1986.

2

中国传统家具的主要分类与构成要素

中国家具的历史经历了从夏、商、周的启蒙到明、清家具的繁盛，发展至今已有6000多年。在漫长的发展过程中，家具的种类逐渐多样化，形制逐渐丰富化。本章主要按照功能对家具进行了分类，包括床榻类（包括茵席类）、椅凳墩类、几桌案类、架具类、箱橱类、屏具类、综合类民俗家具等。

每一件家具产品都是由若干相关要素构成的一个系统，随着时代的进步、科技的发展以及设计领域的不断拓宽，家具设计的要素也随之变化。本章综合分析了进行家具设计时需关注的各项要素，包括人的要素、环境要素、功能要素、形态要素、色彩要素、构造要素、材料与加工要素、经济要素、维修与保养要素以及创造性和专利问题。

2.1 中国传统家具的形成

1. 尺寸的形成

由于传统家具是直接来源于生活需要，同时又是在广大人民群众的生产和生活中不断发展、成熟的，因此在其造型最终成熟的时候，其尺度的把握必然也是需要十分准确的。

其功能性第一，从实际需要出发的特点，使中国传统家具必然具有最大的舒适性。但值得注意的是，这里所指的“最大的舒适性”是相对于传统家具本身的造型理念而言的，这在后文中将有详细的阐述。

初期的传统家具，其尺度并不能很好地满足使用者在舒适性上的要求，这是因为其产生的初期背景是农业社会中自给自足的自然经济，一种家具形式的出现并不是自觉的，而是自发的，是人类通过其改造自然和运用工具的能力而制作出来的。家具的设计者、生产者、制造者都来自于底层的劳动人民，三者统一于一体，并无明确的意识划分，因而在其产生的初期满足功能需要是首位的。只有在功能需要被满足之后，才能考虑到其他的因素，诸如舒适性、审美性等。也正是由于早期传统家具的设计者、生产者、制造者三者是统一的，其舒适性才能在使用中不断改进，逐步符合人机工学，因此可以说传统家具是具有最大的实验性和实践性的家具。

由于传统家具是其他家具发展的基础和参照，因此，可以说它对于基本家具尺度的确立起到了极大的作用，是其他家具尺寸确立的基础和参照。对于传统家具尺度的探讨主要集中在3个方面：生理尺寸；空间尺寸；习惯尺寸。

1）生理尺寸

生理尺寸即人体尺寸，指人在使用中和家具相接触产生的尺寸关系，即指使用中生理舒适性的问题，包括静态尺寸和动态尺寸。

静态尺寸是指使用者和家具相对静止，而同时又相互有所接触时产生的尺度关系；动态尺寸是指两者产生相互运动时的尺寸关系。以椅子为例，静态尺寸就是指与人体坐在椅子上的舒适性相关的尺寸，即椅子的高矮、深度，座位的高度、宽度和深度，椅背的角度、支撑点的位置等一切部件的空间关系与尺寸大小；动态尺寸就是指人在座椅子和离开椅子时和椅子发生的空间尺寸关系。

2）空间尺寸

空间尺寸即生活环境的相关尺寸，指传统家具和生活环境的尺度关系，这在不同的历史时期都有着明确的反映，和生活背景与时代背景密切相关。不同的生活背景与时代背景首先反映在较主要的房屋构造和居室布置之中，建筑和居室的划分又直接影响了家具的尺度。

时代背景对家具尺寸的影响主要反映在不同时代的不同生活方式对家具的影响之上。在早期席地起居时期，家具都以低矮型为主，家具的腿都很短；

转至垂足起居时期，随着生活方式的转变，家具也向着高型的方向发展了，这是时代背景对家具尺度的影响。

生活环境中的建筑及居室对家具的影响也是十分显著的。在早期梁架结构的建筑形式中，由于建筑物本身较为高大，尤其是层高较高，使得室内空间较为开阔。同时，居室的划分也较为简单、统一，开阔的室内空间尺度对家具的直接影响就是与之相对应的大型单件家具的产生。现代生活中，早期城市居民的住房由于面积较小、房形较小，加之层高较矮，与之相配合的家具也有所不同，组合家具的兴起也是受这一背景因素影响的结果。

3）习惯尺寸

习惯尺寸即视觉、审美、习俗等生活方式层面的因素对于家具尺寸产生的影响。这种习惯尺寸也就是指家具尺寸的地域性，其产生受多方面因素影响。例如，地域性的人体生理尺寸差异，中国北方人身材高大，南方人身材矮小，这反映在同样对生理尺寸相配合的家具上就是家具尺度的地域化差异；地域性的自然条件导致的生活习惯差异，如北方天气寒冷，冬天在室内时间较多，且活动多在炕头展开，因此围绕着炕的各式家具自有其特点。此外，不同地方的自然条件对于人的性格和生活习惯都有影响，而这些影响在传统家具中也有反映。

2. 材料的选择

就家具的选材方面而言，传统家具的选材和其选材观念对于家具发展有着重要意义。传统家具多选用地域性材料和方便、易得的材料，这也是基本家具材料确立的基础。随着现代经济、技术条件的进步，现代家具的选材范围有许多扩展，但对于传统家具而言，其基本法则不变。受传统家具选材精神的启发，现代家具设计应注重材料的再利用、再创造及环保材料、地域性材料的应用和材料的可发展性。这也是在中国家具业再发展、再创造过程中一个很值得关注的要点。

3. 家具和文化的关系

就家具和文化的关系而言，传统家具根源于传统文化，所谓家具中的“中国式因子”也多来源于此，它的比例、结构、细部和其中所包含的朴素的审美，都是中国文化的体现。这在追求家具文化的今天更是值得研究和发现的，除了家具外在的形态、材料等可视因素所造就的家具外在直观的中国式特色之外，更重要的是文化思想对于家具设计思想根源的影响，了解这一思想、这一思维方式，有助于有中国特色的家具设计的发展。

对于家具所服务的日常生活而言，传统家具无疑是最贴近人们的日常生活的。传统家具来源于人民的普通生活，并随着生活的变化而发展变化；传统家具服务于人民的普通生活，并不断改进以取得更好的服务效果；传统家具反映了人民的普通生活，它代表了一种实用、自然、节俭、朴素的生活态度与审美，因而也最能为广大人民所接受。

2.2　中国传统家具的主要分类

家具是人类生活和生产的产物，它伴随着人类文明的发展而发展，可以反映不同时代、不同地区、不同民族的生活状况、科技和生产力水平以及传统文化特色。

据考证，人类早在公元前4000年左右的古埃及就已经有了相当完整的家具体系。也就是说，人类家具的历史至少有6000多年。中国家具的历史可以追溯到公元前17世纪，距今约3600年的商朝。当时，家具已在人们生活中占有一定的地位。可以从一些有关的象形甲骨文中窥测当时家具的大体形象，如作“宿”字解，甲骨文的“宿”字外面就是一个房屋的形象，屋内的右边是一条席子，席子的上面仰面躺着一个人。似人跪席上或卧席上作“疾”字解，似人卧床上，或片即床，平置作状。又如，“床”的甲骨文就像竖起来的一张床，床腿朝左，床面朝右，是供人睡卧的用具。其他如“寝”、“寐”等汉字都是表示人和家具关系的文字。

中国社会科学院考古研究所在发掘山西襄汾县陶寺村新石器时代晚期遗址（公元前2500—公元前1900年）时，从器物痕迹和彩皮辨认出随葬器中已有木制长方平盘、案俎等，这是迄今为止发现的最早的中国木家具。

公元前21世纪，中国发明了青铜冶炼和铸造技术，出现了尖锐的金属工具，为制造木器用具提供了条件，致使西周以后木家具逐渐增多。春秋时代，人们仍保持席地跪坐的习惯。家具类型除商朝已有的几种外，又有凭靠的几和屏风，以及衣架、楎[①]等。在装饰纹样上，最常见的有饕餮纹、龙纹、凤纹、云纹、波纹、涡纹等。这一时代的家具结构已从建筑中移植应用榫卯结构。1979年，在江西贵溪春秋晚期崖墓出土的两件木制架座残件中，发现了方形榫槽。

陈绶祥著的《中国民间美术全集——起居编·陈设卷》以及诸多研究中国家具历史的论著中都是从夏商周开始一直讲述到明清时期，有的还延续到清末民初。所以本书中对中国传统家具的研究也是按照这个年代的路线进行。所研究的范围界定为民用家具，而民用家具又可根据使用方式分为承坐类、卧藏类、工具用具类等。再进一步细分如表2.2.1所示。

中国传统家具历史悠久，各地域、各民族在漫长的历史进程中创造了无数风格各异的民俗家具。传统家具与人们的衣食住行、工作、学习、娱乐等有着密切关系。它有多种分类方式，如表2.2.2所示。

根据衣、食、住、行等行为因素，对民俗家具的使用功能和相关内容分类如表2.2.3所示。

① 音huī，指钉在墙上挂衣物的木橛。

表 2.2.1　中国家具的分类（1）

分　类	细　　分
承 坐 类	床榻类（包括茵席类）、椅凳类、几案桌类
卧 藏 类	箱橱柜类
工具用具类	屏风类、架子类

表 2.2.2　中国家具的分类（2）

内容类别	分　　类
材料分类	实木，人造板，金属，塑料，竹藤，石材，玻璃，皮革，布艺……
功能分类	支撑类，贮藏类，凭依类，工具用具类
形式分类	身体系家具，准身体系家具，收纳系家具
职能分类	宾馆等职业场所特种家具，商业及公共户外家具，现代办公家具，民用家具
结构形式分类	固定装配式，拆装式，部件组合式，单体组合式，支架式，折叠式，壳体式，充气式，多用式
放置方式	自由移动式，嵌固式（入墙式）

表 2.2.3　中国家具的分类（3）

行为	活 动 内 容	相关内部空间	相 关 家 具
衣	更衣、贮存衣物	住宅卧室、门厅、储藏室、客房、浴室等	衣柜、组合柜、衣箱、衣帽架等
食	进餐、烹饪	餐厅、厨房等	餐桌、餐椅、餐柜、酒柜、清洗台、切配台、食品柜、灶具等
住	休息、阅读、进餐、睡眠、如厕	住宅、公寓、客房、厕所等	沙发、组合柜架、茶几、桌、椅、床、衣柜、写字台、梳妆台等
行	上班、上学、旅差等	汽车、船舶、地铁、飞机等，场、车站、码头等内部	驾驶室操作台、椅、乘客座椅、卧铺、餐桌椅、折叠椅凳等
办公	办公、会议、接待会客	办公室、会议室、会客室等	办公桌椅、会议桌椅、接待室沙发椅、茶几、书柜、报刊架、花架等
学习	教学活动、阅读、书写、计算机网络、参观	学校、写字楼、图书馆、博物馆、科技馆、家里书房等	课桌椅、讲台、实验台、书架、书橱柜、阅览桌椅、报刊架、陈列柜等
其他	医疗、体检、救护	医院、疗养院、敬老院、诊所等	门厅休息椅、病床、床头柜、轮椅、躺椅、便椅等
	文艺娱乐活动、影视	电影院、音乐厅、歌剧院、酒吧、卡拉 OK、娱乐城等	影院联排座椅、门厅接待桌椅、储物柜、陈列橱柜、音响操作桌椅、吧台、椅
	健身锻炼、户外活动	公园、广场、社区活动中心等	用石头、水泥、陶瓷、金属、竹子、木材等材料制作的游客休息的桌椅等

尽管还有其他种分类方法，但一般根据使用功能，将中国传统家具分为以下 7 类。

1. 床榻类（图 2.2.1、图 2.2.2）

床榻类属于卧具。床上有立柱，柱间安围子，柱子承顶子的叫架子床；床、帐、踏廊结合成为拔步床；床上后背及左、右三面安围子的叫罗汉床。只有床身，上部没有任何装置的卧具称为榻，有时亦称为床或小床。

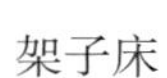

架子床

拔步床

罗汉床

图 2.2.1　床

图 2.2.2　美人榻

2. 椅凳墩类（图 2.2.3~图 2.2.6）

椅凳类包括了不同种类的各式坐具。如：①椅（靠背椅、扶手椅、圈椅、交椅等）；②凳（条凳、二人凳、春凳等）；③杌（杌凳、马杌、交杌等）；④墩（瓷墩、石墩、坐墩等）；⑤宝座（只有宫廷、寺院才有，而非一般家庭用具）。

图 2.2.3 椅

轿椅

箱椅

钱箱椅

转椅

躺椅

摇椅

图 2.2.3（续）

梳头椅

小姐椅

鹿角椅

宝座

电话椅

双人椅

图 2.2.3（续）

长凳

二人凳

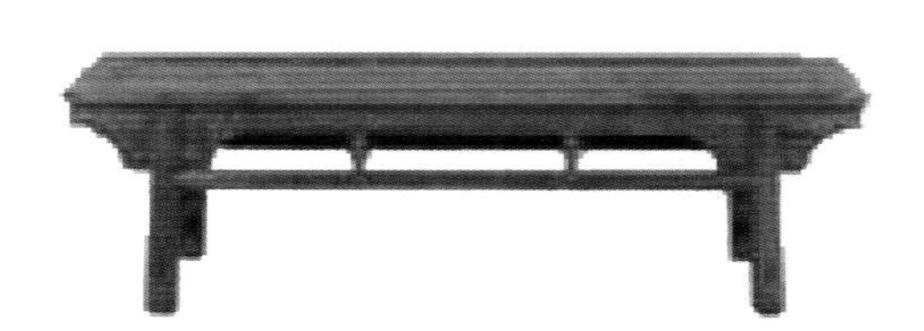

春凳

方凳

马蹄足方凳

席面方凳

圆凳

榨凳

秧凳

图 2.2.4　凳

杌凳

交杌

马杌

图 2.2.5　杌

坐墩

绣墩

鼓墩

图 2.2.6　墩

3. 几案桌类（图 2.2.7~图 2.2.9）

几案桌类属于承具，是 7 大类中品种最多的一类，可分为：①炕桌、炕案；②香几、花几、琴几；③酒桌、朱桌；④方桌；⑤条桌案（条几、条桌、条案）；⑥宽桌案（书桌、画案）；⑦其他桌案（月牙桌、扇面桌、棋桌、琴桌、抽屉桌、供桌、供案）。一般将腿与面板齐头安装的称为桌；腿足缩进安装的称为案，但案的形状更在于两头长出较多或有上翘的卷边等，具体形制各不相同，而且普遍不加屉。但架几案与此有别，案的面板与两边支撑的小柜分离，柜之间的距离可近可远。

条桌

画桌

琴桌

方桌（八仙桌、四仙桌）

麻将桌

棋桌

图 2.2.7　桌

圆桌

月牙桌

半桌

账桌

图 2.2.7（续）

条案

书案

画案

香案

平头案

翘头案

图 2.2.8　案

条儿

茶儿

琴儿

香儿

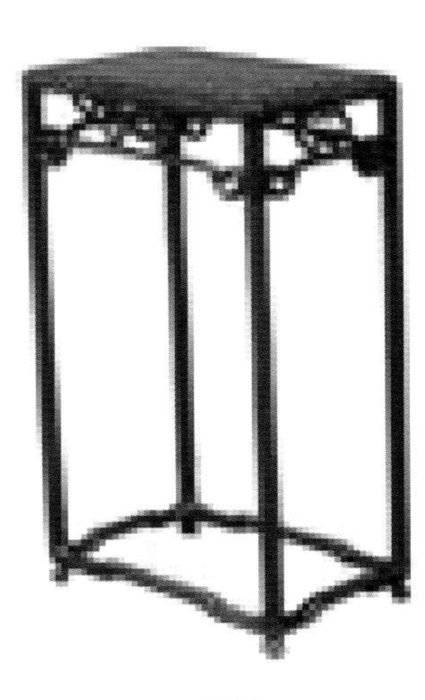
花儿

套儿

图 2.2.9　几

4. 架具类（图 2.2.10）

架具类包括：①架格，即以立木为足，取横板将空间分隔成多层的家具，有书架、物架、多宝格等；②亮格柜，即架、柜结合在一起的，常见形式是架格在上，柜子在下，齐人高或稍高；③架（衣架、盆架等）。

衣架　脸盆架　灯架

书架　博古架　帽架

图 2.2.10　架格

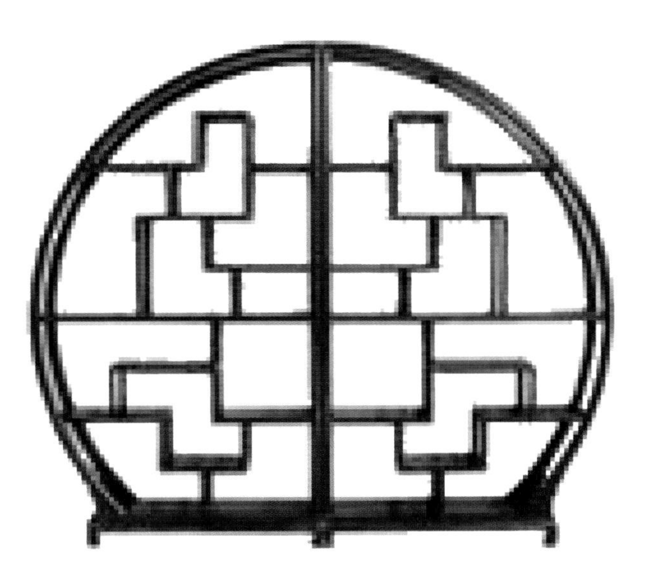

多宝格

镜架

彩礼架

花架

图 2.2.10（续）

5. 箱橱（柜）类（图 2.2.11~图 2.2.13）

箱橱（柜）类家具属于庋[①]具，多以储藏器为主，或一器兼用。可分为：①箱（官皮箱）；②竖柜；③圆角柜；④方角柜；⑤橱（连二橱、连三橱、连四橱）。

衣橱　书橱　竹橱

碗橱　花板橱

屉橱

闷户橱（连二橱、连三橱）

佛橱

图 2.2.11　橱

① 音 guī，指置放器物的架子。

亮格柜

四件柜

书柜

酒柜

顶竖柜

方脚柜

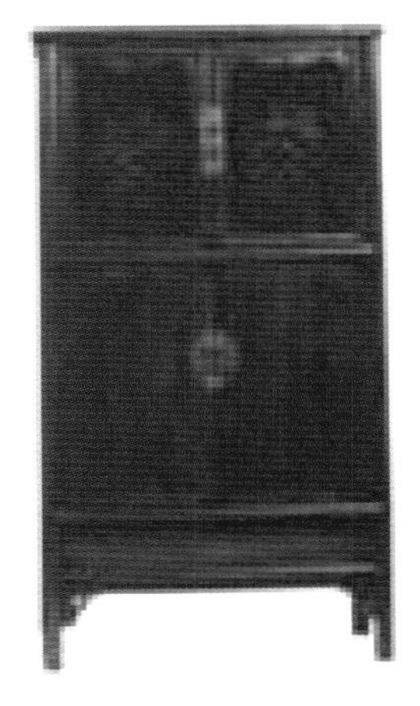

圆脚柜

图 2.2.12 柜

官皮箱

状元箱

药箱

梳妆箱

冰箱

扛箱

■ 图 2.2.13　箱

轿箱

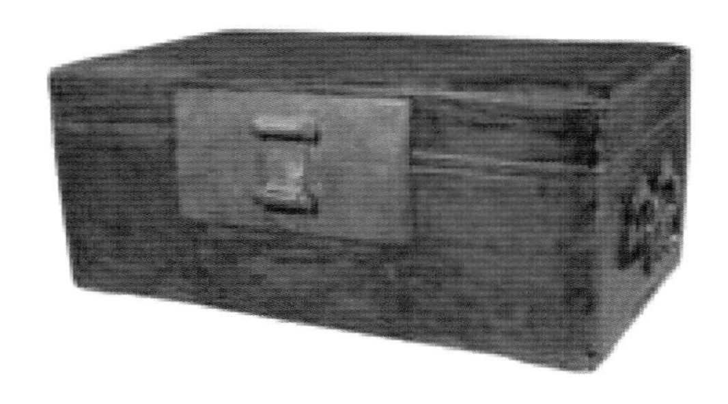

书箱

百宝箱

提盒

衣箱

钱箱

镜箱

图 2.2.13（续）

6. 屏具类（图 2.2.14）

屏具类包括各种屏风、台座和架托。

插屏

挂屏

落地屏

座屏

摆屏

曲风屏

■ 图 2.2.14　屏风

7. 综合类（图 2.2.15~图 2.2.18）

综合类包括儿童家具、盛器、部件、婚嫁家具等。

坐车

睡床

坐桶

摇篮

坐篮

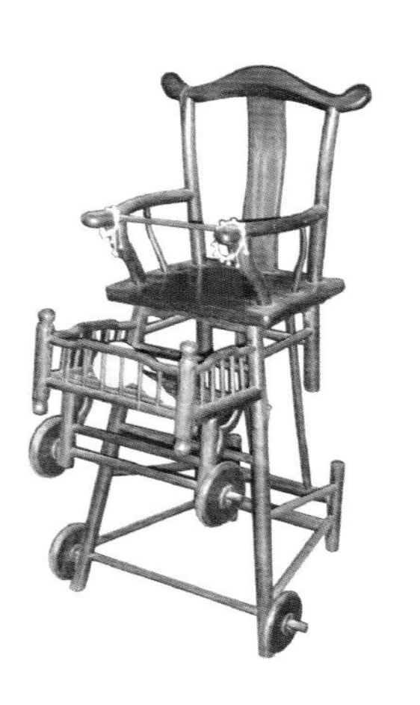

座椅

立桶

图 2.2.15　儿童家具

茶桶

油桶

酱油桶

水桶

鞋桶

梳头桶

坐桶

小孩尿桶

马桶

斗

木勺

茶盘

图 2.2.16 盛器

门

窗

槅扇

■ 图 2.2.17　部件

拔步床

架子床

婚床

■ 图 2.2.18　十里红妆婚嫁家具

大红柜

春凳

朱漆高甩小提桶

马桶

收腰扇形头石榴纹绕线板

收腰带乳钉瓜果纹绕线板

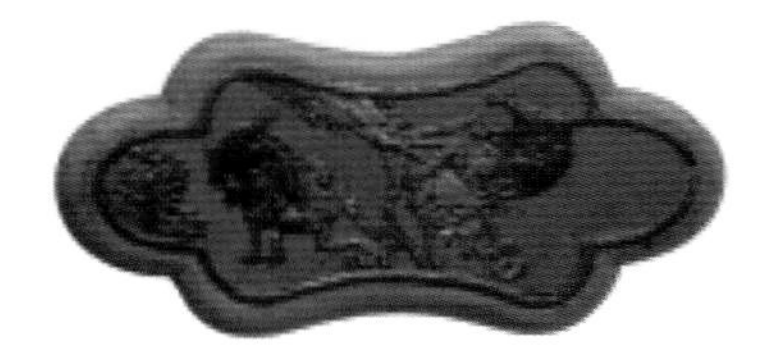

朱漆描金绕线板

图 2.2.18（续）

女红用品

裹小脚台

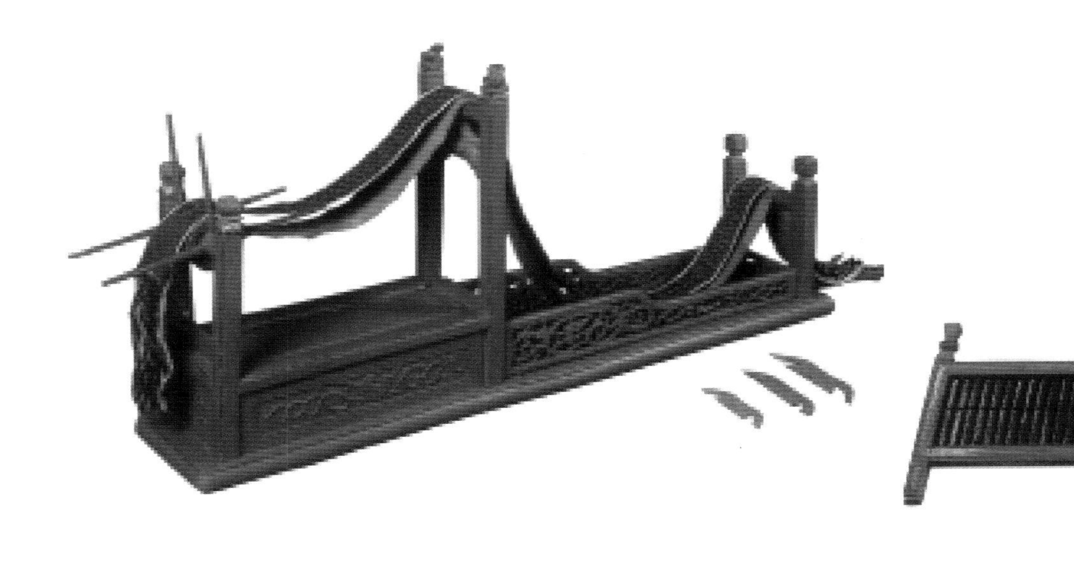

织带机

图 2.2.18（续）

脚铐

木枕

子孙桶

图 2.2.18（续）

万字纹小姐床

“一根藤”小姐床

图 2.2.18（续）

“一根藤”拔步床

带冠盖拔步床

图 2.2.18（续）

沐浴椅

藤面骨嵌小姐椅

圆桌和坐墩

红橱

彩礼箱

朱漆镜箱

折叠式骨嵌镜箱

图 2.2.18（续）

2.3 中国传统家具的构成要素

随着时代的进步、科技的发达、设计领域的不断拓宽，家具设计的要素也随之变化。在进行具体设计时，几乎每一件产品的设计都是由若干相关要素构成一个系统进行的，而且一个要素的变化往往会对其他要素如工作、生活产生关联影响。所以，在家具设计时，要综合考虑各项相关要素。

为了明确家具设计中多种要素在整个设计程序中的地位，以及在每个设计环节所关联的要素，现将家具设计的要素和设计程序关系列于表 2.3.1。

表 2.3.1　家具设计要素和设计程序的关系

设计程序 / 设计要素	认识问题	设计目标	程序设计	资料准备	分析	综合化	展开	设计定案	结果汇总	结果研究	评价	传达
人	●	●	●		●	●		●		●		●
环境	●	●	●		●	●		●		●		●
功能	●	●	●	●	●	●	●	●	●	●	●	●
技术		●	●	●				●	●	●	●	●
形态		●	●	●	●	●	●	●	●	●	●	●
色彩		●	●				●	●	●	●	●	●
构造		●	●	●	●	●	●	●	●	●	●	●
材料与加工		●	●	●		●	●	●	●	●	●	●
经济		●	●			●	●	●	●	●	●	●
维修与保养		●	●			●	●	●	●	●	●	●
法律、法规		●	●	●				●		●		●
市场	●	●	●	●	●	●		●		●	●	●

1. 家具设计中的人的要素

历史告诉我们，任何民族、任何家庭可以没有汽车、家用电器等物品，但不能没有家具，家具是人类生存的必需品。因此，人类在远古时代就为了生存，根据生活和生产的需要，因地制宜，利用当地的资源创造了各种家具和生活、生产工具。随着科学技术的发展，人类文明的进步，世界各国产业结构的不断变化，多元文化的交融，人们的消费观念和消费方式的变化，各种新功能、新材料和新的造型色彩的家具也应运而生。

家具设计中人的要素主要包括心理要素和生理要素两个方面。

1）人的心理要素

人的心理要素是精神方面的问题，随着国家、民族、地区、时间、年龄、性别、职业、文化等的差异而不同，是比较难以量化的因素，但是对产品规划设计又是极有影响的要素，主要包括人的欲求、价值观、生活意识、生活行为等。

人的欲求首先是生存，进而追求共性（即大流行的阶段），最终达到实现自己欲望这种个性化、多样化的需求阶段。

2）人的生理要素

人的生理要素主要包括人的形态和生理方面的特征。用人体测量、动作时间研究、心理学测定和生理测定等方法得到设计所需的数据，在家具设计具体化（如决定物品尺寸、使用方便和舒适性）过程中显得尤为重要。

在家具设计时必须坚持“以人为本”的原则，要符合人体的尺寸、体形、动作范围、活动空间和行为习惯。如家具的把手设计，不仅必须考虑是左手还是右手、手的大小和动作的操作使用方便，还要考虑减少使用中的疲劳，以免存在安全隐患。

总之，任何一件家具产品都必须满足人的生理和心理的需求（即精神的和物质的要求），而不能仅追求形式美。因为，一切设计都是为了人类生活得更美好，是为人服务的，必须以人为核心，所以人的因素可以说既是家具设计的出发点，也是家具设计的归宿。

2. 家具设计中的环境要素

近些年来，人们越来越关心人类所生存的环境，都在努力创造新的美好的环境，谋求人—自然—社会的新体系。自然环境的破坏、生态平衡的失调所造成的潜在危机，正在威胁着人类。环境污染对人类带来的危害已人所共知。

《辞海》中对“环境”的解释是：“①周围的境况，如自然环境、社会环境；②环境所辖的区域；③周围。《元史·余阙传》中记载：“环境筑堡寨，选精甲外埠，而耕稼于中。”

而我们现在所处的环境已不再是《辞海》中所解释的“环境”了。随着工业革命的发生和迅速发展，尽管它带来了世界性经济繁荣和人们生活水平的提高，然而环境污染也随之加重，大量的工业废水、废气、废渣，堆积如山的垃圾等严重地污染了人们的生存环境。家具大量生产造成了森林大面积被破坏，陆地日趋沙漠化，对地球的生态平衡造成了严重破坏。随着市场竞争的日益激烈，在商业繁华区，音响、霓虹灯、广告、路牌林立，五光十色，竞相争引顾客，使人目不暇接，眼花缭乱。由此带来的噪声、噪色问题也日趋明显，对人的心理、生理方面的不良影响也越来越大。现在尽管人们想通过设计手段改善和创造人类的生存环境，但往往又产生着设计的公害，即精神的、文化的污染。家具设计工作如果背离以人为本的宗旨而只顾企业利益，那么，总有一天会使设计工作走上邪路。

我们在进行设计时不但要考虑人与自然的环境，还要充分研究设计的技术环境、文化环境、经济环境、政治环境、社会环境、教育环境等之间的关系。

设计环境主要有两种意义：一种是对设计对象产生某种直接影响的要素；另一种是包围设计对象

的状况。前者如人们生活中所用的工业产品，它不是单一要素组成的，而是围绕人—机—环境和谐协调这一前提的技术、功能、人的机能、结构、材料、加工工艺、经济、形态、色彩、法规、专利、作业、自然环境、市场等要素，相互间保持最好状态而组成的。它们之间的关联如图 2.3.1 所示。

设计环境的另一个意思是作为设计对象的家具是用于人类生活、学习、工作的物品，同时，必须与放置这些家具的环境相融合。例如，家具必须与建筑、室内风格相一致，如果把故宫里面的家具放在普通的住宅内或者公园里，就会显得很不协调；酒吧的家具就不适于儿童活动场所；医院的家具一般使用乳白色或者浅灰色和浅绿色，不但显得卫生，同时可以减少医生的视觉疲劳。

家具设计不是简单地考虑把家具放进使用环境或去适应环境，而是在设计前必须充分地研究各种环境，必须与环境一起考虑设计。例如，由于北方气候干燥，很多地区的人们在炕上生活，因此，很多家具比较小以便于移动；江南地区比较潮湿，所以每件家具都需要有腿。由于中国各个民族都有自己的传统文化习俗和生活文化，因此，使用的家具和用品、工具等也有显著差别。

3. 家具设计中的功能要素

人们在生活、生产中所使用的每件产品，都必须达到某种功能目的。设计中的功能，是指所设计的产品在达到其目的时的作用。即我们常说的“实用（适用）”，这是产品设计的核心条件之一。因此，功能是产品的第一要素，一件产品如果失去了功能，就失去了使用价值。因而出现了“形态服从功能”、“形态取决于功能”的理论。

功能中有产品自身的本质功能和从属功能。以床为例，床主要是休息的功能，国内外现在市场上所出售的床有普通的和豪华的两种，尽管两者都具备上述功能，但是价格却大不相同，后者比前者价

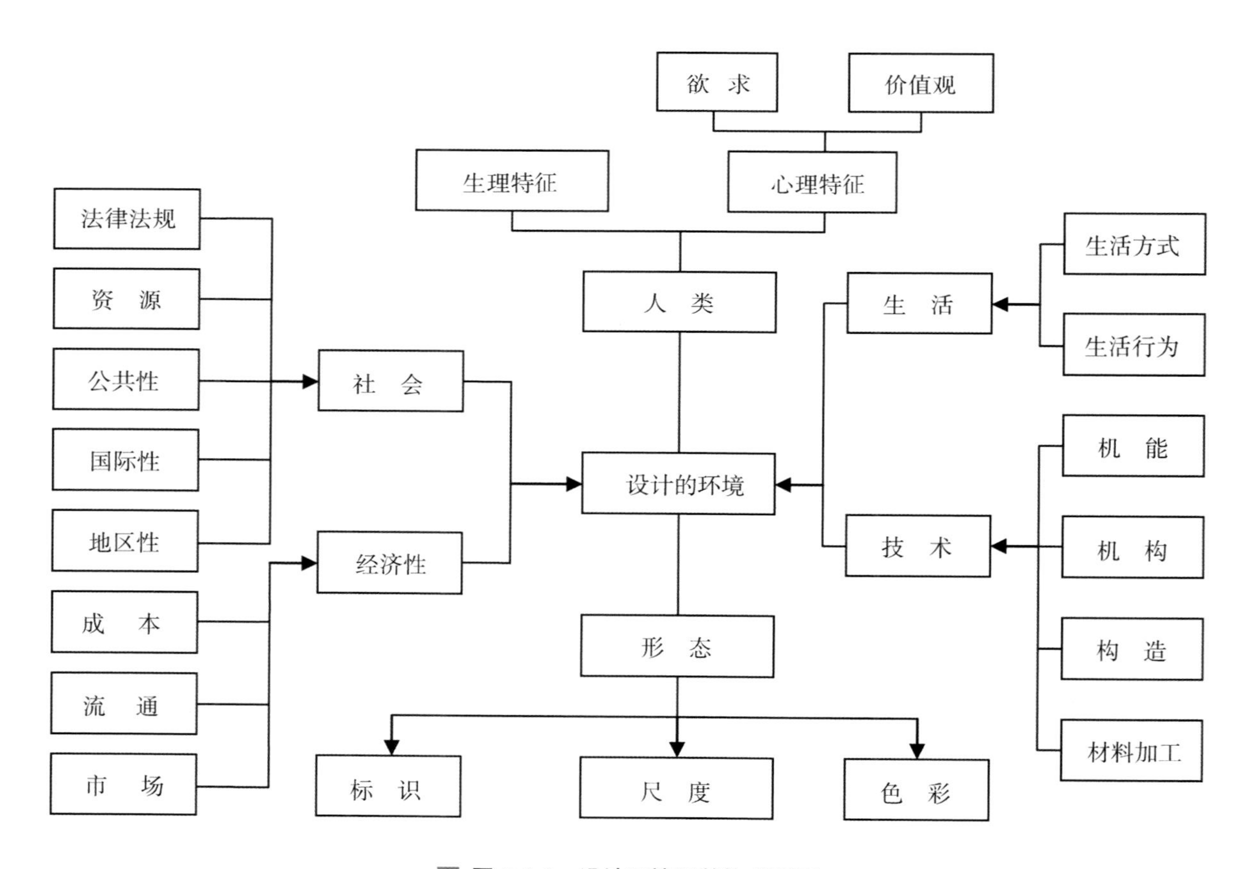

图 2.3.1　设计环境及其构成要素

格高数十倍，甚至成百上千倍，这是因为后者具有显示使用者高贵、富有，使它有一种特殊的满足感的价值。这种与使用功能无关而与满足使用者某种欲求有关的功能称为从属功能或补助功能、二次功能。

产品的功能主要有如下 5 个：

（1）物理（机械）功能。指产品的机械性的作用，如产品的性能、牢固度、构造、耐久性等，这是首先要考虑的问题。

（2）生理功能。不管什么产品，只要是人使用的，就必须充分考虑产品与人的关系。要使用方便，减少差错和疲劳，主要是进行人体工程学、生理学等方面的科学研究。

（3）心理功能。不同国家、不同地区、不同民族、不同年龄、不同性别的人对形态、色彩、装饰等的喜好和需求不同，而我们设计的目的是满足广大消费者不同的心理需求。因此，必须充分考虑产品的心理功能。

（4）社会性功能。一件产品一旦进入市场和社会，就不仅是个人的所有物，而是会具有社会功能。例如，随着人口的增加、人们生活水平的不断提高、人们生活方式的多样化，以及木制家具产业的快速发展和普及，全世界的森林面积迅速减少，沙漠化日趋严重，自然灾害日益增多，对全球的环境产生了深远的影响。

（5）审美功能。审美功能是指使人们一看到产品就感受到美的存在。一般分为自然美和艺术美，而技术美则处于二者之间。自然美是指大自然所显现的美；艺术美是指人们用美的意图，对自然材料进行加工后显现出来的美。这种艺术美与自然美的区别是具有美的价值的“作品”。传统家具所显现的美是靠设计、手工加工技术和传统文化来实现的。

4. 家具设计中的技术要素

家具设计者的使命在于开拓和创造未来，提高人们的生活质量，而不是简单地模仿过去的或别人的产品。从家具设计的历史来看，无论哪个国家，都有引进、模仿、学习、消化的过程，但最终的目的是取人之长，在本国传统文化的基础上创造出新的文化，为人们提供有新鲜的时代感的造型，要给人意外性和便利性。因此，家具设计人员的创造性思维就显得十分重要，而这种创造性思维不是凭个人的小聪明所能得到的，而是通过艰苦的学习和实践逐步养成的。

现在世界各国和各地仿制、抄袭甚至侵犯专利的事件屡见不鲜，作为一个合格的家具设计师，应以独创性为荣、剽窃为耻。

追求家具的创造性，不能理解为越怪越好，不能片面地强求“创造”，去追求惊人的离奇古怪的形式，而要充分考虑世界各国和各地的传统文化、审美习惯等因素。家具设计的创造性，不仅体现在实用性方面，也应体现在审美性方面，优秀的家具设计应该是平凡中见新颖的。

世界上的一切发明创造，决不能只是发明者的玩物或装饰，只有成为造福于人类的商品，才能真正体现创造的价值，才是一切发明创造的出发点和归宿。

需求和竞争是当今世界各国企业产品开发中创造性的一种动力。因此从某种意义上来说，生活和市场是创造之源，广大消费者是具有无限创造力并推动历史发展的真正动力。在历史的长河中，在人类文明史上，无数用品都是无名英雄——人民群众根据生活需求而创造出来的。因此，家具设计师如果离开了广大群众、离开了生活、离开了市场，通过闭门造车来创造新产品只能是一种空想，是不可能取得成功的。

5. 家具设计中的形态要素

世界上的形态大体上可以分为自然形态和人工形态两大类，而构成这些形态的基本要素可分为点、线、面、块体等概念形态。自然物如山河湖海、日月星辰、飞禽走兽、花草树木、奇石怪洞……美丽的大自然以它时时刻刻的默默奉献使人类得以生息繁衍。大自然充满着神秘的色彩。可以说，世界上找不到两个完全相同的东西，尤其是随着气候的变化，自然景色千变万化给人们的生活带来了无限生机与欢乐。仔细观察一下自然物和人造物品的形态、色彩和肌理（质感纹理），可以发现其中美的形态都有一些共同的特点，使人感到是由各种要素有秩序组成的，如统一、变化、节奏、旋律、对比、调和等。

6. 家具设计中的色彩要素

无论哪一个民族、哪一种肤色的人，观察任何物体时，都是在开始的 20 秒内首先看色彩然后再看形态，因此，家具的色彩处理得好坏对于家具的销售和使用都有一定的影响。此外，不同的色彩会给人以不同的形象和联想。例如，红色给人以温暖、力量、喜庆；蓝色给人以凉爽、精密、寒冷；白色会使人联想到清洁卫生、白云、雪花；黑色则给人以重量感。由于色彩有冷暖、轻重、远近、大小、对比、疲劳、味觉等感觉，因此不同的色彩给人以不同的心理影响。人们在选购家具时，除了使用功能之外，在形态和色彩一类心理功能上也希望得到满足。

考虑家具色彩时应注意以下方面：

（1）灵活地根据产品的功能和使用的木质材料，充分发挥木材的特点，给家具以魅力。

（2）利用特殊的名贵木材的色相。

（3）要使用在商品流通和使用中不易变脏的色彩。

（4）能让眼睛通过色彩很快辨认出产品的等级和不同的质量。

（5）当同一种家具有不同用途时，可根据各自用途来使用色彩。

（6）要与企业的传统和统一形象保持紧密的联系。

（7）要选择适合于家具使用环境的色彩。

（8）要选择适合于使用者心理和生理特征需求的色彩。

综上所述，传统家具的色彩要根据家具在何处、卖给谁、在什么状态下使用，以及在商店如何销售等情况来选择。色彩处理得好，可以从一开始就发挥显著的效果。

要指出的是，要加强产品的色彩科学管理和规划。现在大部分企业的产品色彩处于无人管理更无人研究的状况，因而产品的色差明显、十分混乱，产品色彩随意性太大。这些都有碍于产品的竞争，特别在当今信息瞬变、竞争激烈的时代，设计人员必须经常磨炼敏锐的感觉，要综合研究色彩，使色彩计划更为科学，更合乎时代的感觉。

7. 家具设计中的构造要素

任何家具都是根据使用功能而设计特定的结构制作而成的，传统实木家具一般使用榫结构，很少使用其他紧固件（如螺钉、螺柱、键、销等）连接构成。这种结构方式就像中国的传统木结构建筑一样，是中国传统家具的一个重要特点，应该发扬光大。

8. 设计中的材料与加工要素

材料的性能不同，加工方法也不同。从价值工程的观点来看，为了便于生产、降低成本，设计者必须在满足基本功能的前提下，恰当地选择材料。

随着全球经济的一体化，大工业的迅速发展，产品竞争的加剧，加之人民生活方式的变化，世界性的资源危机、能源公害、安全性等问题日趋严重，材料和加工在设计中越来越重要，已是摆在家具设计者面前的重要课题。必须充分研究涉及家具产品的生产—使用—废弃的全过程，从设计新产品时起就要考虑废弃后材料的再利用问题。

家具设计时一定要充分考虑选用材料的合理性，要省材、便于加工和组装简单，否则就可能会因增加模具和加工费用而提高成本，这样不但会增加次品率，降低效率，还会影响消费者利益。

9. 家具设计中的经济要素

在现代社会中，商品一般是通过流通机构传送到广大消费者手中的。消费者要求价廉物美的产品，而生产者希望成本低、批量大、利润高的产品。

“以最低的费用，取得最佳效果”是企业和设计人员都必须遵守的一条普遍的价值法则。作为家具设计师，如果只追求形式美而不了解生产工艺，就往往会出现无法生产或生产成本很高的情况。另一方面，如果只拼命追求廉价而陷于粗制滥造，就从根本上违背了设计的目的，会造成滞销或亏本销售。

为了取得更好的经济效益，设计时应尽量采用国际标准或国家标准或部级标准或企业内标准，尽量采用标准化设计，采用零件的互换性和模数化设计等方法，以降低成本、提高效率。

总之，家具设计中常常由于经济的因素而使形态设计受到制约，家具设计师有必要熟悉设计中有关经济性的设计方法。

10. 家具设计中的维修与保养要素

一般来说，为了维持产品的功能和确保安全，家具设计时必须考虑维修保养问题。好的家具不但要满足使用功能和艺术功能，还应便于维修保养，即满足可维护性。

由于产品的零件有一定寿命，加上使用者的操作错误或环境影响等，一件家具使用到一定时期，必须进行维修保养。一个优秀的家具设计师应在设计新家具时就考虑到出现故障后如何很快地更换零部件和维修。因此家具设计师必须了解产品的构造，分析哪些部件寿命最短，最易出问题，当这类部件出现故障时，检修是否方便，部件是否便于更换。

11. 家具设计中的法律、法规要素

现在世界各国的很多产品，尤其是名、特、优产品的商标、文字、造型等都申请有专利，受到法律的保护。因此，一个工业设计师必须学习掌握一定的专利等法律知识。

在国际上，把对专利、实用新型、意匠（设计）和商标 4 个方面的权利，统称为工业所有权。中国专利法的保护对象是创造发明，而所称的创造发明是指发明、实用新型和外观设计。因此，专利法从法律上对每个设计师的劳动给予了肯定和保护，每一个家具设计人员必须从法律的高度来认识设计的所有权。虽然中国家具设计起步较晚，但已涌现出了许多优秀的家具设计师，创造出了许多优秀的作品，必须不失时机地申请专利，维护设计师的创造成果。

家具设计中的要素还有不少，但上面各项是经常提到的问题。在家具设计时，决不能孤立地考虑某一因素，而应从具体的产品出发，将各要素综合地加以研究应用。概括地讲，要遵循“实用、经济、美观”的原则，切实做到家具设计的先进性与生产现实性相结合，设计的可靠性与经济合理性相结合，设计的创造性与科学的继承性相结合，设计的理论性与实践规律性相结合，创造出更多受消费者青睐的新的传统家具。

参考文献

[1] 张福昌 . 中国民俗家具 [M]. 杭州：浙江摄影出版社，2005.
[2] 胡德胜 . 中国古代家具 [M]. 上海：上海文化出版社，1992.
[3] 剑持仁，等 . 家具百科词典 [M]. 东京：朝仓书店，1986.
[4] 张福昌，现代设计概论 [M]. 武汉：华中科技大学出版社，2007.
[5] 张福昌 . 感悟设计 [M]. 北京：中国青年出版社，2004.
[6] 张福昌 . 工业设计 [M]. 杭州：浙江摄影出版社，1999.

3

中国传统家具的特征

中国传统家具的历史是同中国文明史一道发展而来的，蕴藉着丰富的政治、经济等文化的内容，是中华民族传统文化的重要组成部分,它不仅见证了中国历史与人文的发展,还是中国艺术的杰出代表、东方艺术的一颗明珠，它既是生活用品，又是艺术品。发展至今，不断体现出多元化的新特点。

本章总结了中国传统家具的一般特征，并从功能、材料、舒适性、地域文化、耐久性以及加工特征和美学特征等角度切入，分析了每一个特征形成的历史文化背景，有利于我们更好地理解传统家具风格内涵，为现代中式家具的设计提供思路和启发。

3.1 中国传统家具的功能特征

1. 实用功能为主

受到经济条件的制约，中国传统家具的出现、发展和存在首先是为了满足人们的基本生活需要，以基本的家具形式为人们营造出一个必需的生活环境。因此，传统家具的功能特征首先是实用性，主要体现在满足对基本生活、生产以及生活环境等方面的需要。

中国地域广阔，民族、人口众多，自然条件的差异和民族生活的差异导致了强烈的文化及生活的地域性特征，为了满足不同地区和环境的需求，形成了具有自己特色的多样化的传统家具。例如，为了适应北方寒冷气候，人们在家中铺设炕床，形成了以炕为中心的生活方式，无论睡觉、吃饭、日常劳作，甚至客人来访都多是在炕上进行。北方的传统家具也是围绕炕设计、制作和发展的。炕桌、矮柜等都是此类家具的代表（图 3.1.1）。

炕桌　炕案

炕几　炕柜

图 3.1.1　炕上使用的家具

2. 功能的专一性与多样化

功能的专一性和功能的多样化为传统家具创造了最多样化的服务方式，使传统家具以最大的可能性满足了人们的日常生活需要。

首先，符合各年龄层次使用者需求的专一功能的传统家具，为专一对象和某一对象（如针对妇女、儿童、老人的家具）进行专一化的功能服务，体现了普通劳动人民之间朴素的情感、真情的流露和对使用者人性化的关怀，形成了中国传统家具的人性化特点。图 3.1.2 为一种专为儿童设计的座椅。

其次，中国传统家具功能的专一性还体现在它符合各种使用状况的需求。以人类生产、生活联系最为紧密的坐具为例，其复杂多样的品制就是最好的说明，如仅坐具的种类就有小板凳、板凳、马扎、坐墩、靠背椅、扶手椅、躺椅、条凳等。又如汉代的案，有进食用的食案，也有读书、写字用的书案，以及放置用品的案。食案中有方有圆，腿子也有高低、形式的不同变化。

传统多功能家具的各项功能特点就是日常生活中的常用功能，它们都是建立在传统家具功能的实用性基础上的。这些功能在使用时非常便捷，通过简单的操作即可实现；同时在制作多功能家具时，也不需花费过多的成本，加工简单、用料节约。

传统家具的各项功能针对不同使用需求时主要有两种结合方式，即家具功能的叠加和家具功能的拓展。

家具功能的叠加是不同功能在同一产品上的累加。例如，睡觉 + 储藏，坐 + 上厕所，坐 + 储物等。例如，浙江宁波地区有一种专供老人和行动不便的人使用的马桶椅，平时可以作为座椅使用，急时掀开座椅椅面就可当马桶使用，如图 3.1.3 所示。

家具功能的拓展是同一家具使用功能的扩大化，拓展的功能和原有功能都围绕同一活动主体和功能主体。如常见的餐桌，平时是四方形的，供家人围坐进餐，客人多时，可把四周的弧形板掀起拼成一个大圆桌，不但能让更多的人围坐，更符合团圆热闹的中国传统聚会气氛。此外，还有一种常见的垛柜，分为上下两节，可单独使用，也可摞起成一个大柜使用，这样既方便搬运，也增加了存储的灵活性。

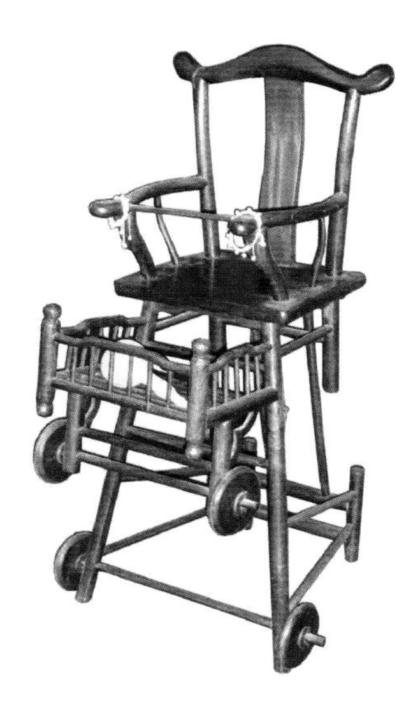

图 3.1.2　儿童座椅

图 3.1.3　马桶椅

3.2　中国传统家具的材料特征

1. 选材原则

传统家具材料的选择必须从“经济、实用、耐用”的基础出发，此外还要加上对家具的易加工性和美观等方面的考虑。因此，以此为基础的材料选择便形成了传统家具材料选择的一个必然的导向，即对于便宜性材料的选择。在这里，“便宜性材料”就是指方便、容易得到的，且适宜的材料。而由便宜性材料这一主要特征派生出了其他的几个民俗家具的材料特征，即天然材料、地域材料和传统材料。

从经济角度出发，传统家具的材料首先必须是低价的，或是付出较少劳动就可以得到的。这包括了材料的采集、运输和流通等环节的低成本性，即方便得到。在早期经济并不发达的传统社会里，受到经济和技术发展的局限，人们在多数情况下只能通过就地取材来解决家具的材料问题。这种形式不仅决定了材料的地域性特征，而且天然材料往往通过采集就可以直接得到，甚至不需要通过流通环节，材料的成本最大化地得以降低，是符合传统家具选材经济性的要求的。

其次，材料运输的成本主要是由运输的距离远近和所选择的运输载体决定的，因此要降低家具材料的运输成本就要从这两个方面入手。在传统的农业社会中，运输的载体十分有限，陆路运输不仅成本过高，也极为不方便。因此，传统家具的材料运输往往通过水路来完成，而对于水路运输的选择，也就造成了材料在水陆流域形成的一个地域性特点。

另外，由于流通环节在早期社会里并不发达，而出于对经济因素的考虑，在传统家具的材料获取过程中，一般尽量避免进入流通环节，一旦进入，也要通过降低材料在流通环节中的停留时间和交易次数来降低成本。

2. 常用材料

1）木材

传统家具中的木材一般分为硬木和非硬木两大类。紫檀、花梨、鸡翅木、铁力木、红木、乌木等属硬木；楠木、榉木、樟木、黄杨木等为非硬木。传统家具材料一般以硬木为主，也有非硬木的运用。非硬木的运用针对性更强，如樟木常用来做箱柜类家具。

地域性的自然地理特征，使得木材的生长种类也很具特点。如榆木、核桃木多产于中国北方，因此北方家具多以榆木、核桃木为主。这点可以以山西的核桃木家具为例具体分析。核桃木家具几乎是山西独有的家具，尽管其他地区也有核桃木生长，但都没有山西地区那么集中、优质。中国古人对家具的制作怀有敬意，认为家具是家庭中仅次于房屋的财产，要传宗接代，不可轻视。山西地区盛产核桃树，有的达几百年树龄。核桃树到晚年以后结果率低，故自然淘汰制作家具，顺理成章。

与清晰通畅的榆木纹理不同，核桃木纹理细腻、含蓄，若隐若现，与之微黄的颜色相匹配。核桃木坚硬而致密，重量适中，性韧，不易开裂，受刀凿雕刻，与楠木有近似之处。核桃木的缺点是木材内芯与外皮有色差，内芯呈深棕，外皮呈浅黄，色差度有时极大，做成家具后不是所有人都能接受。山西的核桃木家具品种极多，生产制作年代跨度也大，从明至晚清甚至民国应有尽有。明式核桃木家具中有许多与黄花梨家具一模一样，制作精良、无可挑剔。

在中国传统家具的制作中，各种木材的选用与搭配往往约定俗成，某种木材与另一材质固定搭配使用，或取其木质，或取其纹理，或取其色彩搭配，从而形成一定规律。因而传统家具的材质只要能看出一种，由此及彼，便会推断出与其搭配的另一种木材。也有一些相关的口诀：

楠配紫（紫檀），铁配黄（黄花梨），乌木配黄杨。

高丽镶楸木，川柏配花樟（樟木瘿子）。

苏做红木楠木瘿，广做红木石芯膛。

榉木桌子杉木底，榆木柜子杨木帮。

2）竹材

中国竹资源丰富，据不完全统计，目前有37属、500余种，分布很广。由于竹子具有如下主要特征：容易培育，生长快，3~4年就可成材；中空而轻，竹纤维弹性好；竹子的吸湿、吸热性能高于其他木材，在炎热的夏季坐在上面，清凉吸汗；竹子容易加工。因此，很多地区的传统家具采用竹子来制造。竹制家具所选用的原料多为产自桂、湘、赣的优质楠竹。经处理后的板材防虫蛀，不会开裂、变形、脱胶，各种物理性能相当于中高档硬杂木。特别在现在木材越来越紧缺的情况下，竹子是速生材中首选的绿色环保和可持续、经济的材料。几千年来中国各族人民不但就地取材广泛用于建筑、室内装饰、桥梁、园林，还结合生活和生产的需要创造了无数的传统竹家具、生产工具、生活日用品和工艺美术作品等。近几年竹家具产业在中国的迅速发展证明了这一点。

3）藤

在各种天然材料中，除木材和竹材外，藤在传统家具中的应用也很广泛。藤符合易得性和易加工性的要求，其适当的成本和材料本身的物理特性，诸如易加工成形，有较强的硬度和韧性等方面也使它成为传统家具材料的首选之一。

4）石材

中国传统家具中还常用到另一种材料——石材。石材由于受到体积、质量和加工工艺的限制，运输和获取都非常不易，在经济和技术条件都极为落后的古代，就显得更为难得。可以说石材是一种地域性很强的材料，不仅能够增加家具的审美性，同时也形成了其地域性的审美语言。石材一旦离开其产地，就会身价百倍，不再是民俗家具的选材，而成为宫廷家具和高档家具的代表材料。石材通常制成板材，用于桌案面心、插屏、屏风或罗汉床的屏心、柜门的门心、坐墩的面心、椅子靠背等。清式家具使用石材较多，广式家具的坐具用石材做面心的更多。石材主要有大理石、花斑石、紫石、青石、白石、绿石及黄石等。石材的选择以自然形成的山川烟云图案为上品，力求体现山水画中水墨氤氲的艺术效果，令人赏心悦目。此外，一些地区利用陶瓷制作优势，还出现了用陶、瓷制作的家具，如墩，室外的桌、凳等，如图 3.2.1 所示。

由此可见，地域性的自然条件和地理特征，为人们提供了独特的生活条件，在此基础上，逐渐形成了与之相适应的地域性生活文化。选用极具地域特征的材料形成的传统家具，也自然形成了与之相对应的造型语言，甚至是精神财富。

5）金属材料

受技术水平的影响，金属材料在传统家具中的应用仅限为金属饰件。明清家具常用金属饰件，如柜、箱、橱、椅及屏风等家具多见，名目繁多，如合叶、面叶、吊牌、包角、锁插等，造型各异。饰件上采用錾花、鎏金、锤合等技法，制作出各种花纹，灿烂华美。金属饰件的设计与家具的整体造型及雕饰密切相关，充分反映出明清家具在结构、装饰与实用三者关系上相当成熟的艺术处理手法。这些具有艺术创意的金属饰件，不仅对家具起到了保护加固作用，同时为家具增添了光彩。光彩夺目的金属饰件与天然的木质纹理形成不同色彩、不同质感的鲜明对比，使明清家具更臻完美。

瓷墩

石墩

图 3.2.1　瓷墩和石墩

3.3 中国传统家具的舒适性特征

提供舒适性是所有家具共同的特点，而传统家具除了具有这一特点之外，还有在此基础上的人类工程学的考量，为生活提供方便。此外，从地域性生活方式等方面的需要去考虑家具的设计也是其特点。

1. 传统家具的人类工程学

传统家具的一个非常重要的特点，就是需要符合人类工程学的要求。在传统家具出现的初期，并无人类工程学的研究，但是传统家具紧密联系生活的特点，自然决定了自发地对于人类工程学的追求，在当时就是体现在对于家具舒适性的追求上。而这种舒适性是建立在传统家具其他基本特征之上的舒适性，即它并不是一种无条件的追求，而是建立在材料、经济环境、使用环境等约束条件下的舒适性。

两宋时期高足家具的普遍应用，最终改变了商周以来的跪坐习惯。但高足家具处于发展时期，各部位的尺度还不尽如人意，这一问题到明代才得以解决。明代确立了家具关键部位的尺寸，并形成一种制式，其家具尺寸合理，尺度适宜，注重人体尺度，满足人体活动的需要。通过对现有的明代传统家具的实物测绘，可以看到其主要尺寸，即使用现代的设计眼光来看也是科学的。一些关键部位的尺寸是根据人体尺度，经过认真推敲而确定的。当人们使用这些家具时，便感到舒适与惬意。

在当时的经济、技术水平之下，作为传统家具设计、制造者的普通劳动人民当然不可能自发地用人类工程学的概念考虑舒适性问题。但是实践性是他们最显著的生活特征，他们每天所从事的劳动、生活就是家具舒适性最大的实验场地。由于没有过多的经验和理论指导，一件传统家具往往因需要而产生，在实际的使用中改进，这种改进的依据主要就是使用中对其舒适性的反馈，以及对其使用耐久性的检测。由此改进家具的结构、尺寸和比例，使其达到传统家具实用性的要求，这样这件传统家具的形制才能最终确定下来，进而得到传播和更广泛的运用。

2. 生理与心理的舒适性

传统家具所体现出的对于舒适性的追求也是必须建立在传统家具所产生的基础之上的，即受到一定的经济条件的局限。传统家具首先要考虑的是节省材料、耐用、易加工，在此基础上再追求舒适性，才能成为经济实用的家居用品，因此，传统家具的舒适性是相对的，而非绝对的。

对于舒适性的满足不仅包括在实际使用中人体在尺度上的生理满足，而且还要满足心理上的舒适性。以冷暖的需求为例，寒冷地区和中国大多数地区的冬季都有很强的取暖的需求，在这些情况下，取暖就成了舒适性满足度的一个重要的衡量标准，北方的炕床、南方的火桶等家具都是为了满足这一需求产生的。在中国北方，多以火炕为中心布置卧室家具。由于火炕晚上可以睡觉，白天也可以舒适地坐在上面，这就需要一些在炕上使用的较低矮的家具。再比如女性房间里放置的家具，除了应具有较为典型的女性风格外，通常还大量装饰一些传统的寓意图案，如鸳鸯、麒麟和吉祥花卉等，以祈求平安和富贵。而中国南方大部分地区的夏季有着很强的纳凉需求，用能够纳凉的竹、藤制作的家具就显得十分适合。

床对于家庭空间内的家具而言，无疑是最具私密性的，这是人们心理需求的表现。在中国传统社会习俗中，这一思想往往十分强烈。这不但影响了室内陈设，也对家具设计产生了很大的影响。例如，床不能放在正对门口的位置，窗户需要离地一定高度以保持卧室的私密性，传统架子床的出现也或多或少受到这一思想的影响。住宅卧室的室内陈设，架子床、窗户的高度共同组成了一个私密性较强的卧室空间。

3. 方便性

活动种类的多样化导致了对于家具多样化的需求，活动场所的多样化导致了对于家具便携式的需求。以坐具为例，这种为人们提供支撑的家具是人们活动多样化的最佳体现。传统家具中坐具的种类十分多，有正规场合用的座椅，休闲用的躺椅、摇椅，多人合坐的条凳，家务劳作时用的小板凳等，这些多样化的坐具都是和人们日常活动与劳作一一对应的。

3.4 中国传统家具的地域文化特征

传统家具的地域性特征主要体现在物质基础和人文基础两个方面。

传统家具存在的物质基础本身所具有的地域性特征是导致传统家具地域性特征的直接因素，而物质基础的地域性特征主要体现在家具存在的自然环境和生活环境两个方面。

自然环境对于传统家具形成地域性特征的影响是多方面的。首先是对于传统家具需求的地域化特征。气候的不同、温度的不同、四季冷暖的变化，使得人们的生活习惯形成很强的地域性特征，因而不同地域的人们对于家具的需求有很大差别。

不同地域的自然资源也为当地提供了不同的家具制作材料。地域化的自然资源对于就地取材的传统家具的影响是很大的。中国中西部地区自然资源相对匮乏，加之气候较为寒冷，居民有强烈的取暖需要，因此以砖、土垒炕的现象十分普遍。

在生活空间中，影响各地传统家具的主要因素是居住形式。民间居住形式是当地传统家具的孕育基础，其建筑特点和形式也是传统家具创造的思想根源。

生活方式、商业环境、审美等因素构成了传统家具地域性特征形成的人文基础。

生活方式的各个方面对于传统家具的影响是全方位的。普通百姓对美好生活的追求和向往，往往会通过日常生活的方方面面表达出来，久而久之，就会形成一定的习俗和生活习惯，也就形成了极具地域特征的生活方式的一个组成部分。比如，人们借由家具的尺寸、造型、装饰来表达对于人文精神的崇拜和对于现实美好生活的追求。以中国的中原地区为例，过去民间极为盛行“床不离七”的习俗，就是床的宽窄、高低的尺寸不能没有“七”，主要是取“七”与“妻”的谐音。

传统家具由于是和传统农业社会中自给自足的自然经济相结合产生的，因而它和这些环节共同构成的商业环境的接触较少，主要是到近现代社会才逐渐明显起来。

事实上，传统家具很少进入流通环节和销售环节，这就决定了传统家具必然具有的地域性特征。它就地取材，又由本地的工匠加工，而实际要求往往直接来自于家具的使用者。

不同地区的人们由于具有不同的生活环境和生活方式，就形成了思想领域中审美观念上的差别。这种审美观的地域性差别反映到传统家具上，就形成了家具审美的地域化特征。

中国的传统家具以苏州、广州、北京、山西、宁波等地制作的家具最为著名。“苏作”、“广作”、“京作”、“晋作”、“宁作”被称为明清家具五大代表性流派。

1. 苏作家具

苏作家具是指以苏州为中心的长江中下游地区

所生产的传统家具。除苏州外，常熟、扬州等也是主要产地。苏作家具是明式家具的代表，是在继承宋、元家具的优秀传统基础上，经过长期发展而形成的一个传统流派，其造型和装饰朴素大方、造型优美、线条流畅、用料和结构合理、工艺精湛，为世人称道。明末清初，苏作家具广为流传，全国各地都在生产，苏作明式家具进入了黄金时期。随着社会风气的变化，苏作家具也开始向富丽、繁复及注重摆设性转变。在清朝的康熙、雍正、乾隆年间生产的优质硬木家具在造型和工艺上，其精美程度都达到了登峰造极的地步。

除了具有精湛的工艺，苏作家具还蕴含着中华民族高度智慧的文化内涵和高雅品位的文人气息，这使得苏作家具成为最具中国风格特色的世界文化遗产与财富。

明末清初的苏作家具，造型质朴清雅、气韵生动、不重雕饰，强调天然材质之美，造型“方正古朴”、“古雅精丽”，表现了江南文人以“醇古风流”为根本目的的追求，闲情逸致的审美情趣和深居养静、毫无浮躁之气的生活理念。苏作家具不仅通过精致、匀称、大方、舒展的实物形体展现其造型艺术的魅力，而且向人们传递一种超然沁心、古朴雅致的审美，使人领悟到苏作家具古雅的风格特色。

到了清代，苏作家具使用的黄花梨、紫檀等贵重木料较难购置，而人们又追求华丽，致使苏作家具在造型、装饰和制作手法上发生很大变化，由原来的朴素简练变为繁复新奇，由明式风格逐渐变为清式风格。由于贵重木材难得，制作上出现了苏作包镶家具，即家具表面用好木料做成薄板粘贴，而骨架用杂木制作。这种制作方法技术要求很高，且更费工时，为了使人看不出拼接的破绽，在木质花纹、接缝处理上都要相当仔细。到了清朝中后期，包镶制作工艺到了炉火纯青的地步。故宫收藏的苏作家具中十有八九也采用了包镶工艺。为节省贵重木料，在制作桌椅、凳子等家具时，常在暗处掺杂其他杂木。

由于贵重硬质木材来之不易，苏作家具工匠不但在用料上精打细算，而且常采用油漆加以掩饰，也因此在制作过程中对漆工要求相当高。上漆过程相当复杂，一般需有十几道工序，完成一件家具常需花费几个月时间。为节省材料，苏作家具用整块大料雕刻的较少，花纹都为小块木料雕刻后，用胶粘贴、攒斗而成。苏作家具工匠不愧为精打细算的高手，有效利用名贵材料的能工巧匠。

苏作家具的装饰手法主要有雕刻、镶嵌和髹漆等。

苏作家具一般只作小面积雕刻和装饰，大面积雕镂的家具极为罕见。最常用的技法为线浮雕和透雕两种。其刀法圆熟，极为精致细腻、层次分明、光滑和顺、棱角分明，讲究气韵生动，不但要求形似，还要神似。

苏作家具的镶嵌工艺，主要有木嵌和石嵌，也有少数用贝壳镶嵌而成。镶嵌分高嵌和平嵌两种，工艺都极为精密细致。苏作家具的镶嵌技法通常以硬木做成框架，然后漆上生漆、糊麻布、上漆灰打磨平整、上漆 2~3 遍，最后上退光漆，待阴干后再进行装饰。装饰的步骤为：先在漆面上描绘画稿，然后由刻工挖槽，再装上按图做好的各种质地的镶嵌件镶在槽内，用胶粘牢即成。所用镶嵌材料一般为玉石、象牙、牛角、螺钿、彩石等。

此外，苏作家具的朱金彩饰也是代表性的表面装饰手法。一般情况下，一些用普通木材制作的家具常常采用这种装饰手法。步骤是：先在木雕制品上涂上生漆，贴上金箔，然后在其两侧或缝隙中添加朱红漆。

苏作传统家具的装饰题材多取自历史人物故事、龙纹、花鸟、松竹梅兰、山水及各种神话传说。吉祥寓意的缠枝葡萄、缠枝莲花、万寿藤、灵芝、竹节梗、如意、鱼草、什锦、八仙、福寿等纹样多为常见。

2. 广作家具

广作家具一般指在广州地区生产的家具。广州地处全国门户开放的最前沿，不仅是中国传统文化与外来文化交融之处，也是东南亚优质木材进口的主要通道。“两广”是中国贵重木材的主要产地，得天独厚的条件促进了别具风格特色的广作家具的发展。

广作家具的特点是用料粗大，造型厚重，用料清色，互不掺用，气度豪华气派，在造型、结构和装饰上受西方建筑装饰影响较大，可以说是中西文化合璧的代表作。由于广作家具鲜明的风格特点，在清康熙、乾隆之后影响全国各地，渐渐成为一种时尚家居，占据了当时家具领域的主导地位，故广作家具具有清式家具代表之称。

综观世界历史，在中西文化的交流中，中国的明式家具曾一度影响过欧洲，尤其在巴洛克式家具向洛可可式家具的转化过程中起了重要作用。与此同时，中国的传统家具也受到巴洛克式和洛可可式家具的影响，尤其是洛可可式家具对广作家具产生了深远影响。很多广作家具成了精细繁密、式样新颖别致的生活中的雕刻艺术品，成为融入了西方文化的“洋气”十足的中国家具。

广作家具的镶嵌和雕刻别具特色。苏作家具很少大面积雕镂，而广作家具则几乎是无处不雕。广作家具中满嵌螺钿，通体悬雕，纹藤、连珠、西番莲花纹、线花瓶脚、大挖弯、仰俯莲瓣等装饰是最鲜明的风格特点。家具形体轮廓线条弯曲变化大，线型自然流畅、生动，特别在腿部处理上，腿足的曲线多样变化，使广作家具更显奇特新异，再加上繁花似锦的装饰、点缀和精湛的工艺，广作家具的装饰风格给人强烈的视觉效果，百看不厌，爱不释手。

此外，广作家具的螺钿镶嵌技法，采用了黑白对比而晶莹闪烁的色彩装饰，显得格外华丽富贵。

广作家具在装饰题材、造型结构、表现方法及构图处理上充分反映出中西合璧的独特风格。最常见的题材为梅、竹、蝠（福）、桃（寿）和葫芦（万代）、洋花。此外，传统纹样还有兰、桂、牡丹等果木花卉，龙、凤、龟、鹤、鸳鸯、喜鹊等吉祥灵禽羽族类动物，还有福禄寿三星、八仙、平安如意、聚宝盆等人物故事和文字器物类等图案纹样。由于广作家具受西方文化影响，因此，各种西番莲、摩登花、蔓草纹、葡萄纹、鳌鱼纹等题材图案也占相当比例。

广作家具因原材料充足，故用材讲究木质的一致性，一般一套家具都是一种木材制成。同时为了利用紫檀、酸枝木等硬木木质的色泽和天然木质花纹，广作家具在制作时只上面漆，不上灰粉，打磨后直接揩漆，即所谓广漆，使木质之美完全裸露。自清乾隆起，广作的酸枝木家具无论是卯榫连接，还是纹样雕刻和刮磨修饰都达到了极高的水平。

3. 京作家具

京作家具俗称“京仿家具”，不是指一般的民间用品，而是指宫廷作坊在北京制造的家具，以清宫皇室家具最有代表性。由于清造办处的家具工匠主要来自苏州和广州，在宫廷式样的总体设计上，不同工匠所制作的家具又有不同程度的差异性。因此,在京作家具中常常能表现出“苏味”和“广味”，这也是京作家具兼有广作和苏作家具特点的主要原因。

清代初期的京作家具在造型和装饰上传承明式家具做法，以紫檀和黄花梨为主，但也有使用榆木、柏木、楠木、沉香木、椴木等材质的。康熙、雍正、乾隆年间是清代盛世期，随着经济、商业、手工业的增长，统治者崇尚精雕细刻、光彩炫目的艺术品，清宫造办处为迎合皇室的爱好，凭借造办处财力、物力雄厚，可以无休止地追求精巧豪华，不惜用料和工本。京作家具在保持传统造型的同时，装饰风格便日趋纤密繁复。为了显现出沉重瑰丽的意趣和特点，精美华丽、雍容大度、美轮美奂、“皇家气派”

日益成为主流，明式家具日益式微。四方学士名流和能工巧匠汇集于京师，不断设计制作出创新的式样，形成了别具特色的京作家具风格。

京作家具因和统治阶级生活起居及宫室的特殊要求有关，因此，在造型风格上首先给人一种沉重、宽大、豪华、庄重和威严之感，且用料要求极高。京作家具以紫檀为主，次为红木、花梨、楠木、乌木、榉木等。其主要特点为：①用料厚重，家具的总体尺寸较为宽大，相应的局部尺寸也随之增大。②装饰华丽，主要采用镶嵌、雕刻及彩绘等技法，给人以稳重、精制、豪华、艳丽的感觉。京作家具也有雕饰过于繁琐、造型笨重、俊秀不足、给人沉闷之感的缺憾。

京作家具以富丽、豪华、稳重、威严、端庄、富丽堂皇为准则，在造型风格、装饰手法形式和技巧、材料利用等方面融入了当时各地能工巧匠的智慧和特点，形成了在中国家具史上与明式家具并驾齐驱的“清式家具”。

4. 晋作家具

晋作家具是指山西风格特点的家具，是中国代表性家具流派之一。

晋作家具的历史源远流长，最早可追溯到魏晋南北朝。从宋元时代起，山西的家具已形成一定的风格特点，其漆器家具、圈椅、炕桌、炕屉、橱柜、神架、雕花家具等为代表性家具。

由于“晋商”从商的特殊需求，明代以后，铺柜、书柜成为晋作家具的一大特色。之后，出现了适合在窑洞房屋中陈设使用的八仙桌、几案、柳木圈椅、老榆木 / 老槐木书柜、铺柜等民间传统家具。晋商的晋作家具主要有厅堂内摆放的高档桌子、翘头案、椅子、柜类家具、屏风和座镜等。

晋作家具的选材较广，有紫檀、红木、楠木、樟木、老榆木、老槐木、柳木、香椿木、核桃木等。其中以山西本地产的核桃木、柳木、老榆木、老槐木、香椿木为上等用材。当地的老榆木、老槐木等木材质地坚硬，常用来制作坐具和竖柜、橱桌类家具。核桃木、香椿木等软硬适度，适于雕刻，常用于翘头案、橱、桌、柜、几、架等家具制作。

此外，晋作漆器家具也负有盛名，其中山西平遥的推光漆器（银驼色），绛县的云雕漆器、螺钿镶嵌家具最为有名。

晋作家具历史久远，“源于宋元风格的建筑基调，含有京都风格的大气，崇尚苏州雕刻的刚柔并济，表现晋作的地方‘阔气’特征。”山西的地理环境造就了晋作家具的敦实与稳健、实用、阔气的艺术风格。

我们可以从晋中的乔家大院、太谷的三多堂博物馆、灵石的王家大院等历史遗迹见证晋作家具的风格特色。

晋作家具分为农具行家具、工商行家具、漆器行家具、雕花行家具、建筑行家具、车船行家具等6大类，分工明确，各有所长。

（1）农具行家具。工匠以制作和维修农用家具为主，如犁、耙、扇车、风箱、风车、纺车、斗、盆、桶等，也兼做一些民间日常用家具。这类家具结构合理，朴实厚重，经济实用，牢固耐用，有浓郁的地方特色。

（2）工商行家具。工商行家具主要有卧具、坐具、桌案、起居和屏风类、橱柜、衣架等家具，造型优美、尺度舒适规范、表面光净。但不同类别的家具，其选材、结构、造型、装饰、工艺及价格的差异很大。

（3）漆器行家具。晋作漆家具是指制作了各种描金、镶嵌、皮货漆器等工艺的家具，其特点是突出表面装饰、装裱、什件和镶嵌艺术等。尤其是描金漆饰家具，追求家具表面的裱糊、装饰图案和镶嵌的工艺美而不讲究家具的木结构。

（4）雕花行家具。晋作家具主要是在家具的束腰、壶门、牙板、背板、面板等处刻制一些民间传统纹饰，或镶嵌精美的装饰。

（5）建筑行家具。建筑行家具是指以建筑木工工艺为特点兼做室内家具和各种雕花家具，特点为与建筑相匹配，雄浑大气。

（6）车船行家具。晋商的发达使车船类家具业成为晋作家具的一大特色。这类家具以风车、水车、独轮铁包角车、双轮战车、平车、大车、独木船、货船、纺车等制作和维修为特色，其特点是榫卯结构牢固，重硬木制作，用料粗阔。

路玉章先生将晋作家具的文化特征归纳为："农具行多变化而求扎实，工商行多规制而求新颖，漆器行多裱作而求漆饰，雕花行多华丽而求祥瑞，建筑行多朴实而求大气，车船行多壮实而求实用。"十分确切。

晋作家具以体量朋硕、沉穆劲挺、框厚板实、大边坚梆为特点，其造型古朴，在形态上还能体味到宋辽时期的遗风。晋南家具多为描金彩绘髹漆家具。晋作家具的工艺精巧可与京作的雅致堂皇相抗衡，铺张扬厉之势与广作的靡丽不相上下。

5. 宁作家具

宁作家具指宁波地区制作的家具，其中彩漆家具和骨嵌家具最具代表性。宁作硬木家具历史悠久，据《鄞县通志》记载，甬匠工艺犹重"精兜巧雕"，漆家具重"擦漆细工"，"其法纯用右拇指摩擦而成"，"完成之品光泽净靓似象牙，质古雅可爱"，"寻常一方寸之木，穷人一日之力，往往尚克完成，其余贵可知矣"。可见宁作家具之木工和漆工艺之精湛。

宁作家具中的红木家具除全部采用红木制作外，也常能看到用多种木材来制作一件家具的情况，比如用红木做木框，用鸡翅木等木材做板心；用当地优质黄榉木做框，红木做板心；或正面用红木，两侧及后背用一般木材来制作。但一般来说，只要使用红木的家具，都施之雕刻或镶嵌，工艺十分讲究，以显示家具的档次。

彩漆家具主要分为立体彩饰和平面彩饰两大类。宁作家具主要为平面彩漆，给人以光润、鲜丽的感觉。

宁作家具最著名的是制作精良的骨嵌家具。宁作镶嵌家具从清初道光年间先后经过了"木嵌→黄杨木与象牙嵌→骨木合嵌→骨嵌"等几个不同的发展阶段。清朝中期之后，宁作家具一味模仿广作家具，家具造型凭借宁波深厚的传统骨木镶嵌工艺基础，使螺钿嵌家具迅速发展，成为宁作家具最重要的特色之一。

骨嵌分为高嵌、平嵌和高平混合嵌。宁作骨嵌家具前期多为高嵌，后期多采用平嵌装饰工艺。宁作骨嵌家具品种繁多，涉及各种床、榻、桌、椅、凳、墩、几、案、橱、柜、箱、衣架、书架、博古架、屏风等。这些骨嵌家具的造型保持多孔、多枝、多节，块小而带棱角，既宜于胶接，又防止脱落。宁作骨嵌家具多采用平嵌形式，骨嵌的木材底板多用红木、花梨木等硬木制作，因木材坚硬细密再嵌牛骨，更显古朴。骨嵌用牛骨十分讲究，一般是用牛肋骨，因牛肋骨质地细密，有韧性且色白，与象牙相仿。

宁作骨嵌家具的装饰手法一般根据不同题材的内容和形式分为两种：一种是通过临摹当时书画作品制成骨嵌装饰的"丹青体"，另一种是民间艺人设计的民间装饰性绘画的"古体"装饰图案。两种装饰手法各具特色，相得益彰。宁作骨嵌题材主要有4类：①民间传说，戏曲片段，历史典故，生活风俗；②山水风景，四时景色，西湖十景等；③博古走兽，花鸟静物，桃李佛手，梅兰竹菊，盘龙飞凤等；④万字纹，洋花，八仙，葡萄，回纹等。在这里特别要指出的是宁作家具中除骨嵌外，"一根藤"装饰纹样是最有特色的，它将数以百计的小工段木料制成榫卯相接，组成连绵不断的"一根藤"纹样，给人玲珑剔透、浑然天成的感觉，令人百看不厌，可谓一绝。这种装饰多见于床的挂面、椅背或牙子等处，有时在窗格上也能看见。

除宁作骨嵌家具外，宁作的朱金木雕家具也是别具特色的。宁作朱金木雕家具用材一般就地取材，将木雕与漆艺相结合，造型清雅华美，富有生活情趣，其中尤以朱金千工床最为经典。

此外，十里红妆家具也是宁作家具中别树一帜的家具。十里红妆家具是浙东女子出嫁时的嫁妆，品种齐全，所有器物髹以“中国红”朱漆或泥金朱漆，不仅非常喜庆，更显得嫁妆丰厚，以表达父母对女儿的深爱，并以此显示家族的地位和富有。

以上五大家具流派是中国传统家具中最具代表性和影响力的传统家具，是在漫长的历史进程中逐步形成的，是在各族人民所创造的无数家具中脱颖而出的代表，因此，从某种意义上来说，这五大流派只是中华民族传统家具的沧海一粟。此外还有很多地域的传统家具，在地域性自然条件和文化特征的影响下（诸如地理环境、经济环境、文化传统、风俗习惯以及生活方式等），形成了具有鲜明地域化的审美特征和各有特色的家具风格，如表 3.4.1 所示。

表 3.4.1　中国传统地域性家具一览表

地域性家具分类	分布地区	主要特征
京作	北京	造型以广作为主，线条以苏作为主，用料比广作小比苏作大，并按皇帝的旨意，渐渐融入西洋式家具的特色。在工艺上崇尚精雕细刻、光彩炫目的艺术风格，显示出沉重瑰丽的意趣和特点，具有精美华丽的“皇家气派”
苏作	苏州	明式家具是苏作的代表作。具有典雅、简洁的文人气息，不尚繁琐的雕饰，在风格上影响了整个江南地区
广作	广州	清式家具是广作的代表作。以用料壮硕、纹饰图案夸张硕大为特点，给人以坚实之感
宁作	宁波	以镶嵌工艺闻名，具有很强的工艺欣赏价值。从雕饰的花纹图案和装饰格调上，极易看出鲜明的地方色彩
海派	上海	指清代晚期至民国时期，上海地区生产的以红木为主要用材的家具式样。在形体构造甚至内部结构上学习西式家具的特点，所谓“西式中做”，讲究新颖别致，给人以显眼华丽之感，缺乏耐看的传统文化内涵。外表竭力模仿紫檀色，涂棕黑或红黑色的漆层
瓯作	温州	最大特点是在雕工处多施以金漆，对能够折射光的物质尤为倾心，诸如玻璃、螺钿等，将其研碎后加灰涂于家具表面，使之有闪光熠熠之感，同时还将彩色玻璃镶嵌于主要装饰面上，起到画龙点睛的作用。瓯作因大量饰以髹漆，故少用优良木材
闽作	福建	以施金漆为主，造型夸张，给人以舞台戏剧用道具之感。与福建民居异曲同工，在客家文化影响下，形成了热烈华丽的风格
晋作	山西	在髹漆手法上不拘一格，平遥推光漆家具和云雕家具体现了髹漆工艺的特色。装饰题材丰富多彩，留有当时社会状况的印迹，是民间风俗的写照
冀作	河北	土气拙笨但实用，以平面直角构造为主，铜饰件也以圆或方为主，少有变化，反映出北方人不善言谈、思维直向、四平八稳的淳朴民风
鲁作	山东	与山东人性格一样，豪爽大气。用料粗壮、体积硕大，在背部和底部观察不到的地方处理草率
陕作	陕西	较为封闭、古拙，具有石雕风韵，所雕纹饰粗犷、刀法犀利、用料粗壮
川作	四川	内陆盆地，蜀道之难，自古闻名。川作在制作手法上吸取南北之长处，但未融会贯通，给人以俗气之感。四川人普遍矮小，川作却强调体态夸张，但又要考虑实用性，家具大多比例失调。例如扶手椅的高靠背低扶手成为其特点之一

3.5 中国传统家具的耐久性特征

家具是一种使用周期较长的耐用消费品，对于在农业社会自然经济条件下形成的传统家具而言，耐久性的特征就更加重要。一般家庭的家具往往在新婚时置办，长期使用，甚至会传至下一代。因此，耐久性自然成为传统家具的主要特征之一。

实用性的功能构成了传统家具的使用价值，亦是其价值的主体。在相对长的一个时间段内，人们的生活方式不会产生较大的变化，导致了对于家具使用功能需求的稳定状态。这使得家具的使用价值不会贬值，也就自然形成了家具耐久性特征的需求基础。在实际生活中家具不但在一辈人中能够使用相当长的时间，家具的传代现象更是极为普遍的，有的甚至能够传几代人。家具历久之后所能体现出的温情，是普通百姓生活真谛的展现，大大满足了人们情感上的需求。

传统家具的耐久性作为一个主要特征，影响到了家具设计、结构、选材、制造和使用等方面。

以传统家具的选材而言，传统家具的材料具有天然性和地域性的特点。由材料的基本特征——便宜性出发，其中其易得性使传统家具在修补时，容易找到和原有家具相同的材料，从而保持家具原有的形貌。同时相同材料具有相同的物理特性，也能使材料之间更好地匹配，从而令家具结构坚固耐用。

以传统家具的结构而言，有很多从耐久性出发的设计考虑。榫卯结构的广泛使用就是一个最显著的特点，它大大加强了家具结构的坚固性和稳定性。许多榫卯结构本身就是利用人们在使用家具时，对于家具产生的作用力来加固结构，从而在使用中令结构更稳固。

家具的保养和维护与其耐久性也有很大的关联。从外观看，传统家具的体形往往简洁大方，尽量使用光洁的面，不做复杂的线脚。因为线脚多了，不但加工费时、费力，线脚处凹凸不平也十分容易积存灰尘，不易清洁。即便需要线脚，处理也减至最简单的程度。家具的底部最难清洁，因为它与地面的距离太小，传统家具对于这一问题的解决办法就是把家具做成落地式或是将柜体放在离地面有一定高度的支架上。最常见的做法是加上较长的腿。

为了保持传统家具在使用中的耐久性，往往会在需要时对家具进行一些修补和加固。除了普通的修补之外，对于一些承重的连接处和容易磨损的部位更需重点加护。在修补时还应兼顾到家具整体的美观性，常用的手法是用金属包覆这些容易磨损和主要的承力连接结构，利用金属本身的坚固性和耐磨性的物理特征来保护家具。随着经验的积累，在家具制造的初期和设计家具时就直接把这些金属附件安装上。此时，这些部件除了其实际的使用功能之外，更形成了这类家具整体造型的一部分，成为一种装饰，即形成了传统家具本身所特有的一种审美情趣。

3.6 中国传统家具的构造与加工特征

传统家具坚固耐用的原因，除了选用较硬质的木材外，要重要的是它具有科学合理的榫卯结构。一件家具，都要由若干个构件组合而成，构件与构件的结合处，都要通过各种形式的榫卯把各个构件巧妙地连接起来，形成一个家具的整体。这种结构方式是古代匠师们长期实践经验的总结，在古代科技领域中有一定的影响和地位。

传统家具中常见的结构形式有以下几种：

（1）横材与竖材结合的丁字形结构；

（2）直材的角结合；

（3）拼板和框内装板的结合；

（4）腿与面、牙板的结合；

（5）托泥与腿足的结合；

（6）弧形材料的结合；

（7）活榫开合结构。

以上各种结构形式中又各自包含了多种结构的变化，以适应同样的结合部件在不同家具和在家具不同部位上的不同需求。但其共同点都是以经济的方式为传统家具提供了牢固的结构，同时还考虑到了造型的美观性。

在正式场合所用的家具，往往把其结构的榫卯部件隐藏起来，以符合中国人传统的含蓄、内敛气质。比如苏作家具的官帽椅（图 3.6.1），其端正的造型使它多用于客厅或书房等主要场所，故而其结构完全隐藏，增加了家具造型的整体感。而日常家庭生活和劳作用的一些家具，其结构通常是直接裸露出来的，既方便加工和加固，又形成了特有的朴素的审美特征。

在加工方面，简单的加工工艺和繁多的传统家具品种之间产生了强烈的对比。就加工用的木工具来看，其本身就是民间工艺中的一项杰出的设计，是凝结了劳动人民智慧的产物。制作传统家具的木工具为数不多，仅有锯、刨、斧、凿、钻、锛等几种。为数不多的工具却生产了数不胜数的传统家具。

图 3.6.1　苏作官帽椅

3.7 中国传统家具的艺术美学特征

传统家具的审美特征是广大劳动人民思想意识和思维方式的现实表现，是意识的外延。因此，要研究传统家具的审美特征，首先要明确的是影响人们意识的主要方面。

第一，传统生活习惯中传承下来的对于美好生活向往的朴素情结。工匠们往往把自然界的事物和人们美好的愿望相结合，使家具充满天然和淳朴的设计思想，在装饰工艺上其内容均取自大自然的万物，如花鸟鱼虫、飞禽走兽、山水树木，将丰富的想象与美好的寓意贯穿其中。如清代家具上常常出现的蝙蝠、梅花鹿、怪兽与喜鹊，取其谐音，即为“福、禄、寿、喜”。家具上的每一根线条、每一幅图案都蕴含着远古的东方文化内涵。

第二，受儒家思想影响而形成的审美特征。以儒家思想为核心的中华民族文化，源远流长，博大精深，所宣扬的忠孝仁爱、礼义廉耻、慎言敏行、严于律己、改过迁善等道德观念和天人合一、整体平衡意识，几千年来铸就了中国人民的精神灵魂，形成中华民族性格的重要部分，培养了全民族追求和谐、维持统一、崇尚适中、仁爱孝悌、谦和好礼、诚信克己、与人为善、见利思义、勤俭廉正、吃苦耐劳和精忠爱国的优良传统。中华民族传统美德的形成、高尚道德价值体系的建立，是与儒家文化的长期教化、陶冶分不开的。儒家学说的许多信条如“正心修身、齐家、治国、平天下”以及“以人为本”的理念，饱含着许多契合当今时代需要的极具活力的价值观念，同时在每个时期的日常生活中也有着明确的表现。

第三，受文人审美观的影响，这一点明清两代尤其显著。明清两代是文人的时代，文人的审美观左右了整个社会的审美。明代文人因政治上的不得意，只好空怀抱负，寄情山水，他们崇尚自然，看重和谐，因此，许多看似简单其实内涵丰富、多变化的家具受到了青睐。

参考文献

[1] 胡德生 . 明清宫廷家具二十四讲 [M]. 北京：紫禁城出版社，2006.
[2] 路玉章 . 留住老手艺：传统古家具制作技艺 [M]. 北京：中国建筑工业出版社，2007.
[3] 史树青 . 中国艺术品收藏鉴赏百科全书 . 家具卷 [M]. 北京：北京出版社，2005.
[4]《中国艺术品收藏鉴赏全集》编委会 . 中国艺术品收藏鉴赏全集·古典家具 . 典藏版 [G]. 长春：吉林出版集团有限责任公司，2007.
[5] 胡德生 . 中国古代家具 [M]. 上海：上海文化出版社，1992.
[6] 张德祥 . 古家具收藏鉴赏百科 [M]. 北京：华龄出版社，2007.
[7] 陆志荣 . 清代家具 [M]. 上海：上海书店出版社，1999.
[8] 胡景初 . 家具设计与制作 [M]. 长沙：湖南科技出版社，1981.
[9] 胡文彦 . 中国家具鉴定与欣赏 [M]. 上海：上海古籍出版社，1995.

4

中国传统家具的装饰

中国传统家具的装饰不仅具有多时代的特征，同时具备鲜明的地域文化特征。装饰风格多样，不仅表现出各时代各族人民无穷的智慧和精湛的传统技艺，同时也充分反映了各地域浓郁的民俗文化及人们美好的愿望。

中国传统家具的装饰种类繁多而且题材丰富，材质美与装饰美并重，造型与装饰浑然一体，巧夺天工。本章具体阐述了中国传统家具装饰的种类、装饰的部位与内容、装饰的素材与主题。

4.1 中国传统家具装饰的种类

中国传统家具的装饰主要有平面装饰和立体装饰。

平面装饰一般为装饰图案的形式，如彩绘和浮雕等；立体装饰一般为体量和装饰性空间结构的形式，某些方面以平面装饰为基础，如圆雕。两者往往相互渗透结合，最终达到一个整体的装饰效果。不同的种类间既有相近的装饰特性，并在此基础上相互联系、相互渗透，又存在着内容和形式的差异性。也正是这些差异，形成了中国传统家具形式的多样性和巨大的魅力，如图 4.1.1 所示。

1. 平面装饰

构成传统家具平面装饰的要素为装饰图案、色彩和材质。

根据纹样和形象特点，平面装饰分为仿真形纹饰（写实纹饰）和几何形纹饰。写实纹饰在造型上虽然经过高度概括和夸张、变形，但仍保留物像的特征和面貌。几何形纹饰则通过点、线、面的组合，使之构成一种和谐的带有韵律之美的纹饰。几何形纹饰，不仅直接揭示着美的奥秘，同样也反映着人们的情绪和意趣。如图 4.1.2 所示的清代红木屏背

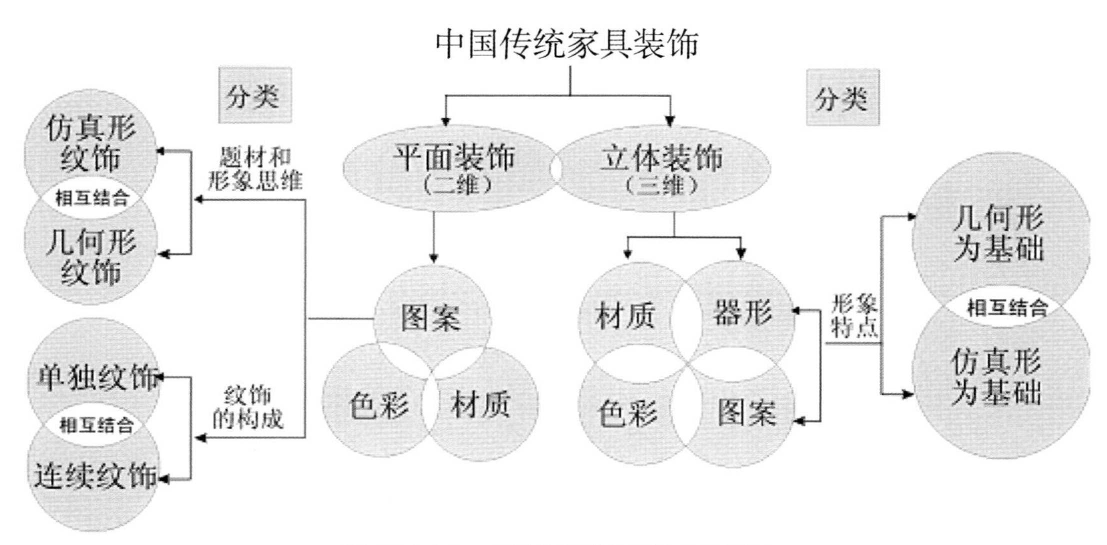

■ 图 4.1.1　中国传统家具装饰总体框架

椅，将两种纹样结合在一张椅子上，既有几何形态的圆形图案，又有仿真的轮廓图案。

在构成特点上，纹饰分为单独纹饰和连续纹饰，它们在中国传统家具中常常综合应用，如在单独纹与单独纹之间，连续纹与连续纹之间，单独纹与连续纹之间互相搭配，这种纹饰的“组合”或“合成”，成为家具装饰上很重要的方式。

2. 立体装饰

构成传统家具的立体装饰要素为器形、图案、色彩和材质。各式家具的立体装饰品类非常繁杂多样，但若只以其形象特点而论，又不外两大类：一类以几何形为基础；一类以仿真形为基础。

在立体装饰中，以抽象几何造型的连接组合为主。图 4.1.3 是几个典型的通过几何形体来进行装饰的例子。

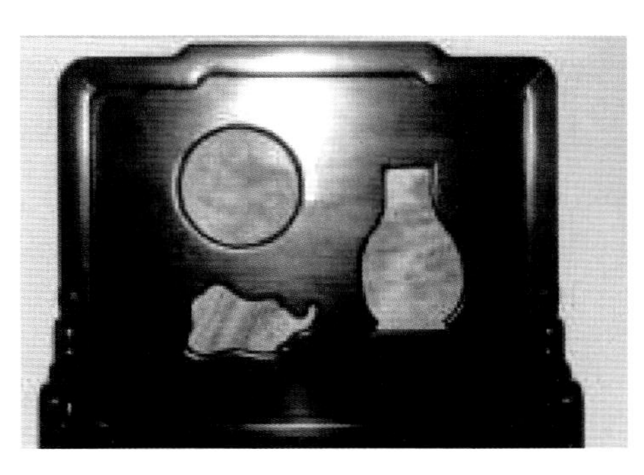

图 4.1.2　清代红木屏背椅

图 4.1.3　装饰示例（1）

另一类是以具象装饰模拟自然物像而成的。有的不完全用写实的手法表现自然，为了与实际使用的状态相吻合，其造型必须进行概括、夸张和变形，如莲瓣纹插屏座架立柱、灵芝纹的挂牙等，如图4.1.4所示。

此外，在中国传统家具中不乏将两种形式的立体装饰结合在一起而体现在同一件家具上的例子。能否将两者恰当地结合在一起使用并用得恰到好处，体现了制作者是否匠心独具和是否有着高超的审美水平。

图 4.1.4　装饰示例（2）

4.2 中国传统家具的装饰部位与内容

1. 腿足部分

1）纹饰（图 4.2.1）

（1）写实纹：写实的马蹄纹、书卷纹、烛台纹、兽纹、龟纹等；

（2）几何纹：螺旋纹、方回纹等；

（3）写实与几何相结合的纹饰：绦纹、卷草纹、涡纹、如意卷云纹、卷珠纹等。

2）特点

（1）主要运用雕刻手法，将直线与曲线相结合，整体多变的曲线流畅灵活，不显得生硬。

（2）在写实纹样的选择上，切合器物腿足的概念。

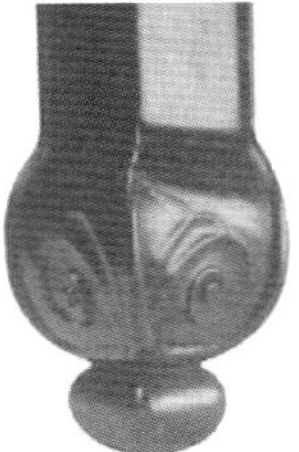

图 4.2.1 腿足纹饰图例

2. 横梁和立柱端头部分

1）纹饰（图 4.2.2）

（1）写实纹：龙纹、凤纹、灵芝纹、螭首纹等；

（2）写实与几何相结合的纹饰：莲瓣纹、卷草纹、云纹等。

2）特点

（1）装饰图案浮雕、透雕运用极多，并且层次增多、立体，力图使原本粗大笨重的柱体变得轻灵活泼，纤细的横梁更加飘飘欲飞。有的还描金彩绘，显得富丽堂皇。

（2）受到道教一定程度的影响，如灵芝纹。

龙首纹柱头

透雕龙纹端头

凤首纹柱顶

凤首纹端头

螭首纹横杆端头

灵芝纹端头

莲瓣纹柱头

灵芝纹端头

云龙纹床柱

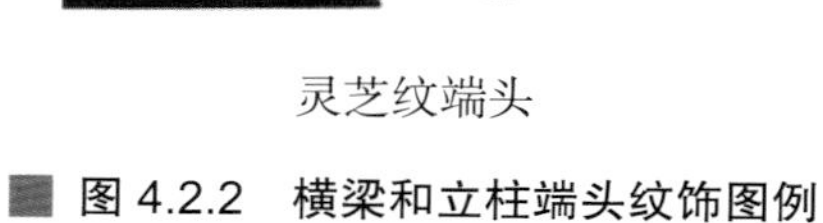

图 4.2.2 横梁和立柱端头纹饰图例

3. 立木与横木的支架相交处

1）挂牙、角牙和站牙（图 4.2.3~图 4.2.5）

（1）纹饰

① 写实纹：龙纹、凤纹、灵芝纹、螭龙纹等；

② 几何纹：方形纹、方回纹、圆涡纹、曲回纹、弯钩纹、勾回纹等；

③ 写实与几何相结合的纹饰：琴几纹、鼓纹、卷草纹、如意卷云纹、卷叶竹子纹等；

④ 吉祥图案：蝠（福）寿纹等。

（2）特点

① 牙子的装饰图案内容丰富，花样多，各种勾回纹、曲回纹、弯钩纹等回纹的使用形成了一定的风格。

② 流畅的弧线和直线的合理运用与排列，迂回缠绕，折折叠叠，错综复杂。

③ 装饰层面丰富，迎合人们求满、求华丽的心态。

卷草纹挂牙

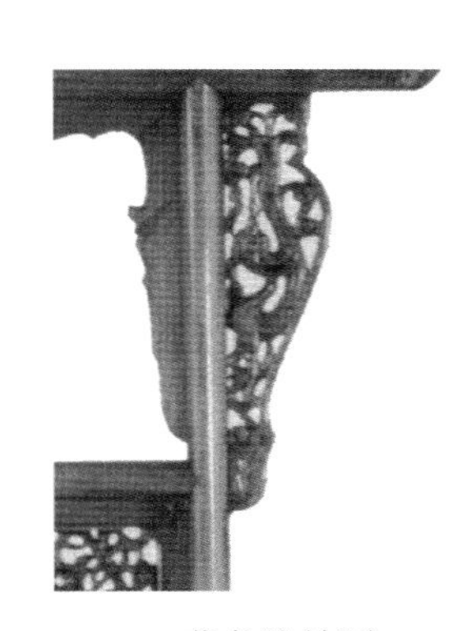
草龙纹挂牙

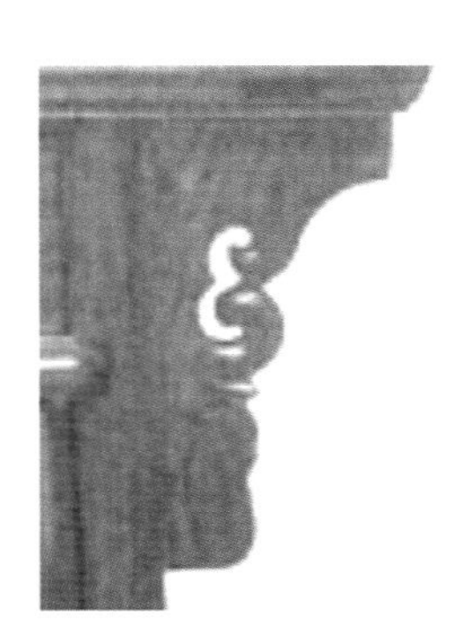
卷珠挂牙

卷叶竹子挂牙

图 4.2.3 挂牙纹饰图例

弓背式角牙

勾曲纹角牙

曲回纹角牙

弯钩纹角牙

勾云纹角牙

花纹角牙

图 4.2.4 角牙纹饰图例

棂格纹角牙

琴几纹角牙

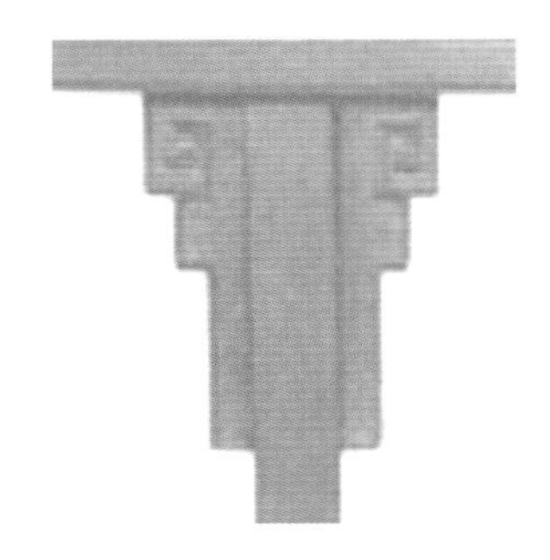

方回纹角牙

草龙纹角牙

凤纹角牙

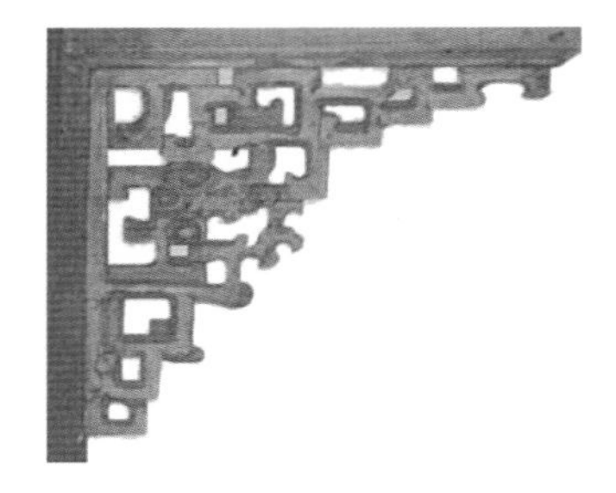

夔龙纹角牙

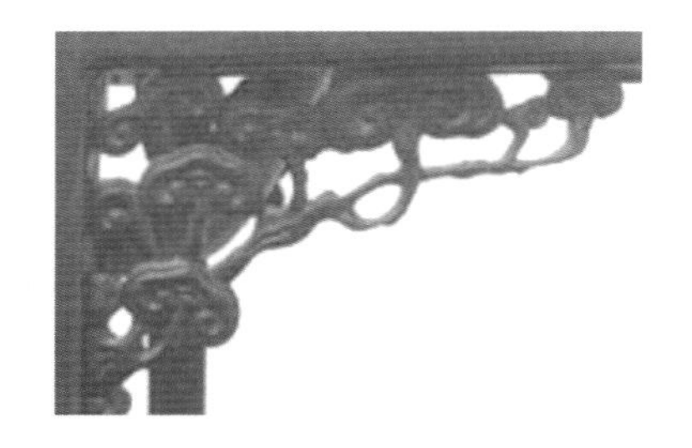

灵芝纹角牙

龙首纹角牙

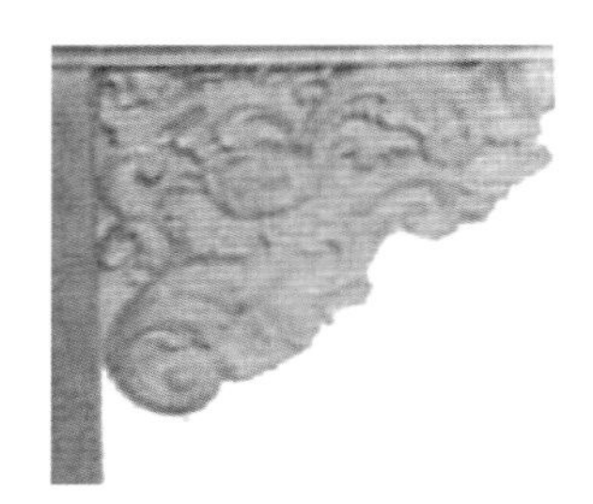

西洋卷草角牙

■ 图 4.2.4（续）

卷草纹站牙

螭龙纹站牙

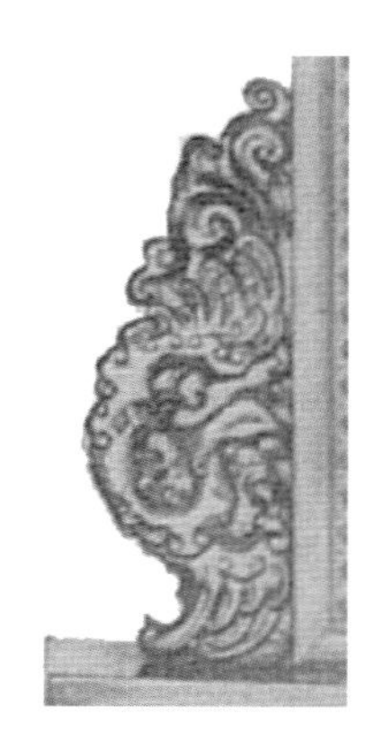

凤纹站牙

勾回连纹站牙

■ 图 4.2.5　站牙纹饰图例

2）牙头和牙板（图 4.2.6、图 4.2.7）

（1）纹饰

① 写实纹：龙纹、凤纹、螭龙纹、双龙戏珠纹、蝙蝠纹等；

② 几何纹：棂格纹、圆涡纹、勾云纹、方回纹等；

③ 写实与几何相结合的纹饰：灵芝纹、蔓叶卷草纹、如意云纹、卷波纹、龟背纹、藕荷纹等；

④ 吉祥图案：双龙捧寿纹、如意凤纹等。

（2）特点

① 装饰图案进行组合使用，呈对称关系。

② 直线与曲线、具象与抽象都被打乱了次序，不断地进行排列组合，并常常出现在同一纹饰中，非常赏心悦目。

凤纹牙头

卷云牙头

弓背牙头

棂格头

螭虎龙纹牙头

如意云纹牙头

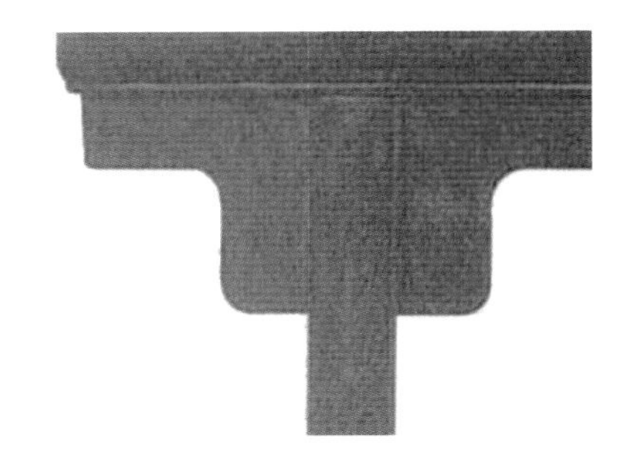

板式牙头

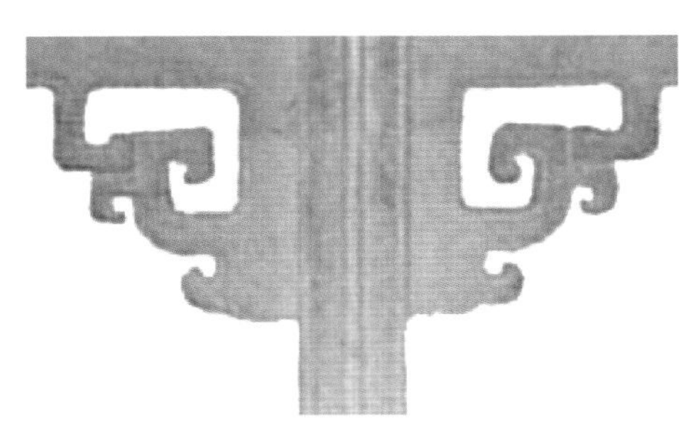

方勾云纹牙头

方回纹牙头

■ 图 4.2.6　牙头纹饰图例

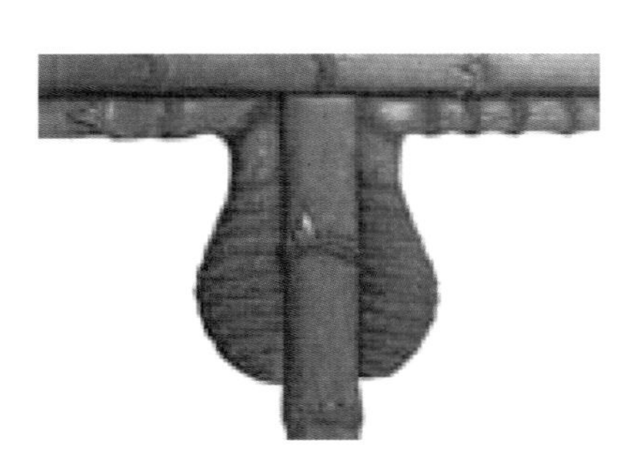
仿竹节纹牙头

博古纹牙头

凤鸟纹牙头

吉祥蝠牙头

云纹牙头

如意卷云纹牙头

图 4.2.6（续）

花式牙板

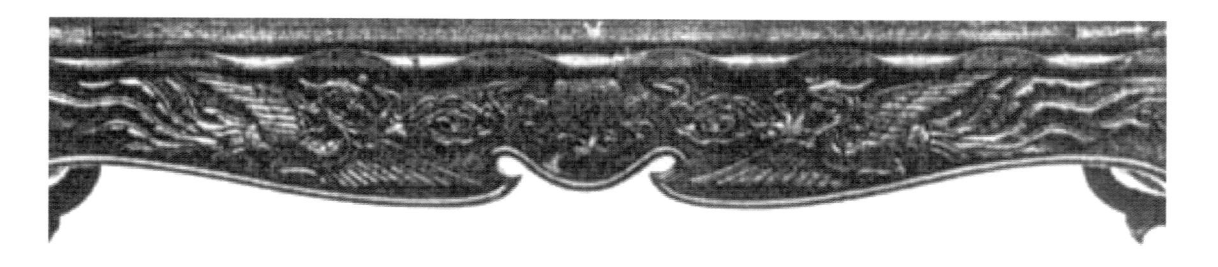
凤纹牙板

图 4.2.7　牙板纹饰图例

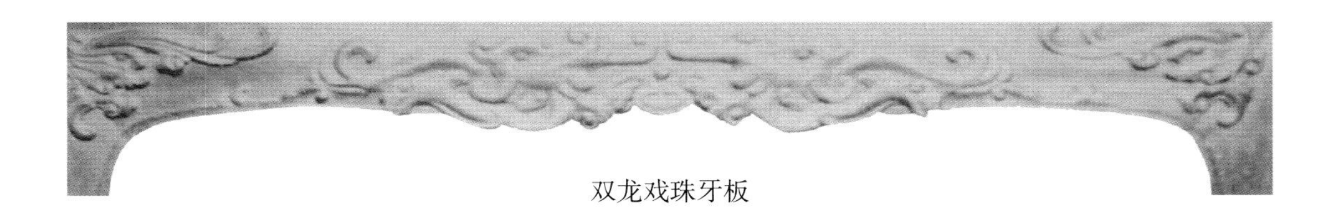

双龙戏珠牙板

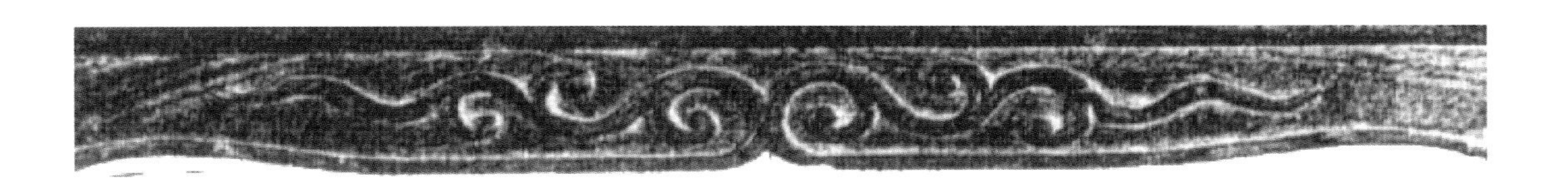

卷草纹牙板

花鸟纹牙板

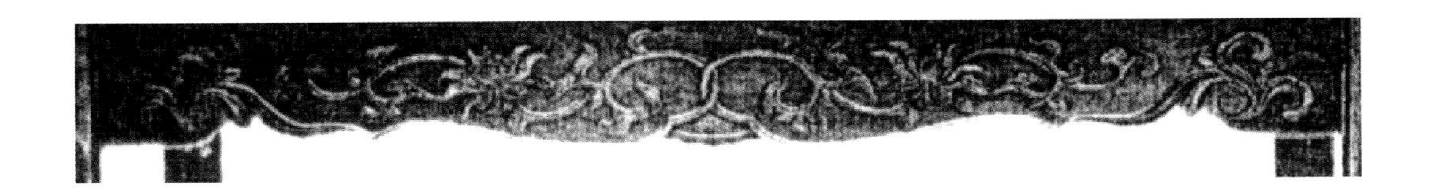

莲花纹牙板

如意卷珠纹牙板

■ 图 4.2.7（续）

方勾花草纹牙板

藤纹牙板

勾云纹牙板

双龙捧寿牙板

卷草双结纹牙板

图 4.2.7（续）

回龙纹牙板

如意凤纹牙板

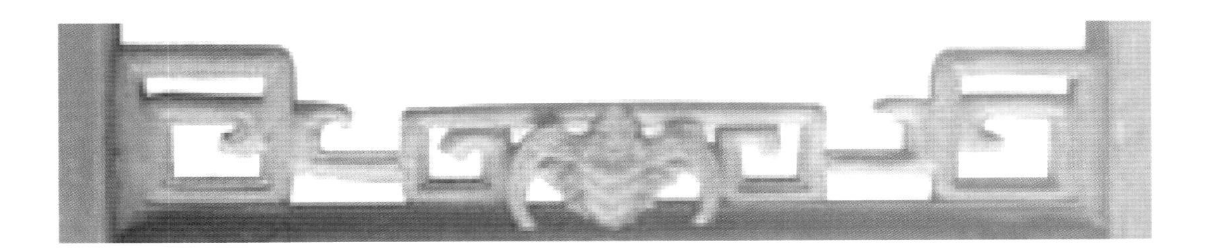

蝠（福）形花牙板

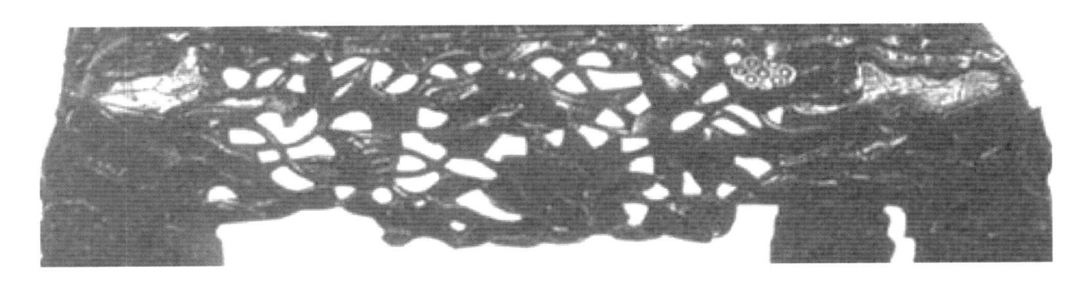

藕荷纹牙板

图 4.2.7（续）

4. 卷口、圈口、挡板部分

1）纹饰（图 4.2.8）

（1）写实纹：龙纹、双螭龙纹、仿竹纹、灵芝纹等；

（2）几何纹：直线和曲线弧线连接为基础；

（3）写实与几何相结合的纹饰：缠枝花纹、如意云纹、勾云纹、灵芝纹、蔓叶卷草纹等。

2）特点

（1）装饰图案主要以雕刻手段表现，大气而自如。

（2）分割空间的开光手法将实与虚比例划分得恰当而精妙。

壶门卷口

螳螂肚卷口

仿竹纹卷口

直纹卷口

壶门圈口

螭纹圈口

缠枝花纹圈口

鱼肚圈口

椭圆挡板

■ 图 4.2.8　卷口、圈口、挡板纹饰图例

鱼肚挡板

万字纹挡板

草龙纹挡板

如意卷云挡板

如意云纹挡板

勾云纹挡板

灵芝纹挡板

掐丝珐琅镂空挡板

双龙戏珠挡板

图 4.2.8（续）

5. 枨子部分

1）纹饰（图 4.2.9）

（1）写实纹：螭龙纹、龙纹、人物故事等；

（2）几何纹：双环、单环、六边形、圆形等；

（3）写实与几何相结合：夔纹、如意云纹、卷草纹等。

2）特点

（1）图案细腻连贯，在小空间中作大文章，如双环既不单调，又不繁琐。

（2）曲线连贯流畅，重叠而松散。有序的排列方式产生良好的韵律和视觉效果。

罗锅枨单矮老

十字枨

六角枨

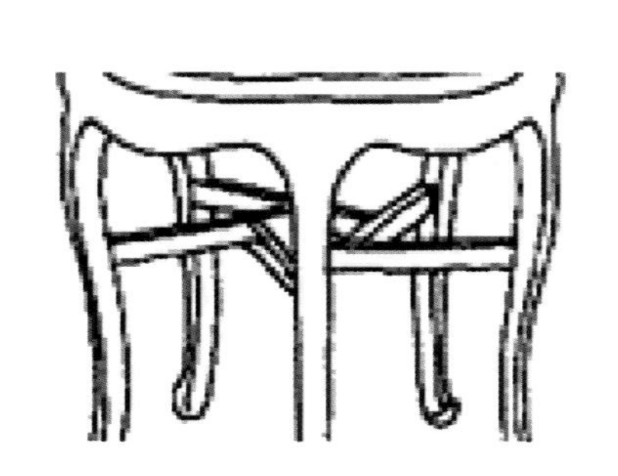

花枨

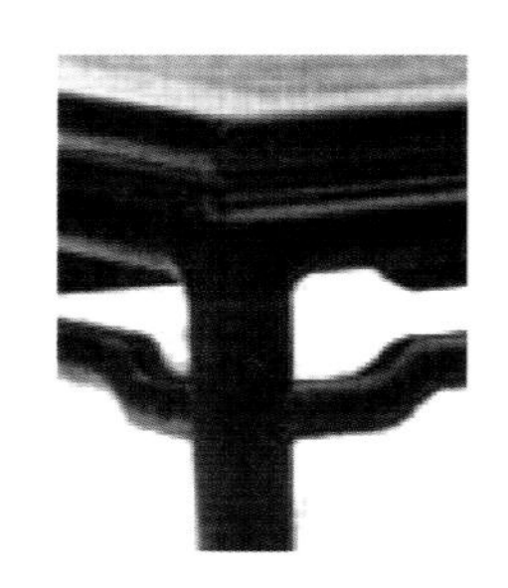

罗锅枨

十字枨

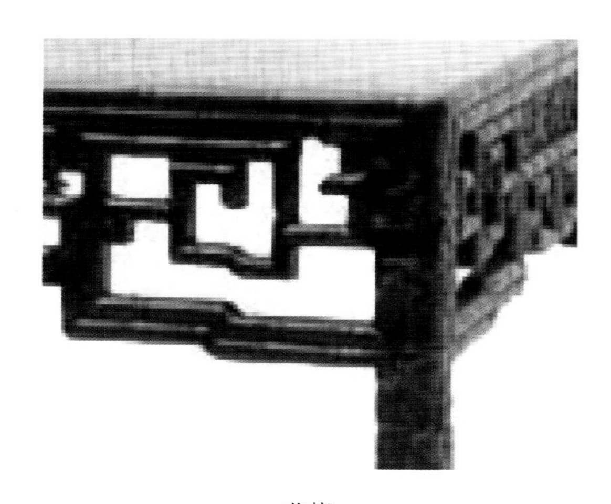

花枨

冰格纹花枨

图 4.2.9　枨子部分纹饰图例

单环卡子花

双环卡子花

六边形卡子花

如意云纹卡子花

嵌玉卡子花

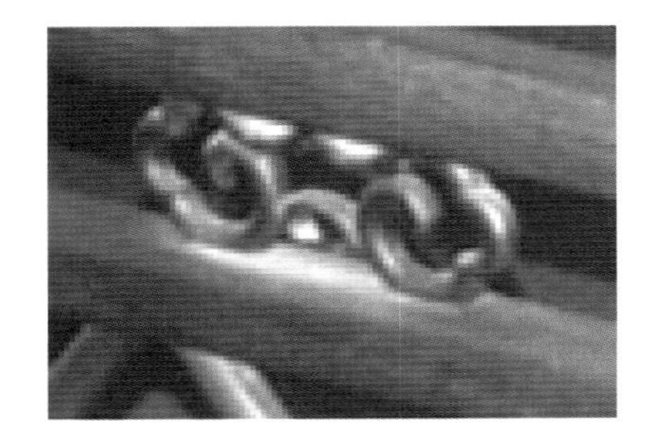

卷云卡子花

勾回纹卡子花

■ 图 4.2.9（续）

6. 搭脑、背板、靠背、扶手、亮脚部分

1）纹饰（图 4.2.10）

（1）写实纹：夔龙凤纹、螭龙纹、草龙纹、麒麟纹、灵芝纹、博古纹、民间故事等；

（2）几何纹：卍字形纹、圆形纹、椭圆形纹、方形纹等；

（3）写实与几何结合的纹饰：灵芝纹、如意卷草纹等；

（4）吉祥图案：风穿牡丹纹、幸福（蝠）有余（鱼）、寿字纹、八仙纹、双龙捧寿、五福团寿等。

2）特点

（1）以雕刻镂空手段表现，精致讲究，一直深入到细枝末节。

（2）椅背的空间分割和镂空的处理令人称道，大面积的块面中采用点饰。

（3）吉祥图案的运用多，题材丰富。

竹节纹背板和搭脑

搭脑

圈椅背板和搭脑

线形扶手

花式背板

夔龙凤纹背板

瑞兽纹背板

卍字形纹背板

图 4.2.10　搭脑、背板、靠背、扶手、亮脚纹饰图例

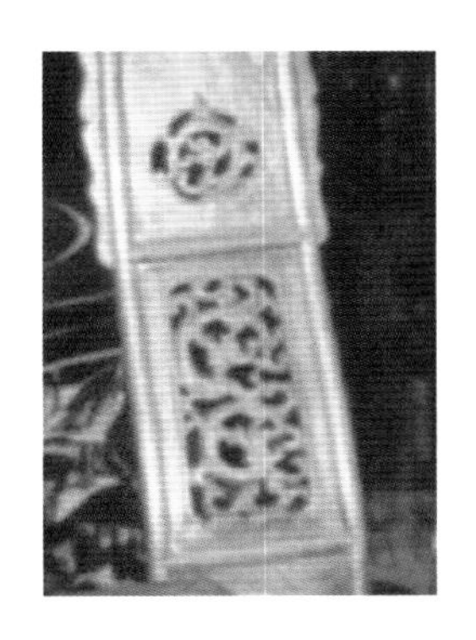

花式背板

螭龙纹背板

嵌玉背板

扶手椅搭脑

圈椅背板和搭脑

灵芝纹背板和搭脑

太师椅背板和搭脑

回纹背板和扶手

八仙纹背板

图 4.2.10（续）

嵌云石背板

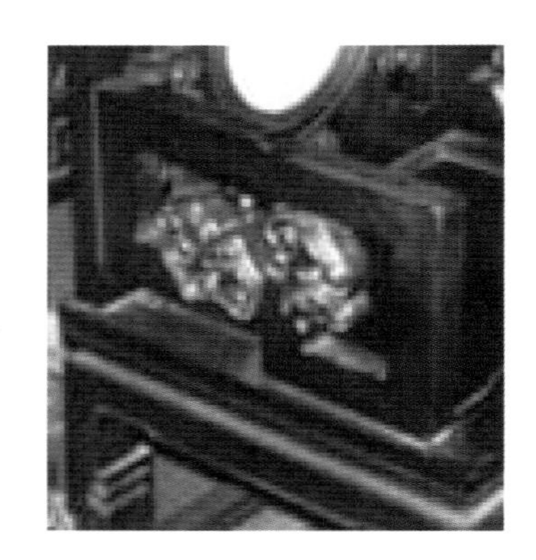

灵芝纹扶手

凤鸟镂空背板与亮脚

寿字形背板

博古纹背板

嵌云石背板

凤穿牡丹背板

图 4.2.10（续）

7. 桌面、箱面、椅面部分

1）纹饰（图 4.2.11）

（1）写实纹：螭龙纹、螭虎纹、双龙戏珠纹、草龙纹、麒麟纹、人物故事、花鸟鱼虫、松竹梅等；

（2）写实与几何相结合的纹饰：灵芝纹、如意云纹等；

（3）吉祥图案：吉祥形象与文字相结合（如福、寿、喜相结合），或是文字变形。

2）特点

多种材料、工艺技术（如景泰蓝）结合使用，应有尽有，各种特有的肌理和色彩对比给人强烈的视觉感受，美不胜收。

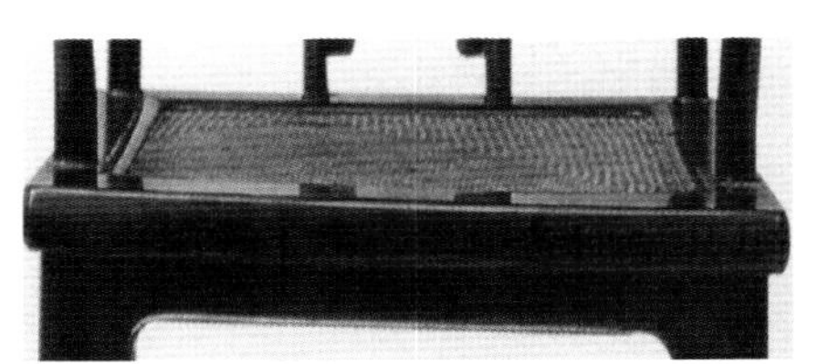

金莲纹椅角面

剔红花卉纹几面

马扎线编面

圆凳瓷面板

藤编椅子面板

席面方凳面板

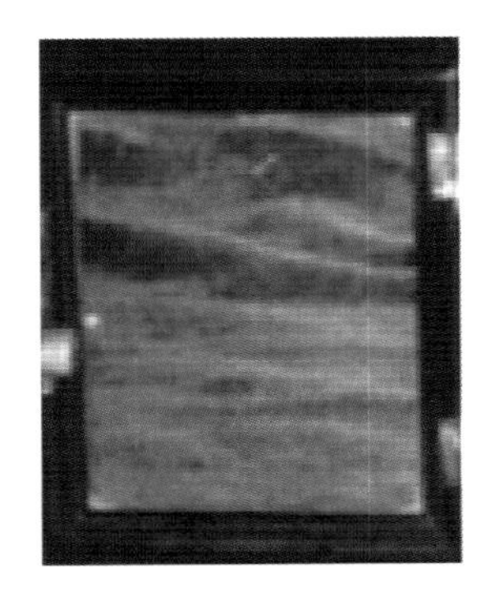

嵌大理石面板

夔龙纹箱面板

镶嵌箱面板

图 4.2.11　桌面、箱面、椅面纹饰图例

嵌云石八仙桌面板

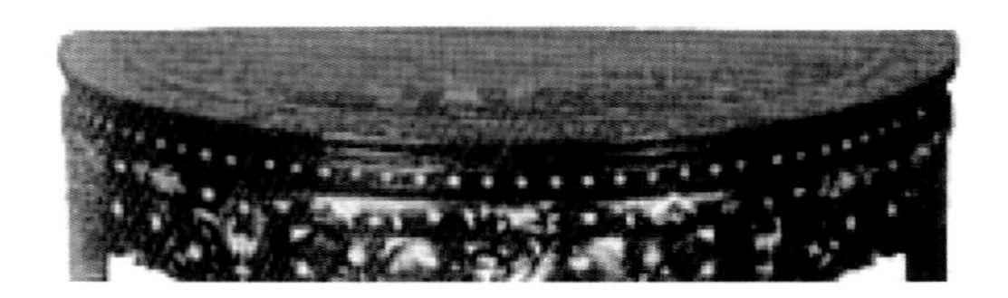
嵌螺钿半圆桌面板

描金面板

人物纹箱面板

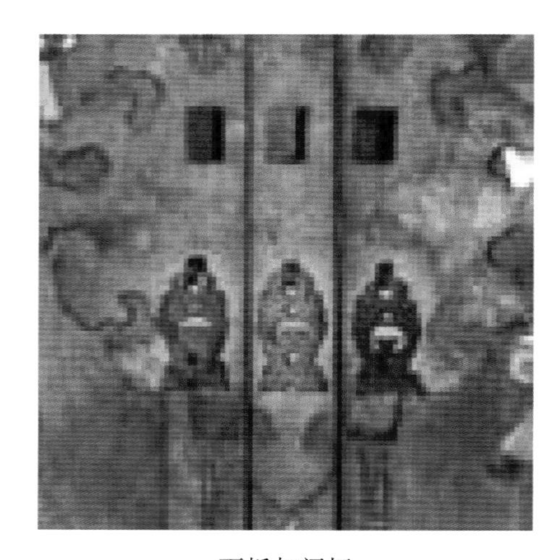
面板与闩杆

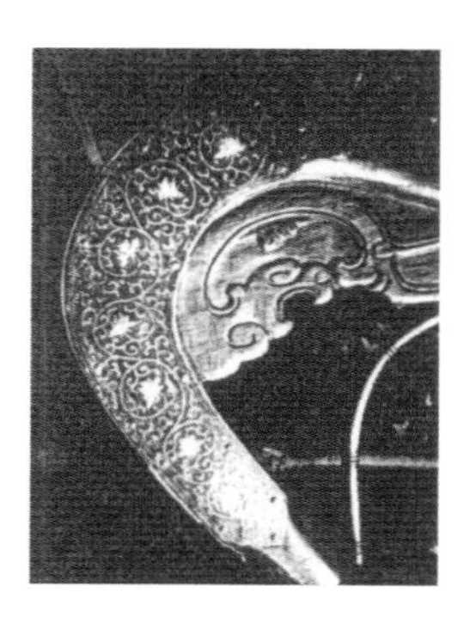
铁金莲纹包腿

铜包箱角

铜包桌角

图 4.2.11（续）

铜包桌边

金龙纹包角

橱面板与铜把手

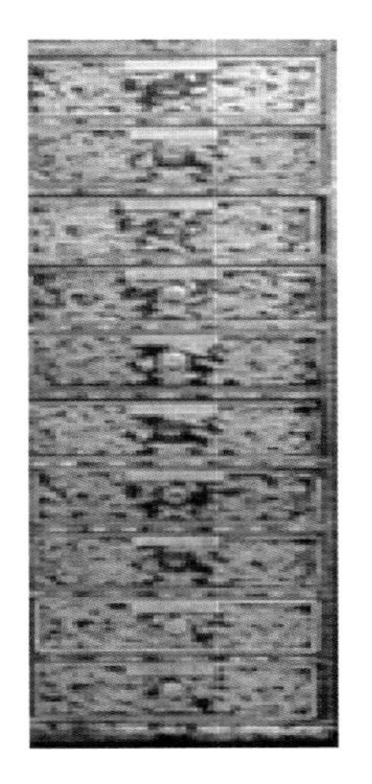

把手

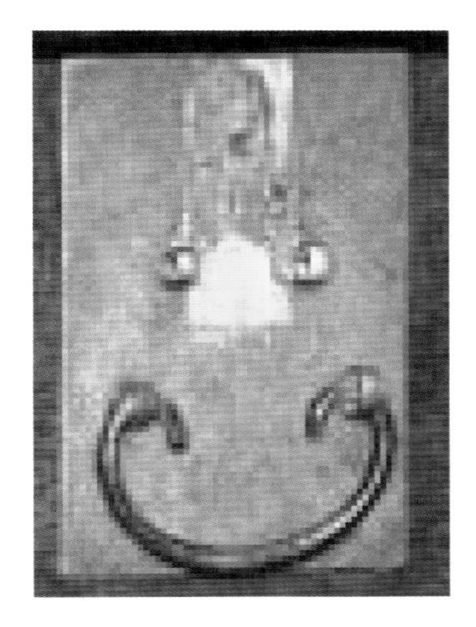

拉手

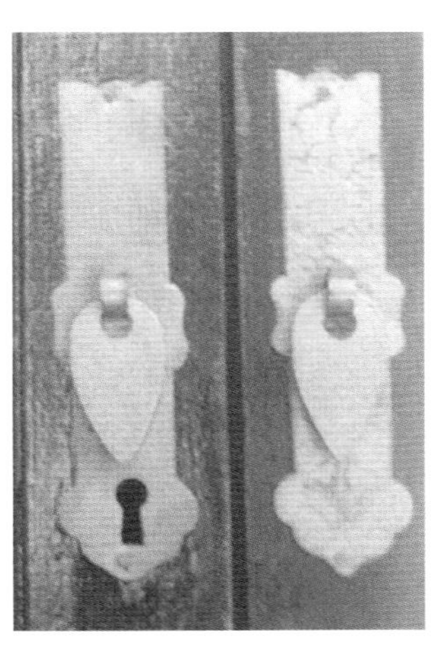

闩杆

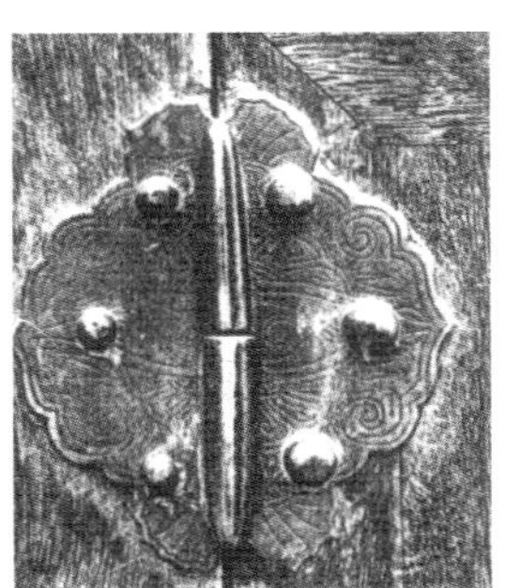

合叶

拍叶

图 4.2.11（续）

吊牌

景泰蓝吊牌

寿字形吊牌

如意面叶吊牌

镂花面叶和拍叶

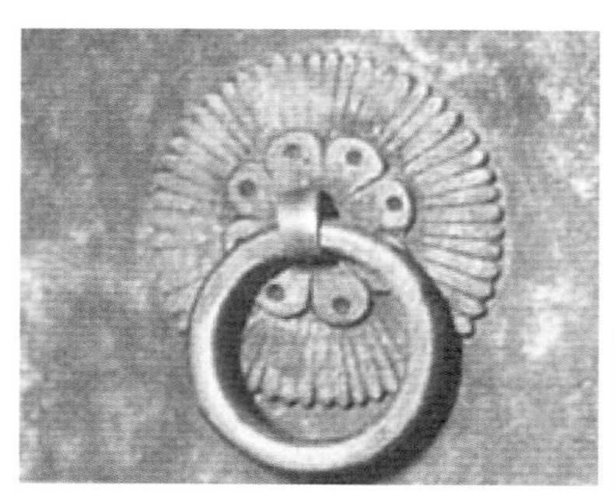

面叶与闩杆

錾花镏金面叶和拍叶

图 4.2.11（续）

8. 床和屏架类的面板部分

1）纹饰（图 4.2.12）

（1）写实纹：螭龙纹、螭虎纹、凤凰纹、麒麟纹、花鸟纹、松竹梅纹、云龙纹、缠枝葫芦纹、缠枝纹、松鼠葡萄纹、民间戏曲中的纹饰等；

（2）几何纹：卍字形纹、圆形纹、椭圆形纹、十字形纹、百吉纹、横与竖形连续组合等；

（3）吉祥图案："一根藤"纹、双螭捧寿纹、缠枝葫芦纹、松鼠葡萄纹等。

2）特点

（1）使用几何图案，并且从其他艺术中汲取素材。

（2）纹样多采用连缀的形式，即连续纹样，利用横、竖、斜的搭配，产生丰富的变化，疏朗清爽，典雅别致，显得极富韵律感和节奏感。

雕花鸟挂檐花板

雕花挂檐花板

镜台面板

透雕屏

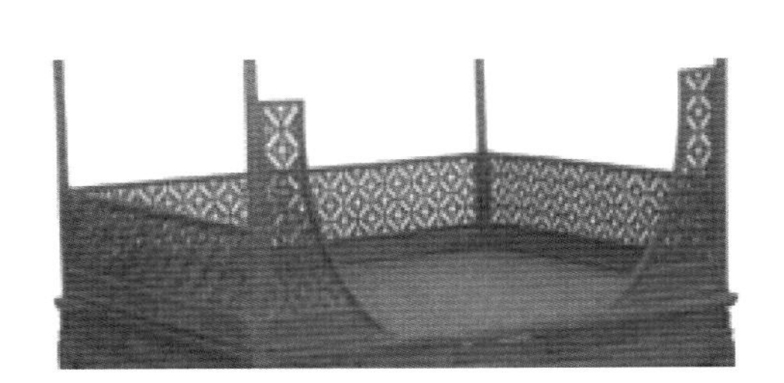

架子床栏杆与门廊

寿字栏杆

十字栏杆

图 4.2.12　床和屏架类面板纹饰图例

花纹栏杆

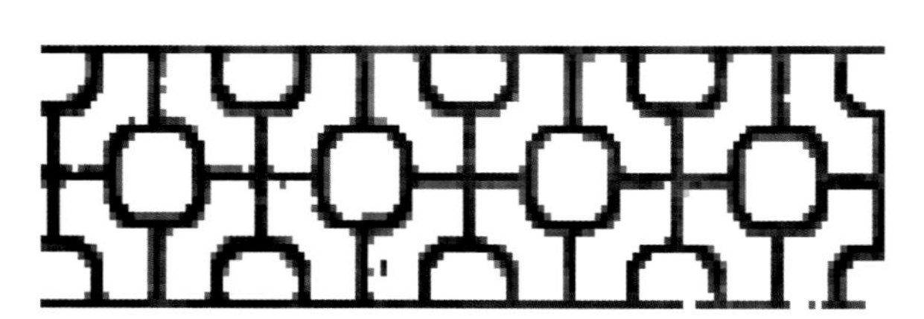

双环栏杆

卍字形直连栏杆

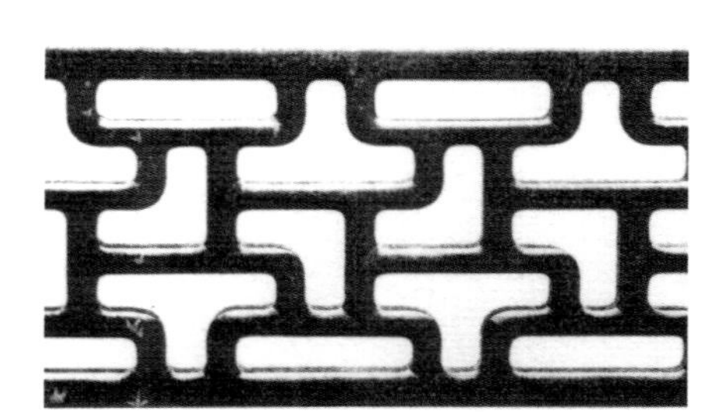

格式栏杆

如意云纹栏杆

图 4.2.12（续）

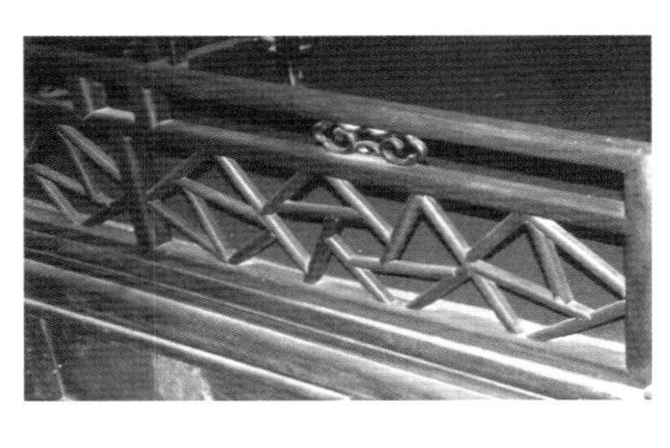

冰格纹栏杆

卷草纹栏杆

盘长纹栏杆

卍字纹栏杆

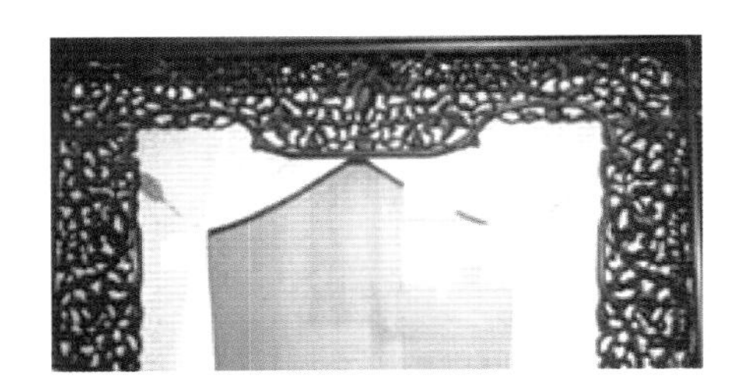

葫芦万代纹挂檐门廊出檐

■ 图 4.2.12（续）

透雕屏檐

花式屏风面板

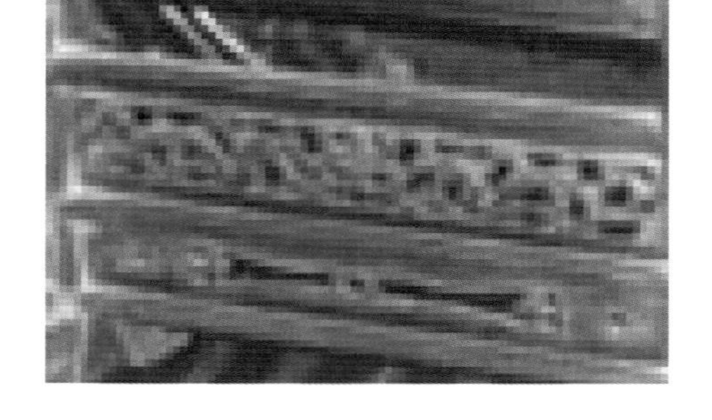

双螭捧寿透雕屏风面板

缠枝纹门廊

“一根藤”门廊

门廊和栏杆

图 4.2.12（续）

9. 金属饰件

金属饰件也是中国传统家具的特色之一。与西方家具不同的是，中国传统家具上使用金属饰件多采用点饰和局部装饰，它的形式、特点可以称得上是家具的点睛之笔，如图 4.2.13 所示。

清・金龙纹包角

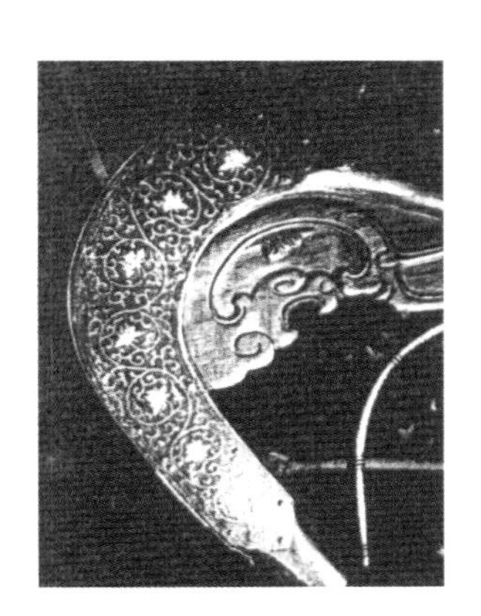

铁金莲纹包腿

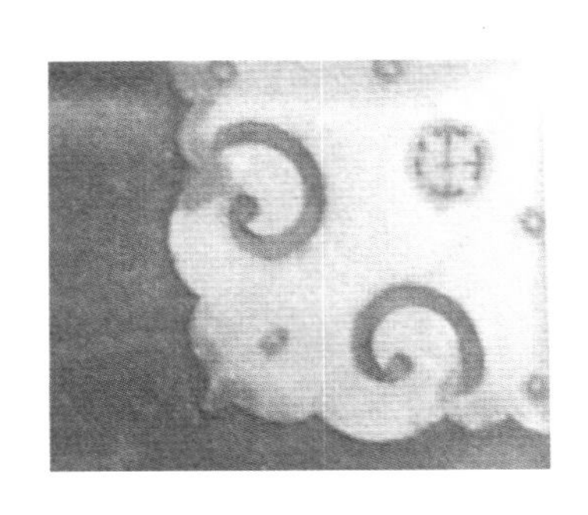

铜包箱角

铜包桌角

铜包桌边

图 4.2.13　金属饰件图例

10. 开光

分割空间的开光手法将实与虚的比例划分得恰当而精妙，在大面积的块面中采用点饰，如图 4.2.14 所示。

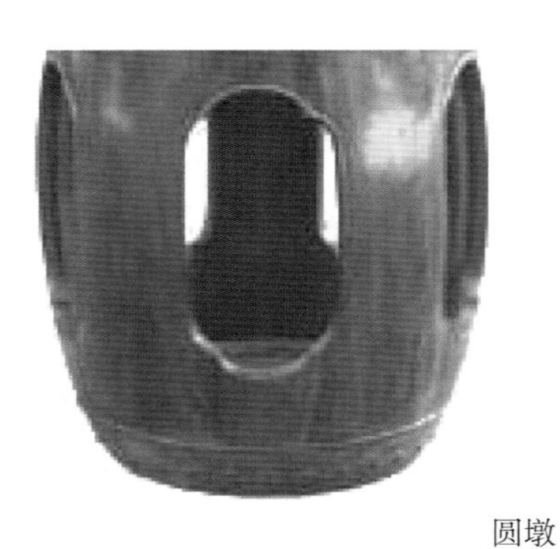

圆墩

挡板

凤鸟镂空背板

条形方凳

多宝柜开光

图 4.2.14　开光图例

11. 雕刻

雕刻这种显示工艺技术魅力的装饰在现代设计　　中已不多见，如图 4.2.15 所示。

龙端头

兽纹端头

灵芝纹端头

鱼龙端头

莲瓣纹柱头

兽纹柱头

图 4.2.15　雕刻图例

综上所述，从装饰所在的部位来说，从夏商周时期开始，腿足支撑部分的装饰就存在并成为历代装饰不可缺少的部分，不断被丰富，面板部分的装饰也渐渐变多。到了隋唐时期，架与板之间也开始进行装饰，即后来明清时期典型的牙子装饰的萌芽阶段。此后，各种部分的牙子装饰越来越多，不断受到重视。到了宋辽金元时期，在各种面体上，面与面、面与架、架与架的各种交角处等都进行了装饰。

从主要的纹饰来说，就一般的情况，有它的历史传承性。如写实纹中的螭纹、龙凤纹、兽纹等，几何纹中的圆涡纹、波纹等纹饰在历代都持续使用。但是朝代不同，自身的特色也不同，并且内容在不断丰富。夏商周时期的纹饰题材神秘而奇妙，反映出当时原始的图腾崇拜，纹理次序化、规整而有韵律。因为这时的纹饰多装饰在青铜器上，后来在木制家具上的使用就逐渐减少了，直到明清时期，家具的装饰纹饰又从中得到启发，从而使夔纹、云雷纹、蝉纹等在明清家具中得以再次张扬。

秦汉时期，纹样开始线条流畅、清新灵动，尤其是云气纹的使用较多，为云纹贯穿在之后的传统家具装饰中奠定了基础。同时，人物纹开始出现。魏晋时期，纹样受到时代的影响，出现了与佛教相关的内容，之后山水、花草、人物、文字等生活题材被用在了家具纹饰中。到五代以后，如意卷云纹使用频繁，并被不断丰富，以各种形式表现，一直持续到清朝时期。

从装饰的方式、图案、色彩与材质的特点来说，夏商周时期漆木螺钿装饰方式已经出现，色彩多以褐色为主，或是用青铜材料，间或夹杂小面积的其他颜色。春秋战国时期，浮雕和透雕方式开始运用，并一直延续。髹漆和绘漆运用是此时期的最大特色，后来在汉朝时达到高峰。彩漆以黑底为主，配以红色彩绘，成为时代的特征。这时用材多以木材为主，这种情况一直持续。魏晋以后，连续镂空的形式开始出现——就是明式家具开光装饰的前身，并得到广泛使用。到了五代以后，开始讲究局部装饰，精致而细腻。结构装饰出现并被不断重视。

明代家具的装饰手法可以说是多种多样的，雕、镂、嵌、描，都为所用。装饰用材也很广泛，珐琅、螺钿、竹、牙、玉、石等，都有涉及。但是装饰适度、繁简相宜，决不贪多堆砌，也不曲意雕琢。如椅子背板上，作小面积的透雕或镶嵌；在桌案的局部，施以牙子、卡子花等。这个时期的装饰图案以简洁精巧著称，流畅的弧线和直线的合理运用与排列使它们成为具有时代特征的装饰，而空间的合理分割和镂空处理也都十分精到。比如它的床栏与挡板的形式就体现了这一特点。虽然在局部已经施以装饰，但是整体看，仍不失朴素与清秀的本色。对“少即多”理念指导下的现代设计最有借鉴意义。

清朝的家具装饰在清盛世的时期发展到了高峰。清中期家具特点突出，装饰运用十分大胆自如，总体印象是题材多、构图满、多种材料并用、多种工艺结合、各种吉祥图案互相组合，富丽辉煌，甚而集中在一件家具上。通体装饰到了晚清时期十分常见，这个时期，但凡有空的地方或是原来并不装饰的地方都进行装饰，给人眼花缭乱的感觉，处处都是铺张。直线直接运用已经较少，曲线迂回缠绕，错综复杂。直线与曲线、抽象与具象被打乱了次序，不断地进行排列组合。空间的分割非常繁复多样，虚实空间间隔的密度加大。

另一个重要特点是，吉祥图案、人物故事、戏曲典故等题材使用极盛，并大量地从其他艺术中汲取素材，它的题材、内容以及表现手法与这个时期已经发展比较成熟的景泰蓝、漆器、瓷器、骨雕等工艺，金石、书法、绘画等文艺，以及这个时期的建筑三雕——石雕、木雕、砖雕的发展有着必然和密切的关系。就像建筑上雕刻的诸多讲究对应着主人的性情和世俗风潮，家具更多地折射出拥有者自身的文化品位、财富仕途、社会地位等因素，到后期显得过于张扬、炫耀。

4.3　中国传统家具装饰的素材与主题

中国传统家具所使用的装饰素材主要来源于以下几个方面：

（1）原始观念和传统观念与生命的交汇融合；

（2）自然界客观事物的影响，如动物、植物、地貌、天空等；

（3）佛教、道教的影响，如对神佛与仙界的崇拜；

（4）人们对美好事物的向往，如祈福、祝愿等；

（5）人们日常的生活内容；

（6）与其他艺术形式不断的交汇融合与借鉴，如建筑艺术、玉石艺术、漆器艺术等。

中国家具的装饰主题与内容一向具有继承性和趋同性的特点，一个个时代流传下来，多少都有些前朝遗存下来的题材，从夏商周一直持续到明清时期。但是后期在继承原有装饰纹样的基础上，还有许多创新与发展，明朝多为在局部做装饰，而清朝在这个基础上进一步拓展，而且后来受到西洋文化的影响，产生了一些与西洋纹饰相关的装饰。

1. 龙与凤的世界

螭、龙、凤是使用年代最悠久的纹饰之一，基本上从春秋战国时期开始，就产生了这些纹饰。早期符号特征明显，后期则开始以臆想写实为主。

到了明清时期，由于龙象征着皇权，赋予了政治意义，对于它的使用达到了高峰，比如凤凰双龙的纹饰（图 4.3.1），凤在上，双龙在下，就隐喻当时慈禧当政的政治局面。

图 4.3.1　凤凰双龙图例

1）螭（图 4.3.2）

蟠螭纹

团螭纹

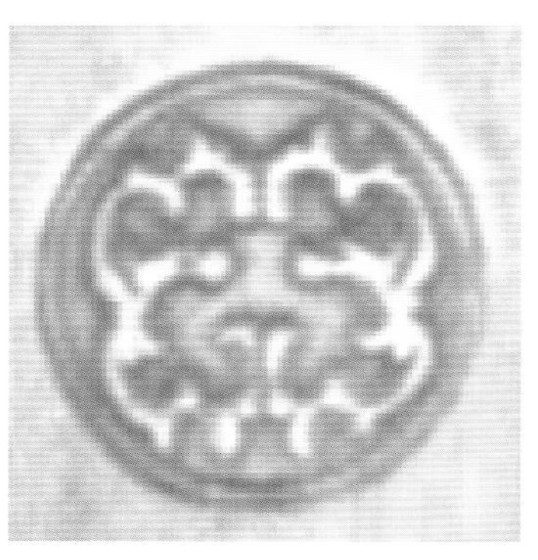
双螭纹

双螭如意纹

双螭捧寿纹

图 4.3.2　螭图例

2）龙（图 4.3.3）

龙纹

云龙纹

鱼龙纹

图 4.3.3　龙图例

3）龙凤（图 4.3.4）

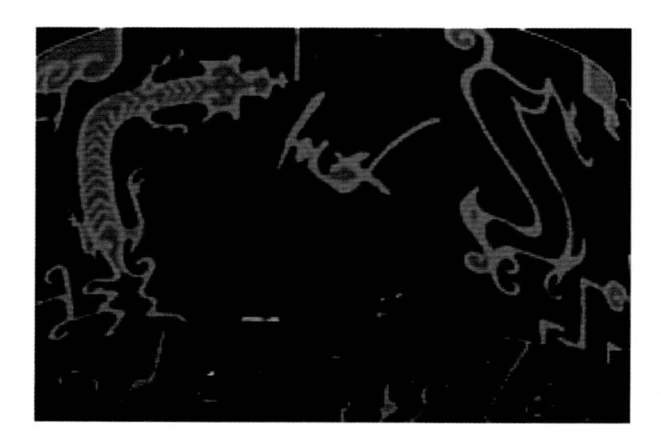

龙凤纹

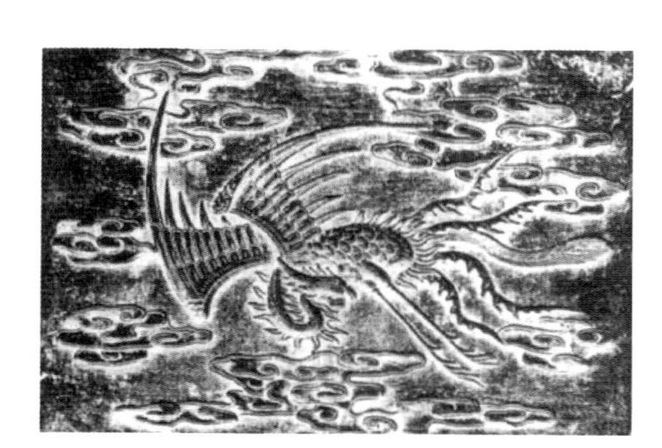

凤纹

夔龙凤纹

图 4.3.4　龙凤图例

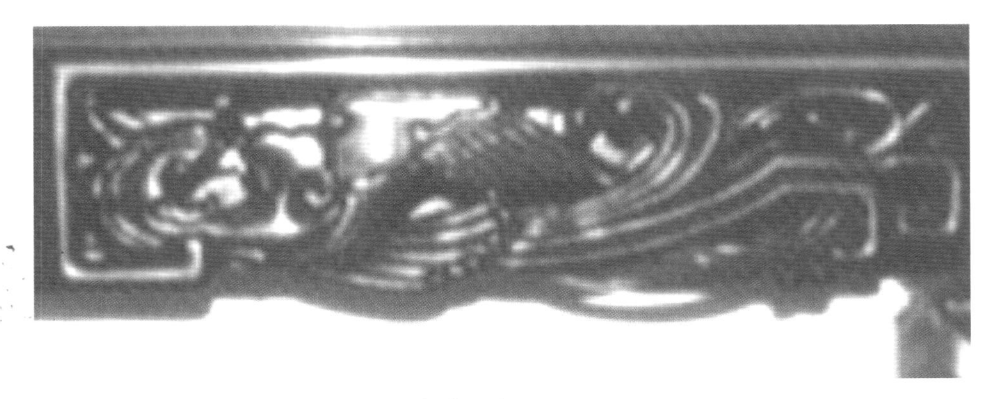

如意凤纹

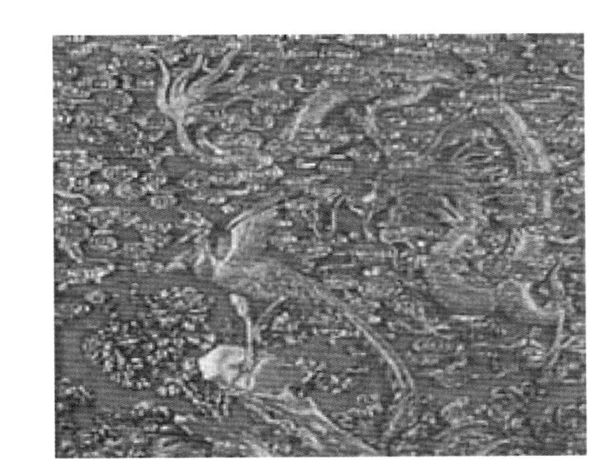

龙飞凤舞纹

凤穿牡丹纹

牡丹引凤纹

■ 图 4.3.4（续）

2. 吉祥动物

人类最初都是从自然中获取灵感，所以自然界中常见的动物自然成了人们设计取材的对象。然而早期人类对自然有着一种畏惧，凶猛的野兽加上人们的主观幻想，形成不完全写实的幻兽，明朝广泛使用这种幻兽图案。而写实的动物图案则在清朝的吉祥图案中广泛使用。

应用动物图案时，一般会赋予特定的意义。比如，鹭鸟衔着一枝荷花，比喻一路（鹭）连科（莲荷），希望科举考试一路顺利。又比如，喜鹊停在梅枝上，谐音喜上眉梢，有吉祥喜庆之意。

许多吉祥题材被运用在家具上，并与建筑和室内的装饰题材相呼应。

饕餮纹

夔纹

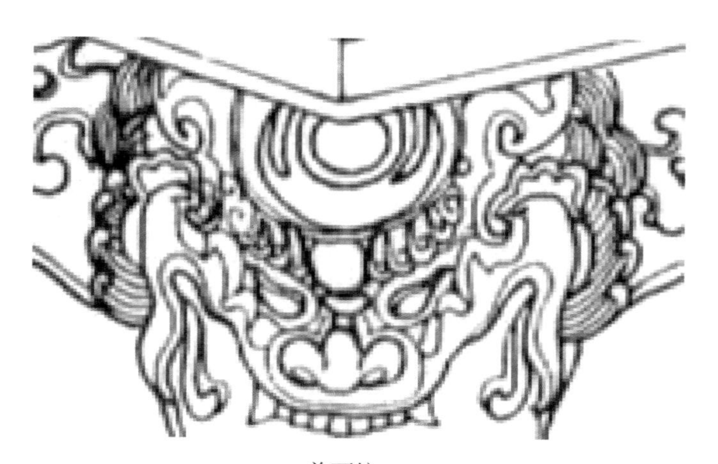

兽面纹

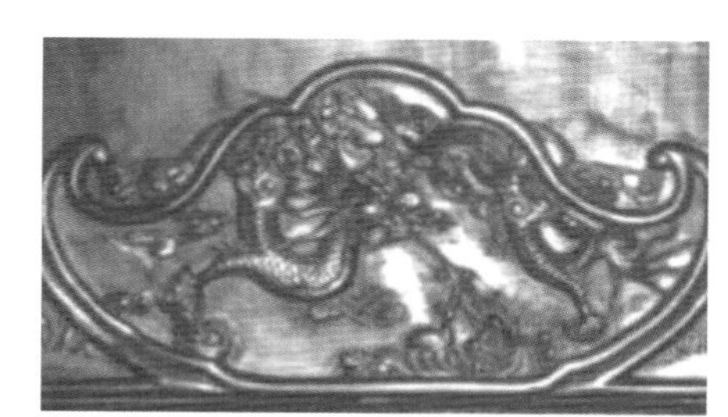

瑞兽纹

图 4.3.5　幻兽图例

1）幻兽（图 4.3.5）

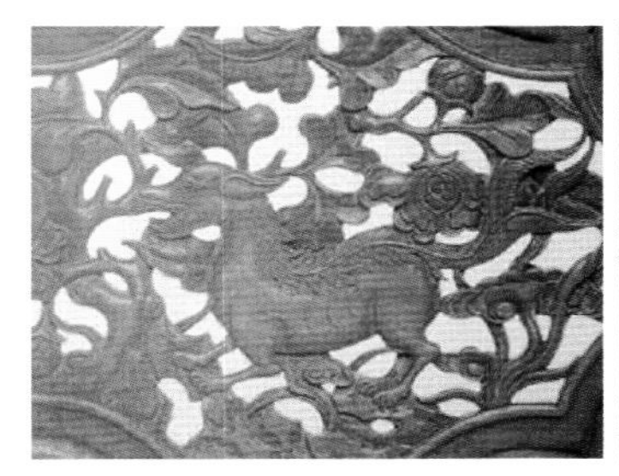

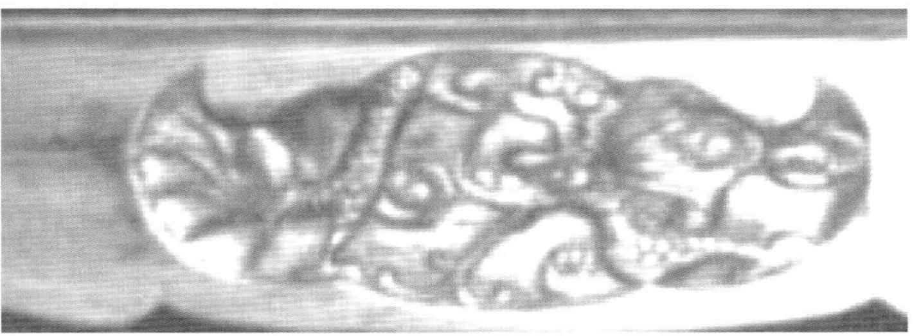

麒麟纹

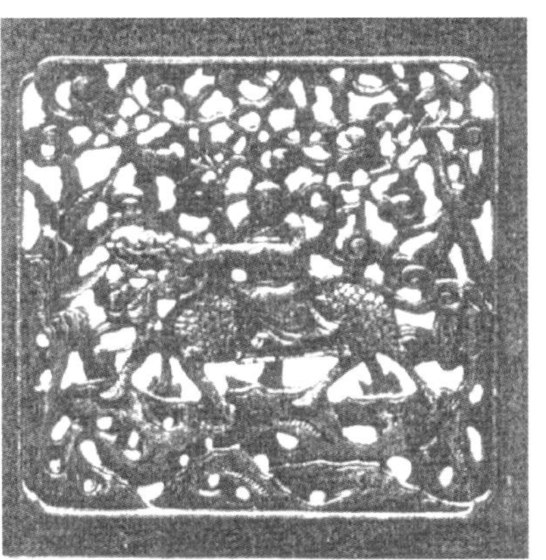

麒麟送子图

图 4.3.5（续）

2）动物（图 4.3.6）

蝉纹

凤、雀、鹿、蛇纹

鹿纹

幸福（蝠）有余（鱼）

蝙蝠纹

图 4.3.6　动物图例

幸福（蝠）吉祥

福（蝠）庆（罄）吉祥

松鹤延年

一路（鹭）连科（莲荷）

松竹梅（梅花鹿）

骏马（浮雕）

灵芝兔纹

图 4.3.6（续）

锦毛鼠纹

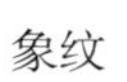

象纹

狮子纹

杏林春燕

三阳（羊）开泰

耄耋（猫蝶）纹

三福（蝠）捧寿（桃）

图 4.3.6（续）

3. 吉祥植物

植物纹饰也是在早期的家具上就有的，比如花纹、卷草纹等。还有用木材模仿其他材质的肌理效果，也多用反映多子多福、气节高尚等寓意的葫芦、桃子、石榴、松竹梅、藕荷等，如图 4.3.7 所示。

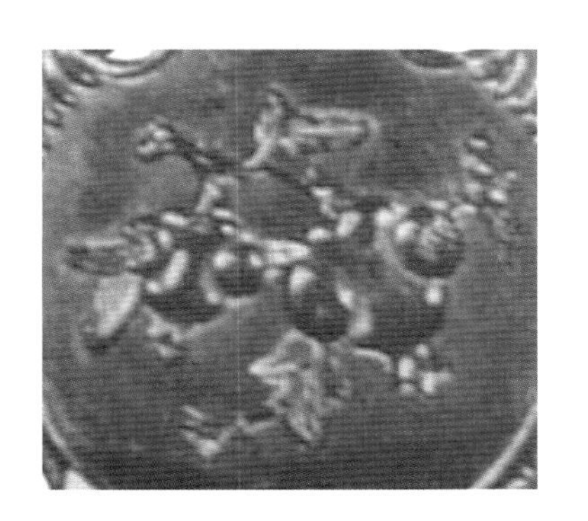

葫芦（万代）纹

葡萄纹

石榴纹

灵芝纹

莲花纹

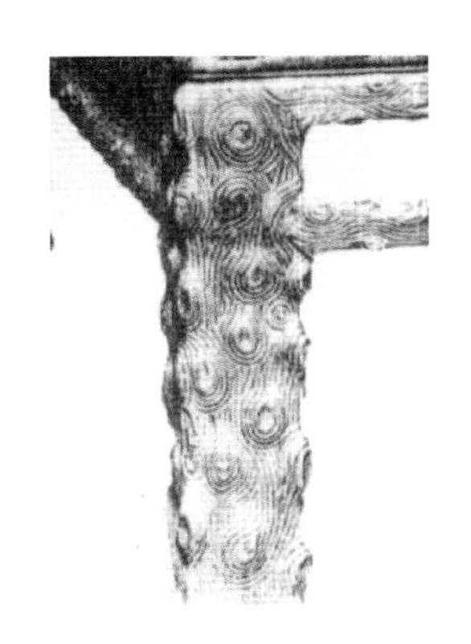

树皮纹

松竹梅纹

竹子纹

图 4.3.7 吉祥植物图例

牡丹纹

富贵牡丹纹

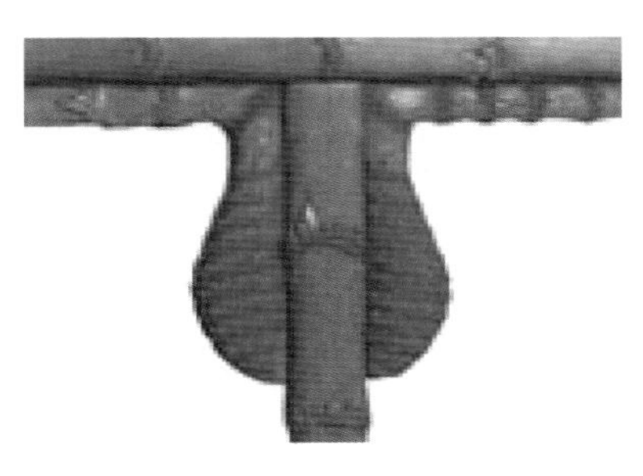

竹节纹

菊花纹

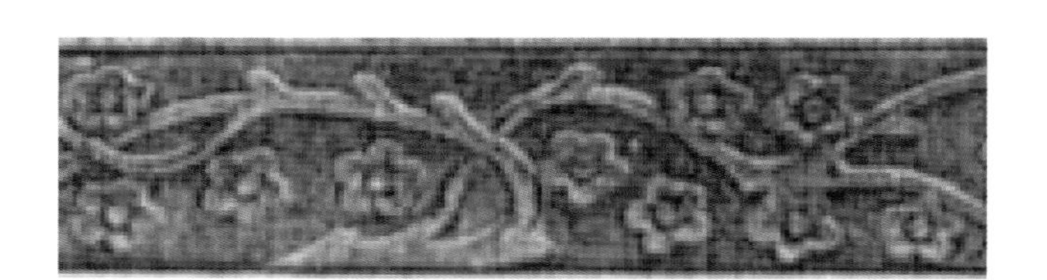

梅花纹

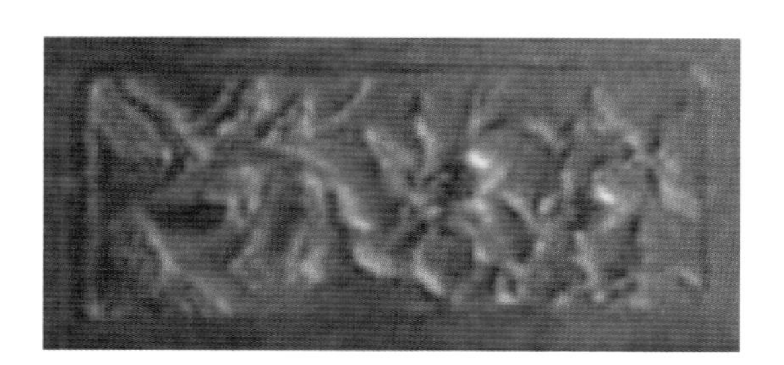

桃子纹

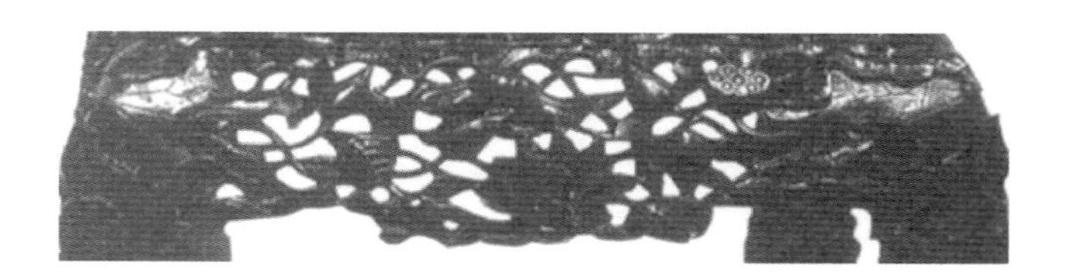

因荷得藕纹

图 4.3.7（续）

清廉（莲）纹

西番莲花纹

藤纹

花草纹

■ 图 4.3.7（续）

4. 事物景物

家具题材中也有运用多种手法反映日常事物和景物的。比如用大理石，取其天然纹理效果意会山水，加上人工篆刻的诗词，体现自然与人完美结合的思想，如图 4.3.8 所示。

花篮

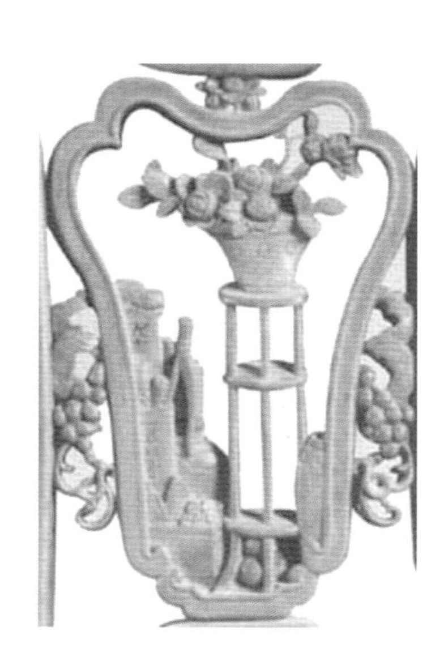

花盆架

博古纹

铜钱纹

大理石山水纹

图 4.3.8　事物景物图例

山水浮雕

嵩山福寿

生活场景

■ 图 4.3.8（续）

5. 生活文化

生活题材在隋唐时期开始用于家具。到了清朝，各种文艺形式的发展使得装饰题材也异常丰富，《三国演义》、《封神演义》、《水浒》、二十四孝故事、各种古代流传下来的典故都被运用到家具装饰中。各种发展较为成熟的戏文、戏曲故事，也被运用到家具装饰题材上，如图 4.3.9 和图 4.3.10 所示。

郭子仪拜寿

牛郎织女鹊桥相会

人物纹

太白醉酒

汉代人物纹

二十四孝故事

戏婴图

图 4.3.9　人物故事（典故小说）图例

渔樵耕读

三国演义

封神演义

图 4.3.9（续）

西厢记

西游记

韩湘子吹箫

铁拐李与汉钟离

天师钟馗

图 4.3.10　戏曲故事图例

6. 文字绘画

家具上的文字装饰题材不仅仅是寿、福、喜等文字运用，还有金石书画等历来文人所重视的题材，卓显品位，如图 4.3.11 所示。

寿字纹

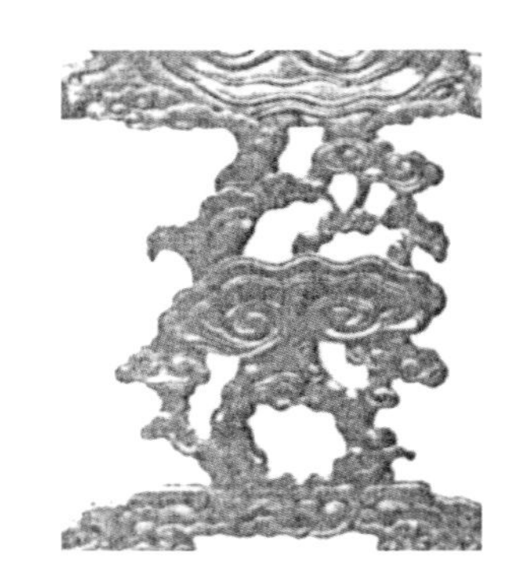

广式云纹寿字背板

寿字背板

卷草寿字

团寿纹

喜字牙板

福字牙板

图 4.3.11　文字绘画图例

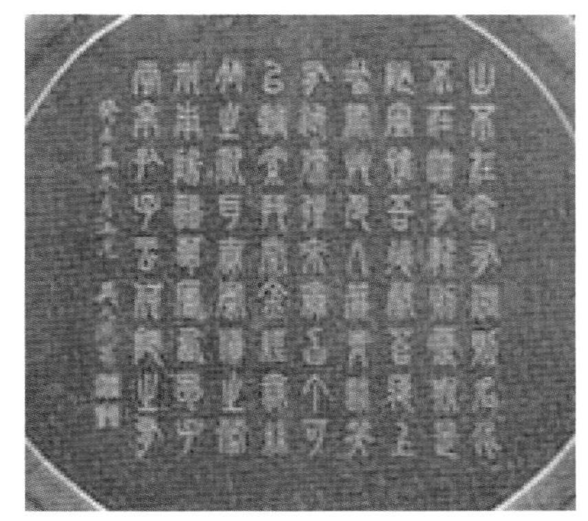

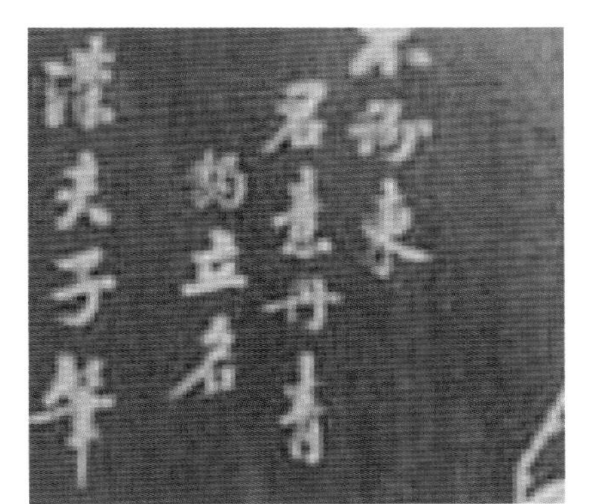

诗词书法雕刻

绘画

图 4.3.11（续）

7. 宗教

中国的佛教、道教对家具装饰的影响较大，装饰题材上也多有涉及，如莲花纹、宝相纹、火焰纹、璎珞纹等，如图 4.3.12 所示。

8. 几何抽象

几何抽象纹饰，既简洁精练，又富有中国特色，与众不同。

莲花纹

宝相纹

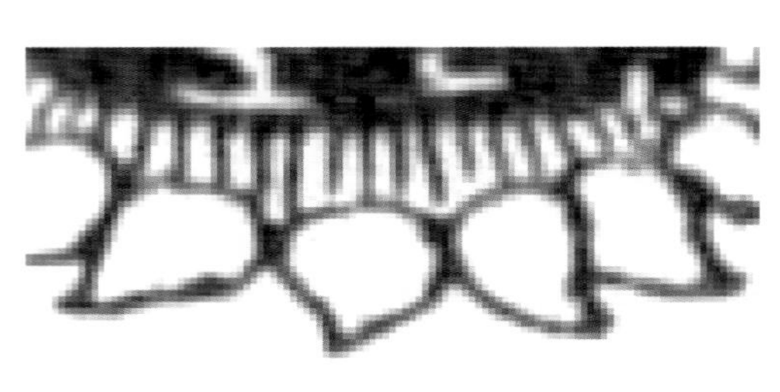

璎珞纹

八仙纹与暗八仙纹

神仙斗法

道家五狱真形浮雕

图 4.3.12　宗教题材图例

1）几何形式（图 4.3.13）

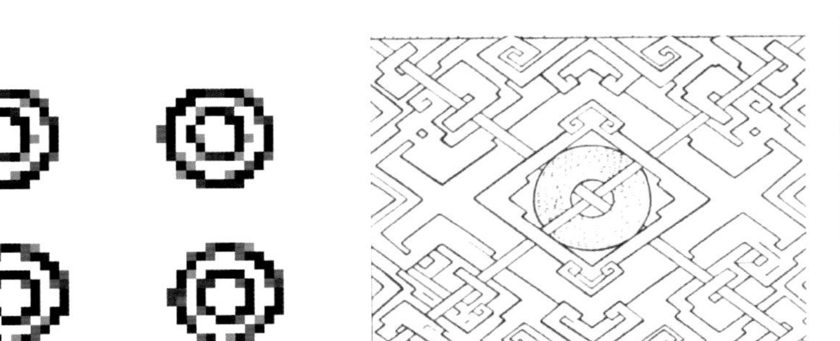

重圆纹　　菱形纹

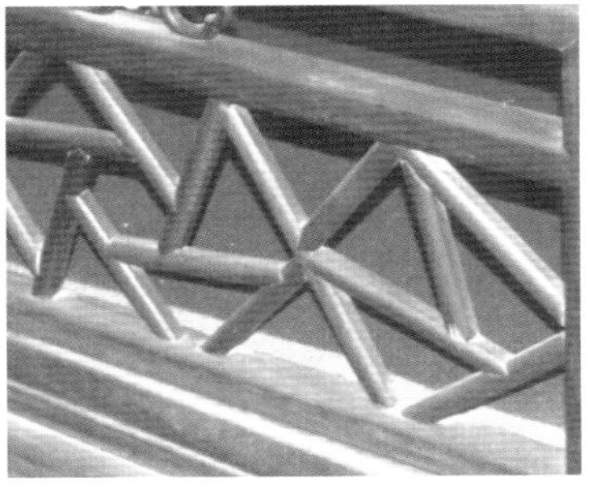

冰格纹

双环纹

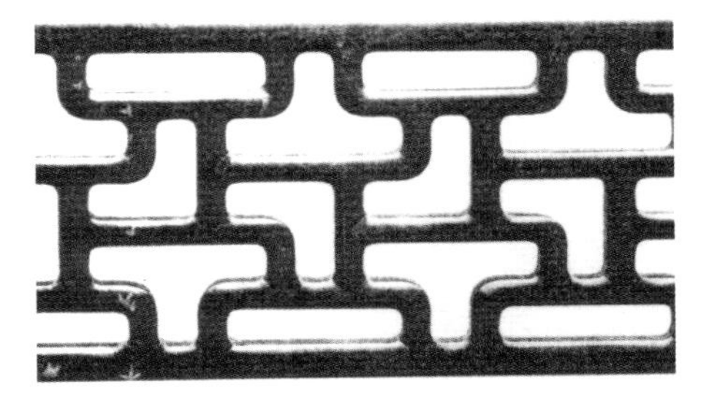

十字纹

圆涡纹

卍字形纹

图 4.3.13　几何形式图例

2）抽象图形（图 4.3.14）

火焰纹

水波纹

云雷纹

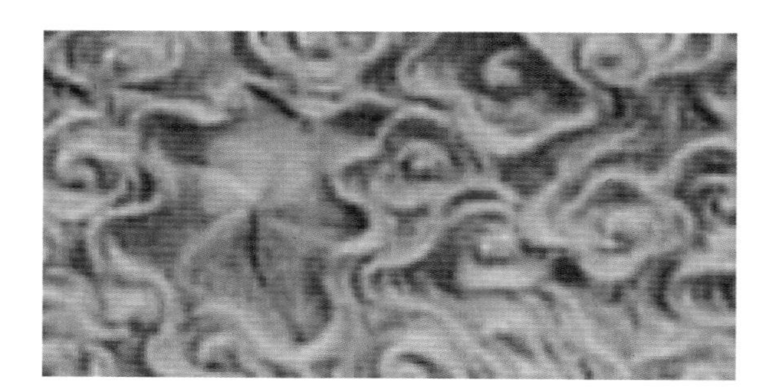

缠枝纹

云纹

如意纹

图 4.3.14　抽象图形图例

3）几何形式和抽象图形结合（图 4.3.15）

图 4.3.15　几何形式和抽象图形结合图例

中国传统家具的装饰素材一般反映了当时的社会生活、风俗习惯，不同年代的主题会随着时代政治和文化的变化而变化，有的成了时代的特征。到了后期，吉祥图案、人物故事、戏曲典故等题材使用极盛，往往过分追求寓意化，从而简单地把一些繁复的、不甚和谐的纹样容纳在一个形态中。不少地方与现代的生活观念、文化构成、消费价值及心理观念等已经不相符合。

参考文献

[1] 吕九芳，张彬渊．中国传统家具装饰图案的题材及时代特征的初步研究 [J]. 家具，1999（06）.
[2] 袁月．清代家具镶嵌图案设计研究 [D]. 哈尔滨：东北林业大学，2012.
[3] 唐开军．家具装饰图案与风格 [M]. 北京：中国建筑工业出版社，2004.
[3] 王翔宇．中日传统家具装饰五金件的比较研究 [D]. 长沙：中南林业科技大学，2008.

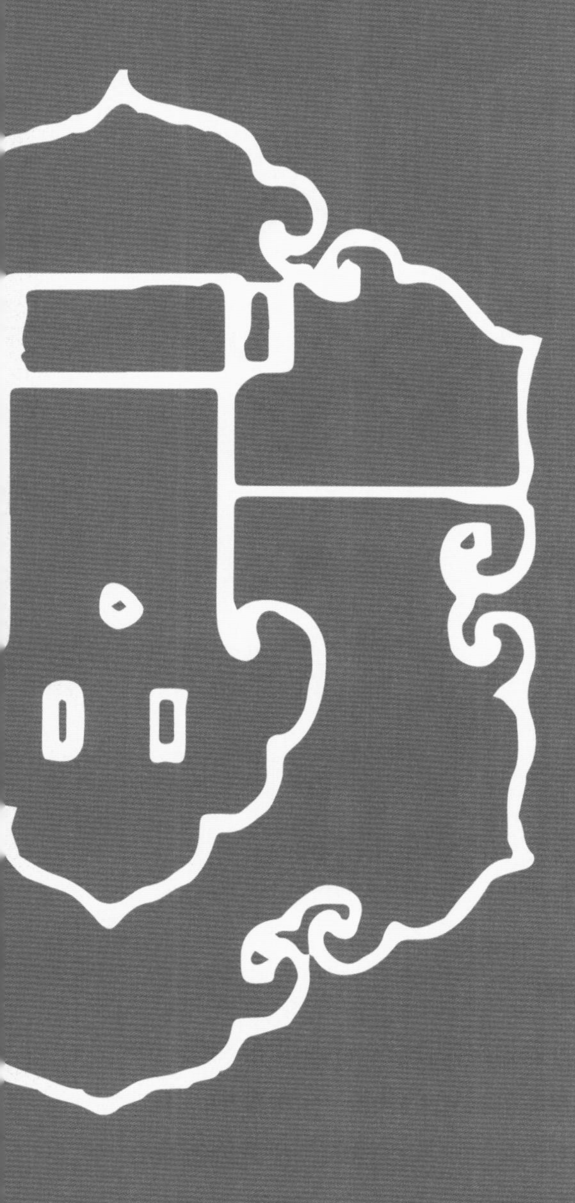

5

中国传统家具的结构

中国传统家具用材是实木，中国的工匠们创造出的榫卯结构，应用于建筑、家具、陈设等木作上，形成独具中国风格的木营造结构模式。

中国传统家具的结构形式主要包括家具的整体结构、部件结构和接合方式。

传统家具的接合形式有3种：钉接合、胶接合、榫卯接合。榫卯结构使中国传统家具呈现出丰厚的文化底蕴。

5.1　中国传统家具的整体结构

将家具的外部结构与内部结构合二为一就是家具的整体结构。而家具的外部结构是核心功能。

中国传统家具的整体结构形式如图 5.1.1 所示。

早期的传统家具主要是箱式结构和板式结构。家具的结构在起源与发展过程中，都受到了木建筑结构的影响。箱式结构是借鉴了建筑壶门柱础的造型，在由低向高逐渐演化的过程中，又借鉴了中国木构筑中的“梁架”结构，从而使箱式壶门结构逐渐向梁柱式的框架结构转化，最后框架结构代替箱式结构成为主要的结构形式。

1. 箱式结构

箱式结构家具是中国木制家具的起点。最初的箱式结构家具由两部分构成：框架和心板。箱式结构在发展的过程中，经历了框架和心板由分离到融合以及支撑方式由板片组合的支柱到方腿的两个重要转变。

在从箱式结构向框架式家具演变的过程中，出现了一种过渡形式——下部为箱式结构的底座，一般箱体上有壶门装饰；上部为框架式结构的式样，三面围栏等高。这种形式再经由箱体的简化，床体上下部分更好地融合，逐渐演变成为后世的罗汉床。接着箱式结构向着两个大的方向发展，一种是完善的箱式结构，另一种则是有束腰形式的框架结构。

2. 框架结构

中国传统家具的框架结构主要由立柱和横木组成受力的框架，再嵌木板作围护分隔作用。框架结构以榫接合为主要连接方式。

传统家具的框架结构一部分由箱式结构发展而来，另一部分借鉴了传统木作大木梁的结构方式，还有少量借鉴了竹家具的制法，见表 5.1.1。

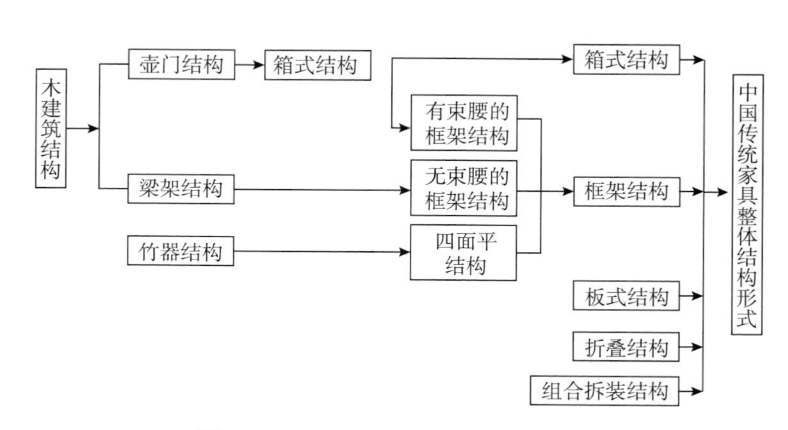

图 5.1.1　中国传统家具整体结构图

表 5.1.1　框架结构的形式与特征

特征	有束腰	无束腰		四面平式
造型特征	四足多用垂直方材，有侧脚的也不显著； 直足或各种弯足，下端多有马蹄足	四足多用圆材，下端无马蹄足，四足带侧脚，有的还比较显著，直足，无托泥，直接落地		构件仿竹材成圆形； 四足多垂直落地； 桌面板在四周均匀凸出
结构特征	面子下设束腰，采用弯足增强结构的稳定性，腿足之间多加横枨	腿足做均衡支撑，边框、横枨连接，构成家具的架子，上设可拆卸的面子。木器案板两端悬挑	分取两足结合横档做过渡，然后再与边框或横材等组成方形的形体框架	

3. 板式结构

板式结构与箱式结构都是中国传统家具中较早出现的家具结构形式。早期板式家具多采用单一的板件，由于这种制法的优点很多，后来家具板件多采用攒边打槽装板的方法。

中国板式家具主要有以下几种制造方法：

（1）见于“几”的商代象形文字，类似凭几或设在地上或榻上的矮几。在两块侧板上横搁一块板，没有吊头和托泥。

（2）斜腿和带有可拆卸的面板板式桌的结合物。侧板多为垂直，有的为了美观而保持微微倾斜。板式构件上常做透雕装饰。翘头不仅有实用价值，还可增加美观。

（3）建筑梁柱式制法的延续。腿足部分为托架式板件，有直线形和曲线形之分，托架下部与底枨榫接，上部与面板下的穿带相连。

4. 折叠结构

早在战国时期，中国就已经有了成熟的折叠家具。中国传统折叠结构的家具主要有折动式和调节式两种，接合方式主要是圆榫接合和连接件接合（合叶、钉等）。

1）折动式折叠家具

折动结构一般都有两条或多条折动的连接线，在每条折动线上可以设置多个接合点，而且结构部件的结合点是可以转动的。

传统家具中有多种形式的折叠家具，如马扎、交椅、多扇屏风等。湖北包山 2 号战国墓出土的围栏床是中国发现的最早的折叠床。胡床（又称马扎、马杌）是传统家具中典型的折叠家具，由于便于携带，被广泛用于宫廷、旅行、狩猎、竞射甚至军事活动中，交椅就是由它演变而成的。

2）调节式折叠家具

这是一种家具零部件的位置、高度可调节以适应功能需要的折叠方式。调节的目的是适应尺寸的变化，如桌面的高低调节、椅背的角度调节等。

5. 组合拆装结构

传统家具的榫卯接合是一种可以拆卸的连接方式，所以很多零部件都是可以拆卸的，如罗汉床的围子，上下结构分开的椅子、宝座，圆角柜的门板、案面等。

拆装家具既利于制作、安装、运输、维修，也很便于材料的重复利用。如架几案的案面质量极好，可以拆卸下来，另外制作新的家具。在硬木材料濒临枯竭之时，拆装家具的再利用就优势更为显著。

传统家具的拆装结构采用的连接方式主要是榫接合，分为整体榫和分离榫。如明式家具中圆角柜可拆卸的门扇，将外加竖梃的延长部分制成榫头，与框架相接，是整体榫连接；而有些椅子的扶手和靠背等需单独制作的构件（俗称扇活），则用栽榫或走马销固定在座面上，属于分离榫。

5.2 中国传统家具的部件结构

传统家具的基本部件主要分为板式部件和框架式部件两种。如桌案的面板，椅凳的座面、柜门、旁板等都是板式部件。框架部件是传统家具的基本结构构件，也是框式家具的受力构件，至少由 4 根方材或圆材纵横围合而成，有的中部还加横枨。

1. 板式部件的结构

板式部件的结构主要包括以下几种（见表 5.2.1）：

（1）平板拼合。用窄的实木板拼成所需宽度的板材称为平板的拼合，又称拼板，传统框式家具的桌面板、台面板、柜子门板、椅座板都是拼接而成的。拼板的结合方法有平拼、企口拼、搭口拼、穿条拼、插入榫拼等。

（2）镶端结构。当空气湿度发生变化时，木材含水率会发生变化，为防止和减少拼板发生翘曲现象，常采用镶端的方法加以控制。

（3）嵌板结构。这是传统家具中常用的结构形式，不仅可以节约珍贵的木材，同时也比整体采用拼接稳定，不易变形。

表 5.2.1　板式部件的结构

板式部件		特　　点	图　　例
平板拼合	直榫	榫槽与榫舌拼接	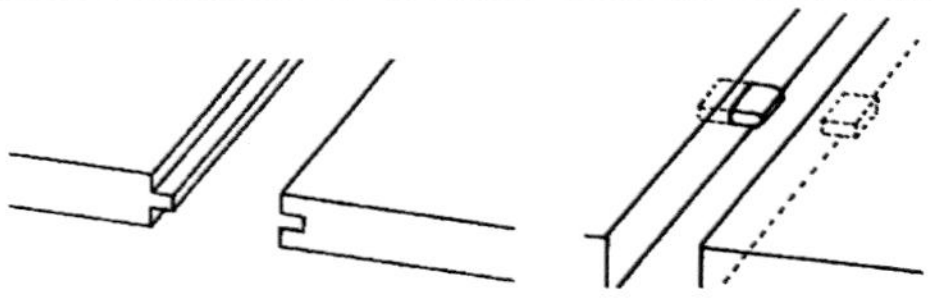
	龙凤榫	榫舌断面呈半个银锭榫式样，榫槽上大下小。这种造法加大了榫卯的胶合面，以防止拼口上下翘错，从横向脱开	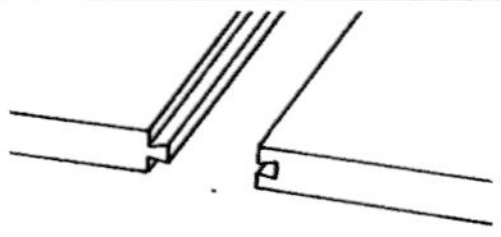
	龙凤榫加穿带	与榫槽横着穿木条。木板背面的带口及穿带的梯形长榫均一端稍窄，一端稍宽，贯穿牢固，可以防止拼板翘弯	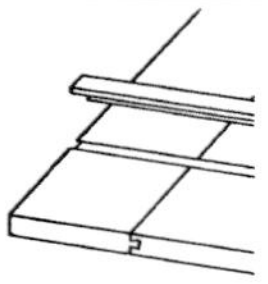
	平口胶合	一般用于厚板的拼合	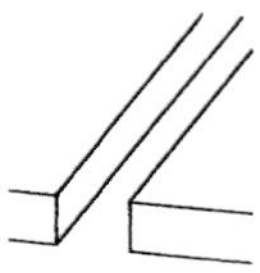

续表

板式部件		特　点	图　例
平板拼合	栽榫	有的为直榫，有的为走马销，一般用于厚板的拼合	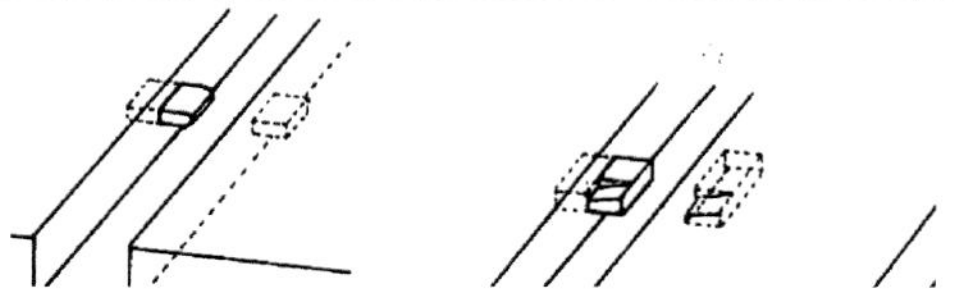
	燕尾榫	因榫形如燕尾而得名，宋《营造法式》中又称其为“银锭榫”。在拼板底面的拼口处挖槽，嵌入银锭式木楔。一般用在厚板的拼合。这种方法有损板面的整体性	
镶端结构		一般是在平板上嵌抹头。平板与抹头的拼合多采用格角相交的方法，即在板件的端面上格角，并留榫头或长条的榫舌，在抹头上也格角，并凿榫眼或开榫槽，然后，将抹头与木板用鳔胶粘接、拍合。一般用于厚板、木凳、桌面等处理	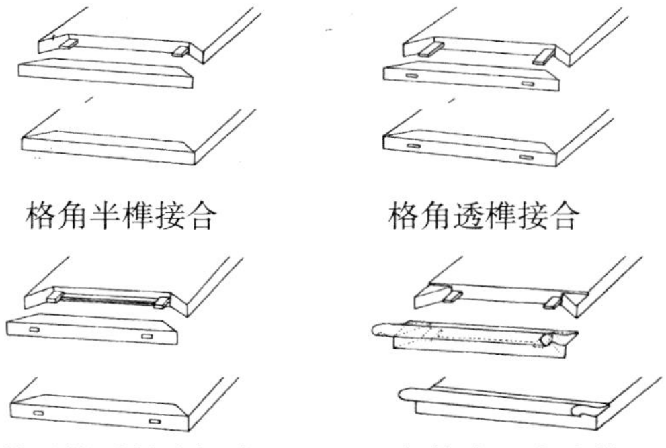 格角半榫接合 格角透榫接合 透榫及榫舌接合翘头 与抹头一木连做
嵌板结构	四方形的边框	用格角榫攒框，边框内侧打槽，容纳板心内侧的榫舌。大边在槽口下凿眼，以备板心的穿带纳入	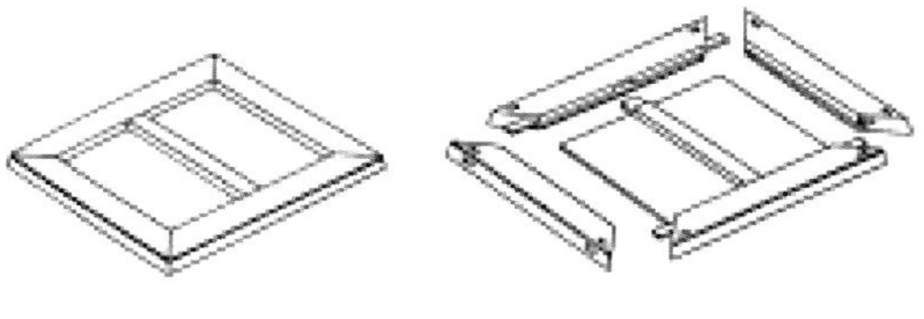
	拦水线下打槽装板	边框起拦水线，在拦水线下打槽装板，容纳板心的榫舌。这种做法将边框压在板心之下，看不见板心和边框之间的缝隙，表面显得格外整洁	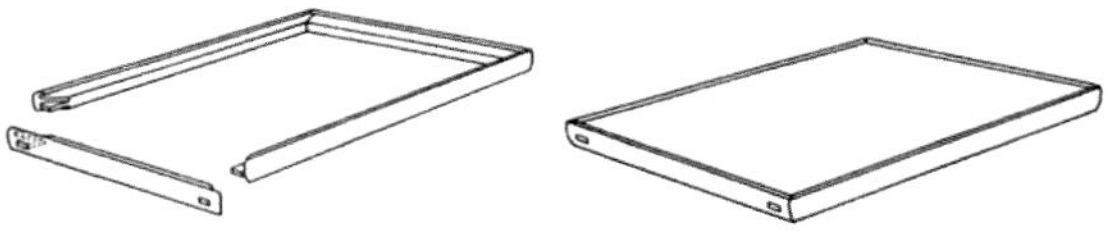
	石材面心	如果边框装石板面心，则面心下用托带，又因石板不宜做榫舌，只能将石板制成上舒下敛的边。边框内侧也开出上小下大的斜口，嵌装石板	
	圆形边框攒接嵌板	将圆形的边框分成4段，采用楔钉榫或逐段嵌夹法攒接。常用于圆凳、香几等面板的制作	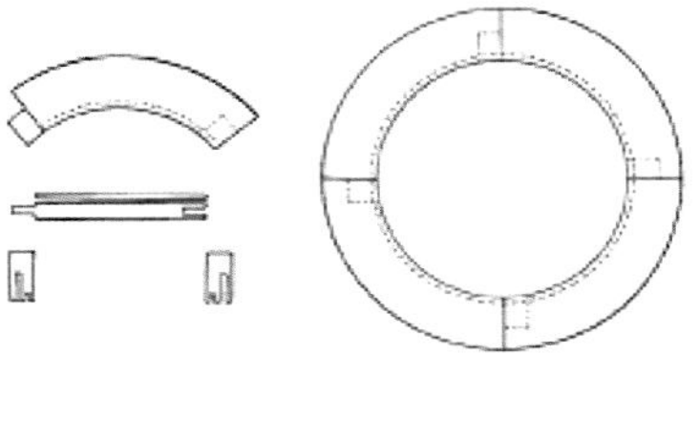

2. 框架式部件的结构

框架的部件接合细分为角部接合、丁字形接合、 直角交叉接合、弧形弯材接合 4 种，如表 5.2.2 所示。

表 5.2.2 框架式部件结构

框架式部件结构			特 点	图 例
角部接合	平板角部接合	全隐燕尾榫	榫卯全部被隐藏起来了，组装以后只见一条合缝，又称闷榫。一般用于炕几或条几的面板与腿足接合及官皮箱、镜台等的抽屉	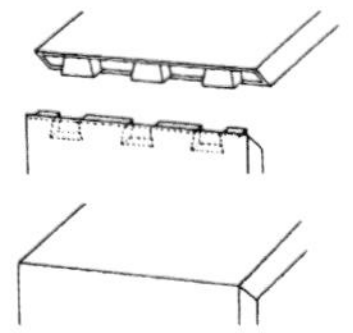
		明榫	直榫开口接合，外观不好看，做工粗糙。常用于不可见的部位	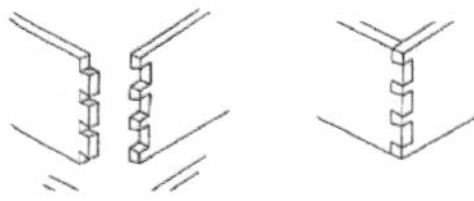
		半隐燕尾榫	一面外露的明榫	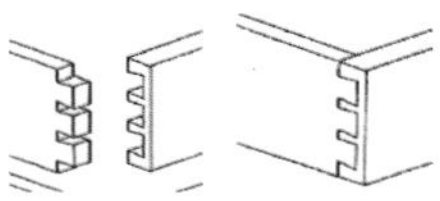
		勾挂榫	从外表看平板勾挂接合，很像闷榫，但结构却完全不同，正、侧两面的牙条都在端部格角的斜面上裁切锯齿形的锐角，以便勾挂连接。多用在案形结构家具两侧吊头下面的牙条上	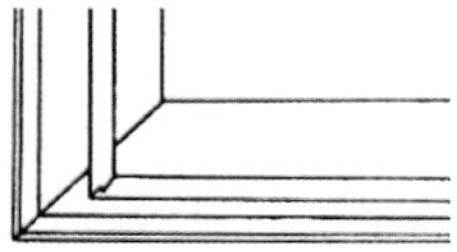
	板条角部接合	揣揣榫	两条各出一榫，互相嵌纳的都可以称为揣揣榫。分为两种：一种是正、背两面格肩，两榫头都不外露，这种造法很考究；另一种是正面格肩，背面不格肩	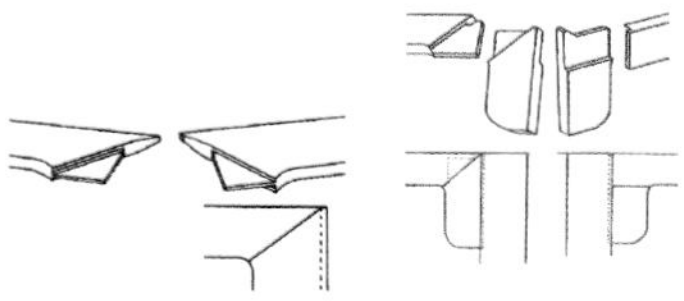 （1） （2）
		嵌夹式	两榫格肩相交，但只有一条出榫，另一条开槽纳榫	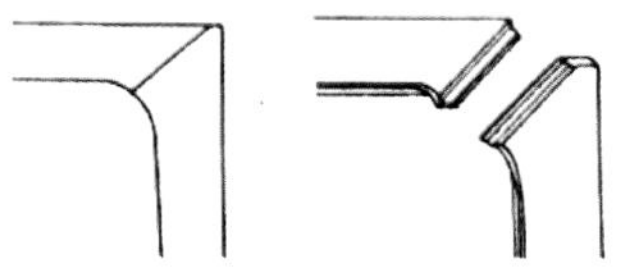
		合掌式	两榫格肩相交，两条各留一片，合掌相交	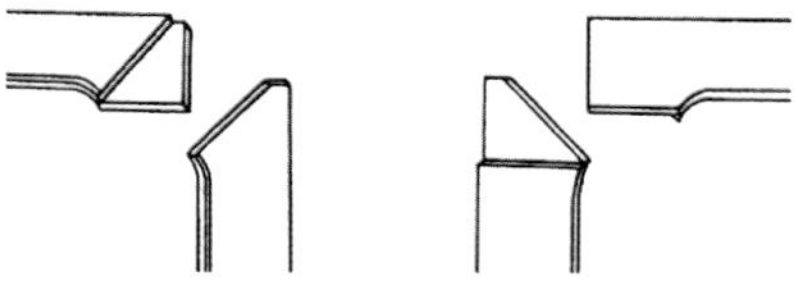
		插销式	两条格肩，各开一口，插入木片，以穿销代榫。多用于圆坐墩牙条与腿足接合	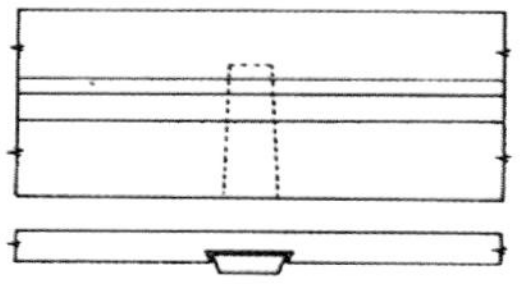

续表

框架式部件结构			特点	图例
角部接合	圆材角部接合	格角相交	从外表看为斜切 45° 角，内有榫卯不外露	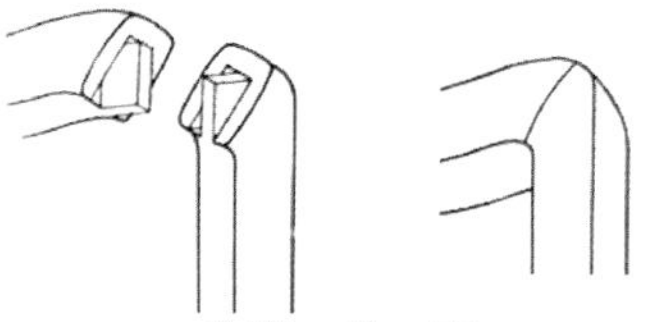 出榫一单一双
		挖烟袋锅	这是北京匠师的称法，指将椅子的搭脑和扶手端部造成转项之状，向下弯扣，中间凿榫眼，与腿子上端的榫相交	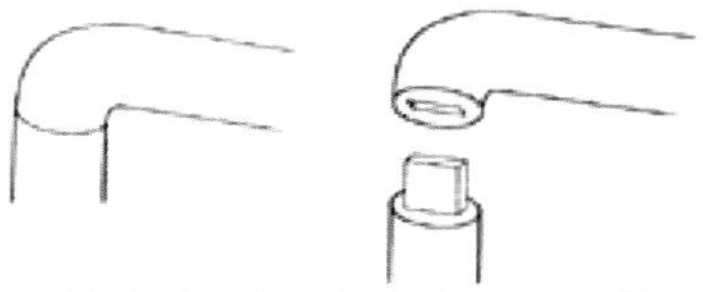
	方材角部接合	格角相交	与圆材格角相交的角部结构相同	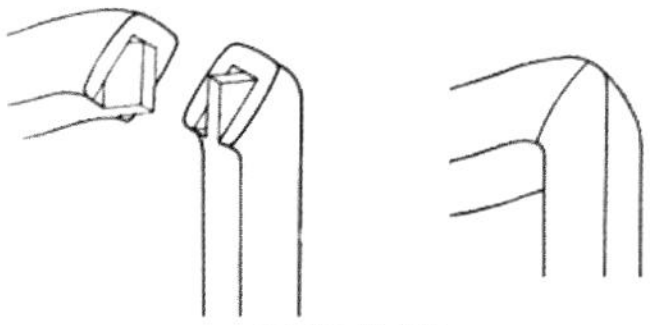 各出单榫
		木框攒边	木框 4 条边都在边抹合口出格角，均斜切 45° 角。较宽的木框有时大边除留长榫外，还加留三角形小榫，可为明榫或暗榫。椅凳床塌，凡采用“软屉”做法的，木框一般都采用格角榫攒边的结构，四方形的托泥也多采用此法	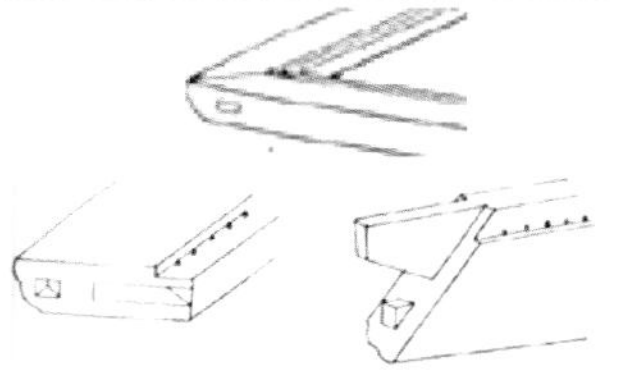
		方材攒接	每根短材两端留出薄片，盖住长材尽端的断面，只在角尖处和长材格角相交。比如罗汉床、架子床围子或曲尺、拐子等的横竖材攒接	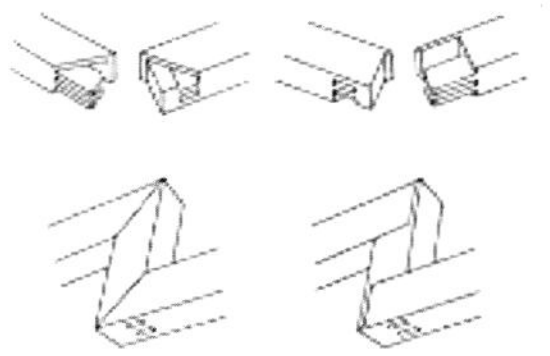
丁字形接合	圆材丁字形接合	横竖材粗细相同	横枨裹着外皮作肩，榫头留在正中。用于椅子的搭脑和后腿，柜子的底枨和腿足	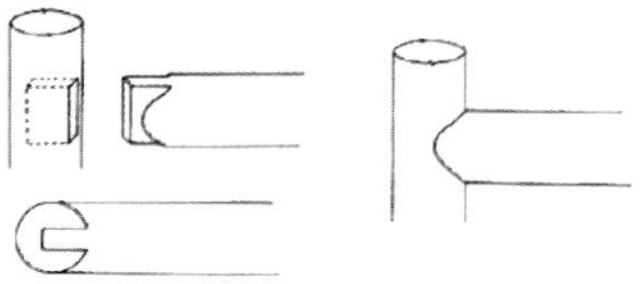
		横材细竖材粗	不交圈：枨裹着外皮作肩，但外皮退后，和腿足不在一个平面上，榫头留在圆形凹进部分的正中。用于无束腰机凳的腿足，横枨的交接处	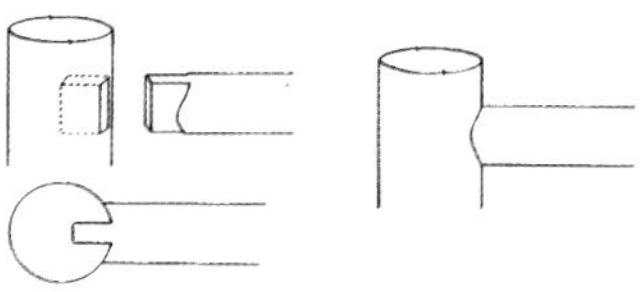
			交圈：横材的外皮与竖材的外皮要在一个平面上，横材的端部裹半留榫，外半作肩。这样的榫肩下空隙较大，还有“飘肩”或“蛤蟆肩”之称。用于圈椅的管脚枨和腿足相交处	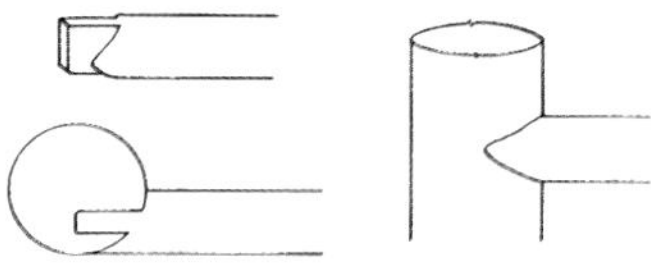
		裹脚枨与竖材的结合	枨子表面高出腿足，在转角处相交，将腿足裹起来，称为裹脚枨。腿足与横枨交接的一小段须削圆成方，以嵌纳枨子。横枨端部外皮切 45° 格角，与相邻的一根格角相交，裹皮留榫，纳入腿足上的榫眼。常用于圆腿家具	 两枨出榫，格角相抵 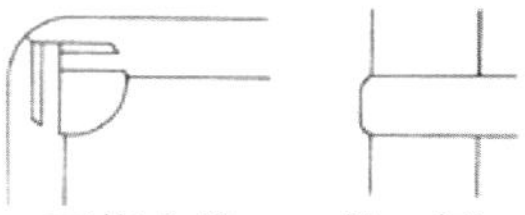 两枨出榫，一长一短

续表

框架式部件结构			特点	图例
丁字形接合	方材丁字形接合	大格肩	虚肩（不带夹皮）：格肩部分和榫头之间有开口； 实肩（带夹皮）：格肩部分和长方形的榫头贴在一起	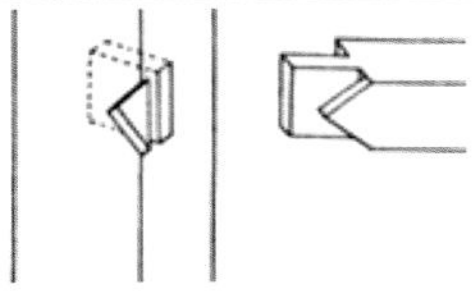 虚肩 实肩
		小格肩	格肩的尖端切去，这样在竖材上做卯眼时可以少剔去一些，以提高竖材的坚实程度	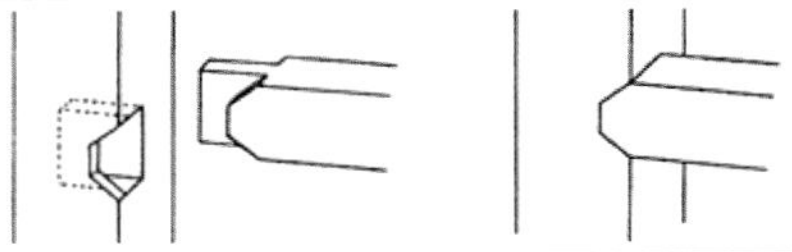
		齐肩膀	竖材为肩，横材为榫结合而成。横竖材一前一后不交圈时使用，或者腿足为外圆里方而枨子为长圆，难以交圈时采用	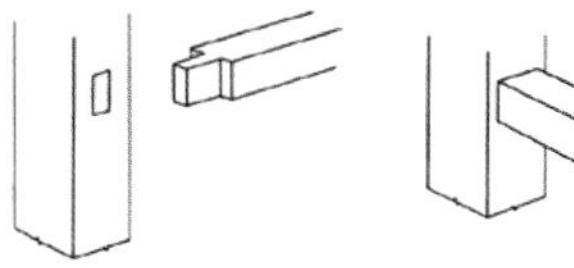
直角交叉接合	两根枨子交叉		两根直材在相交的部分，上下各切去一半，合起来成为一根的厚度。用于杌凳上的十字枨，床围子攒接十字绦环等图案上	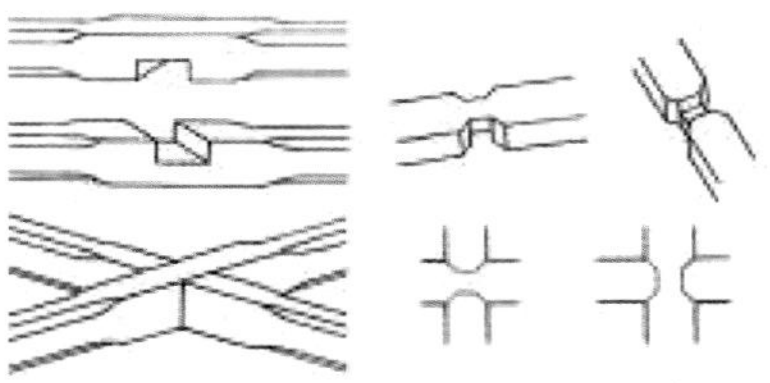 十字枨　十字相交小格肩床围子
	3根枨子交叉		3 根交叉的枨子是从十字枨发展而来的，中间一根上下皮各剔去材高的 1/3，上枨的下皮和下枨的上皮各剔去材高的 2/3，拍合后合成一根枨子的高度。面盆架 3 根交叉的枨子采用的就是这种方式	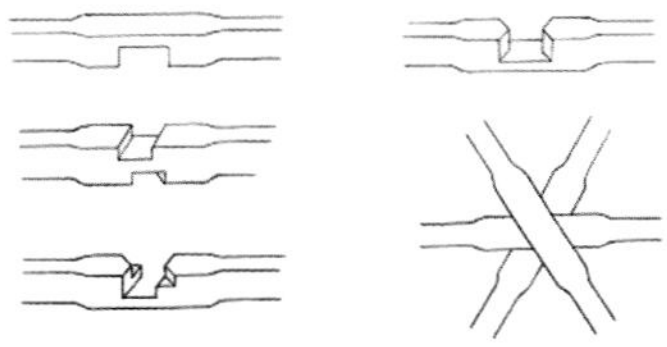 六足高面盆底架枨
弧形弯材接合	楔钉榫		基本上是两块榫头合掌式的交搭，两个榫头端部各有榫头，小舌入槽后便能紧贴在一起，使它们不能上下移动。另外还在中部凿一个方孔，将一枚断面为方形的头粗而尾稍细的榫钉贯穿进去，在向左和向右的方向上也不能拉开，从而将两段弧形弯材紧密地结合在一起。 有的楔钉榫在造成后还在底面打眼，插入两枚木质的圆销钉，使榫卯更加牢固。 端部的小舌在拍拢后伸入槽室，这种造法可以防止前后错动	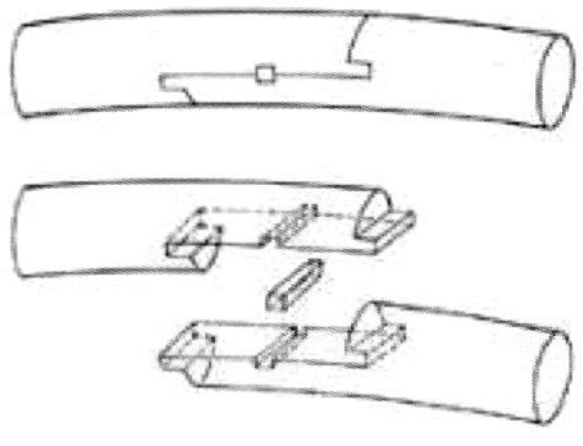 端部榫舌侧面外露 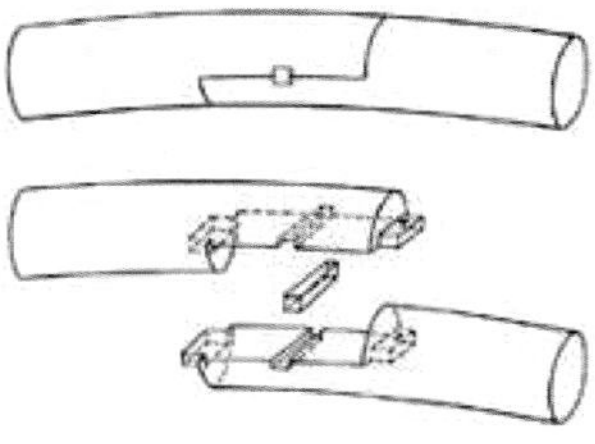 端部榫舌侧面不外露

5.3 中国传统家具的接合方式

中国传统家具的接合方式经过几千年的发展，已经形成了一个完备的系统，在这个系统中，榫卯结构是主要的接合方式，另外还有胶接合、钉接合、连接件接合等方式作为补充。采用钉接合的家具不易拆卸，必须将销钉打碎才能将榫卯结构分离开。古代使用的蛋白胶不溶于水，也会使构件之间难以分离。所以，随着榫卯接合发展的完善，钉接合和胶接合渐渐地只在迫不得已时才会采用。到了明代，就已经很少采用了。德国明式家具研究专家艾克总结的明式家具接合的原则就有“非绝对必要，不用木销钉；在能够避免处尽可能不用胶粘”的说法。但在传统家具发展的过程中，各种接合方式都曾起到过不可或缺的作用。

1. 榫卯接合

榫，俗称为榫头，指构件上利用凹凸方式相连接处凸出的部分；卯，指插入榫头的孔眼，也叫卯眼（或榫眼、榫槽），就是与榫头上凸出部分相连接的凹进部分。

榫卯接合就是由榫头和卯眼构成的组合方式，如图 5.3.1 所示。

榫卯结构是中国传统建筑、工艺以至雕塑的构成方式，也是中国传统家具框架结构和形体赖以存在的必要条件。榫、卯穿插吻合，采用阴阳互交、凹凸错落、相辅相成的构造原理，形成一个整体。这种结构具有高度的科学性、技术性和精确性。

中国细木工榫卯工艺的萌芽，可以追溯到 7000

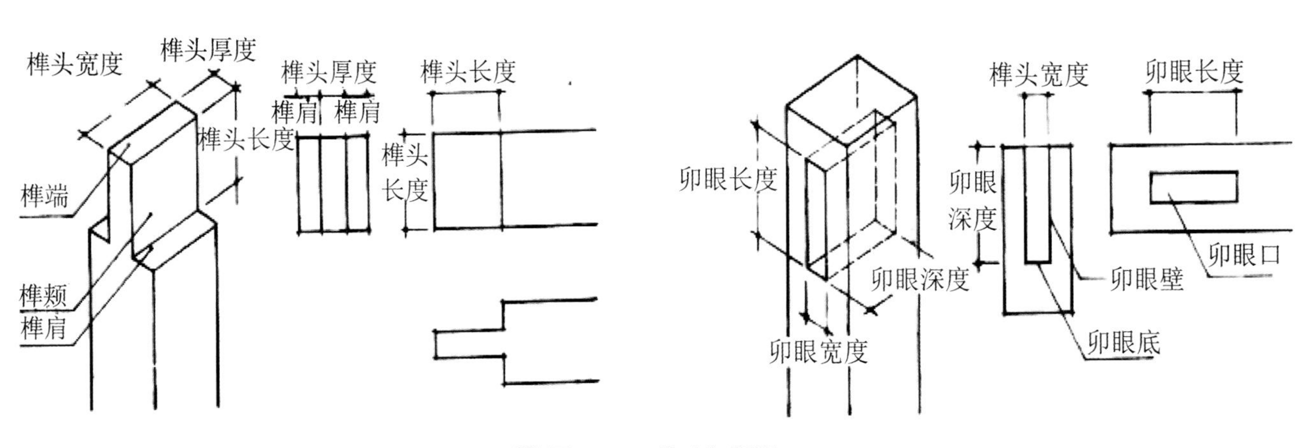

图 5.3.1 榫头与卯眼

年前的新石器时代。1972年在浙江余姚河姆渡遗址中，出土了大批建筑遗迹中的木质榫卯结构，其中有的已使用销钉和企口板，在仅有石器和骨器工具的条件下，制造出10多种榫卯结构式样，充分表明木构件的工艺技术在当时已达到相当高的水平。人类进入文明社会以后，随着青铜工具的使用和铁工具的出现，细木榫卯工艺也有了进一步的发展。从战国至秦汉的木棺和家具的榫卯种类及其工艺水平看，细木工榫卯接合工艺已进入成熟阶段。明代是中国传统家具发展的顶峰时期，这时的家具不同的部位开始运用不同形式的榫卯，常用的家具榫卯结构就有30余种，装配尺寸和外形准确无误，既符合功能要求，又使之严密牢固，具有较高的科学性。

榫头的类型很多，按照不同的方法可以进行不同的分类。表5.3.1列举了几种基本的榫头，其他形式的榫头几乎都是根据这些形式演变而来的。

榫卯接合的种类也很多，见表5.3.2。

表5.3.1　榫头的类别

分类标准	榫接合的类型	图例
榫头的形状	直角榫：断面为矩形，榫颊和榫肩互相垂直。 燕尾榫：榫头由榫端向榫肩收缩。 圆榫：榫头断面为圆形	直角榫　燕尾榫　圆榫
榫头与方材之间的关系	整体榫：直接在其要连接的方材上加工而成，如直角榫、燕尾榫等	直角榫　燕尾榫
	插入榫：插入榫与其连接的构件是分离的，单独加工后再装入构件上预制的孔槽中，以提高接合强度或定位。插入榫可以减少毛料的长度，节约木材，如圆榫、栽榫、走马销	栽榫　走马销

表 5.3.2　榫卯接合的类别

分类标准	类　　别	图　　例
榫端是否外露	明榫（透榫）：榫端外露，接合强度大，但影响家具的外观和装饰质量，一般用于隐蔽处。 暗榫（闷榫）：榫端不外露，但接合强度弱于明榫，一般用于需保证美观的接合处	明 榫　暗 榫
榫头侧面是否外露	开口榫：榫头侧面外露，加工简便，强度大，但不美观。 闭口榫：榫头侧面不外露，美观，可防止装配时榫头扭动。 半开口榫（长短榫）：侧面露出一部分，一般为暗榫，既可增加胶合面积，又可防止扭动，一般用于榫孔方材的一端能够被制品的某一部分遮盖或掩盖的情况下，如椅子下部的横枨与腿足的接合	开口榫　闭口榫　半开口榫
榫肩的切割形式（榫头在方材上的位置）	单肩榫：榫头在方材一边只有一个榫肩，适用于较薄的构件。 双肩榫：榫头两边都有榫肩，接合后不易扭动，比单肩榫坚固。 多肩榫：榫头有两个以上的榫肩。 夹榫：有两个平行排列的榫头和榫肩	单肩榫　双肩榫　多肩榫　夹 榫
榫头的数目	单榫：只有一个榫头。 双榫：有两个榫头。 多榫：有两个以上的榫头，多用于木箱、抽屉的箱框接合，榫头数目越多，胶合面积就越大，接合强度越高	单榫　双榫　多榫
榫头与榫眼的角度	直角接合：榫头与榫眼的接合部位成 90° 角，胶合面积大，强度高，但一端断面露在外面，不美观。 斜角接合：二根方材接合部位切成 45° 角，可避免端部外露，外表美观，传统家具中较多采用	直角接合　斜角接合

2. 胶接合

传统木家具榫卯结构中，胶也是一种不可缺少的辅助材料，常用来拼合平板或加固榫卯接合，使榫卯接合更加紧密、牢固。

胶接合就是指单纯地用胶来连接木家具构件的一种方法。将黏性较大的胶液涂在接合件的表面，然后合上接合表面，并在构件上施加压力，使物件紧密牢靠地粘接在一起，这种操作过程称为胶接合。

胶接合的原理是胶料通过木纹之间的空隙，均布在木材的表面并渗入木质里层，胶料凝固后使两块木料的表面纤维紧密地粘连在一起，物件的接合强度以及家具整个结构的强度在很大程度上是以胶接强度为先决条件的。家具中使用较多的是蛋白胶，如骨胶、皮胶、血胶、豆胶、鳔胶等。但是蛋白胶不耐水，不抗菌类腐蚀，而且必须经过加热熔化才能涂抹，制作不便。

3. 钉接合

传统家具的钉接合多用在接合表面不显露的地方，如板材拼接、桌椅板面的安装，或榫接合时起固定作用。常用的有竹木钉和铁钉两种。

竹木钉常用来固定没有胶合的榫卯接合；铁钉接合简洁方便，但容易损坏木材，强度小，不美观。

4. 金属构件接合

金属构件接合是利用附加的金属连接件使木构件连接起来的方法，接合方法简单，形式多样，将家具各部件之间作活动连接或紧固连接的金属配件，也可以起装饰作用。

传统家具的金属构件可分为活动件和紧固件两大类。活动件主要用于柜门、箱盒、桌面的转动开合或折叠结构，安装方便，结合强度高；紧固件主要起定位和紧固作用，如箱子、桌子的包角，如图 5.3.2 所示。

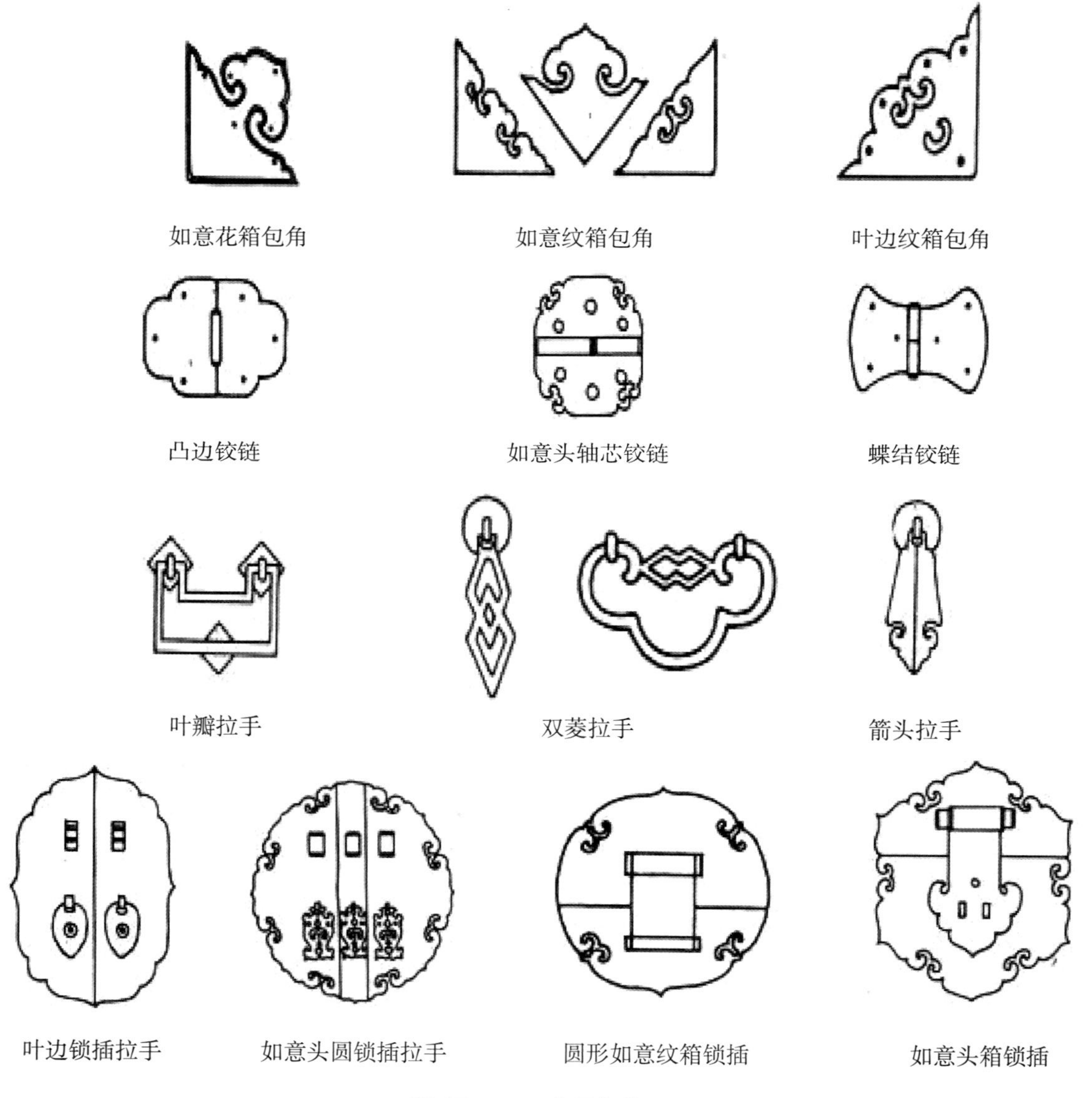

图 5.3.2　金属构件结合示例

参考文献

[1] 薛坤 . 传统家具结构的力学性能研究 [J]. 家具与室内装饰，2012（11）.
[2] 王天 . 古代大木作静力初探 [M]. 北京：文物出版社，1992.
[3] 王道静 . 传统家具结构之现代化传承与创新 [J]. 艺术与设计（理论），2011（08）.
[4] 薛文静 . 雕榫凿卯：从儒家经典看传统家具 [J]. 艺术·生活，2010（06）.

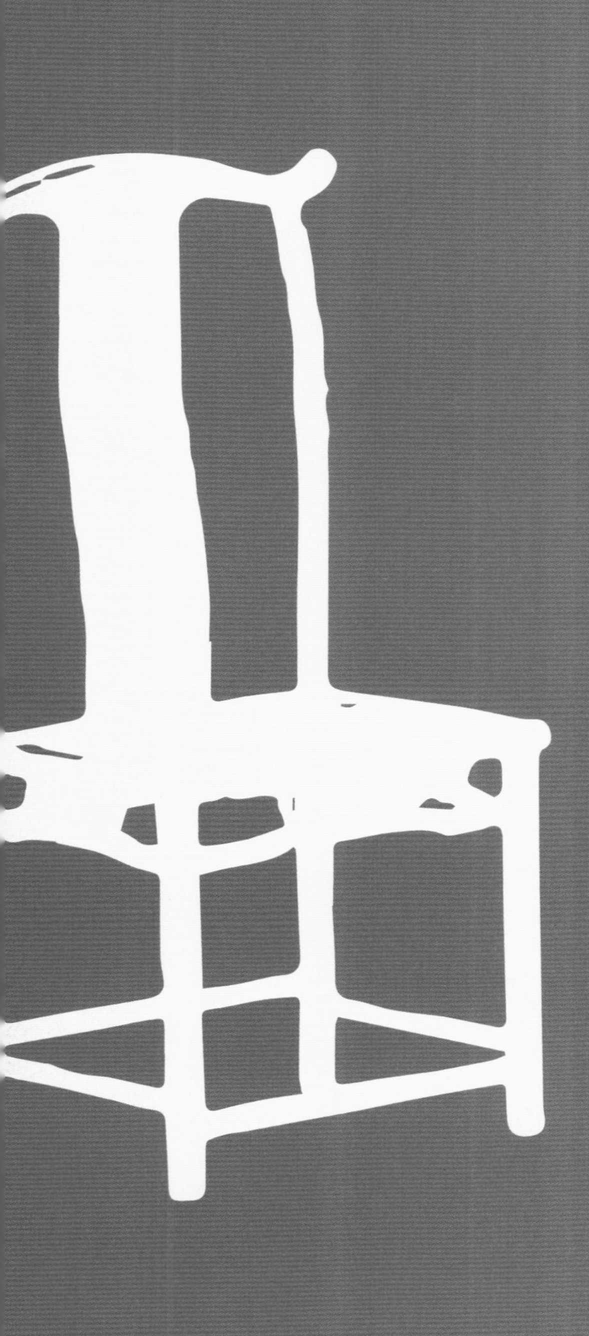

6

中国传统家具的加工工艺

中国的传统工艺历史悠久，积淀深厚，灿若繁星，技艺精湛，成就卓著。传统工艺在中华文明的形成和发展中曾起过重大的历史作用，许多传统工艺诸如宣纸、紫砂、景泰蓝、云锦、青瓷、雕漆、剪纸、刺绣等，目前仍在社会生产和生活中广为应用。

中国传统家具从材料到成形需要经过复杂精妙的工艺程序，主要包括木工工艺、雕刻工艺及表面处理工艺3大部分。本章主要对传统家具制作过程中的几个关键技术进行了阐述。

6.1 木工工艺

1. 杌凳的划线工艺

在北方，至今人们仍习惯称一般的凳子为杌凳，称小凳子为小杌凳。本书中的杌凳，圆材直腿直枨，属于无束腰杌凳中的基本形式，如图 6.1.1 所示。其整体结构吸取了中国传统建筑中的大木梁架的造法，四足有侧角。所谓侧角，是指四足下端向外撇，四足上端向内收，在《鲁班经》中称为“梢”，北京的匠师则称之为“挓”[①]。正、侧面都有侧角的称为“四腿八挓”。

划线工艺就是指用铅笔、角尺、勒刀、划针（划线刀）等木工画线工具，在已加工出的家具各零件净料上划出其上所具有的榫眼、榫头、槽口的具体位置、大小及形状，并在榫眼及槽口的位置标出榫眼及槽口深度尺寸的技艺。千百年来，聪慧的匠师们在实践中不断探究和总结，现已形成了一套规律性的划线方法，口诀如下：

划线应备全工具，每根框料排整齐。
弯料相对弯向内，缺陷节子要朝里。
进行划线有顺序，按照程序找规律。
腿料竖料应先划，长短划齐卯（卯眼）错位。
再划横料和侧料，横竖配合宽厚齐。
榫（榫头）卯错位对清楚，注意框架角接处。
分清大面和小面，大面小面应起线。
要划后面和里面，是否凿透看花线。
如若榫卯带斜度，斜度比例照样走。
方凳椅子和木柜，四叉凳斜放样。

操作中还有一系列表达划线意义的线性符号，如截线、花线、榫眼线、榫头线等。其中，截线又

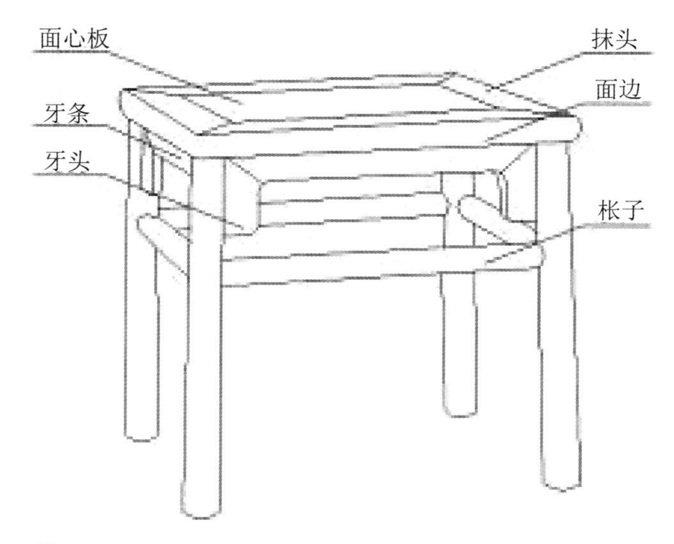

图 6.1.1　无束腰直腿直枨杌凳构件名称（牛晓霆绘）

① 音 zhā，张开的样子。

称实线，表示木料应锯截的长短、方正及宽窄；花线又叫引线，指将加工线从大面引向小面，或从小面引向大面，便于构件榫头及其各面上榫眼位置确定的线；榫眼线是确定榫眼的长短、方向及位置的线，传统划法中，一般情况下只划前皮线，在前皮线前面划一点来表示榫眼，当凿的宽度不够宽时，可加上宽度线，现在划榫眼时则把榫眼宽度线直接划出；榫头线有单榫线和双榫线之分，而且榫头线的榫肩线常被花线所代替。

当划线技术熟练，并对所需划线的家具的结构形式已烂熟于胸时，只要能分清大小面及前后面，划线的先后顺序也可以不受一定的限制。

1）杌凳构件的配料清单

表 6.1.1 所示的配料清单中的构件尺寸是根据《中国花梨家具图考》中杌凳的结构装配图（图 6.1.2）推算的实际尺寸（仅供参考），在确定杌凳各构件配料尺寸时还需考虑各构件加工余量的尺寸及所需“挖”的尺寸。此外，在确定一些出透榫的构件长度时，在此基础上还应再大一些（一般一端长 3~5mm）以免榫头过短，透不出来，不仅影响家具整体框架的结构强度，还影响家具整体的美观性。

如果 E 表示杌凳各构件的配料尺寸，A 表示配料清单中杌凳各构件的尺寸，B 表示杌凳出透榫的构件加长的尺寸（6~10mm），C 表示所确定杌凳各构件的加工余量（15~20 mm），D 表示杌凳各构件“挖”的尺寸，那么，确定杌凳各构件配料长度的公式则可表示为

$$E=A+B+C+D$$

表 6.1.1　无束腰直腿直枨杌凳配料清单

名称	长 /mm	宽 /mm	厚 /mm	数量
面边	420	70	34	2
抹头	420	70	34	2
面心板	295	290	10	1
穿带	360	30	25	1
腿	486	45	45	4
枨	320	26	30	4
牙条	297	32.5	12.5	4
牙头	105	47.5	12.5	8

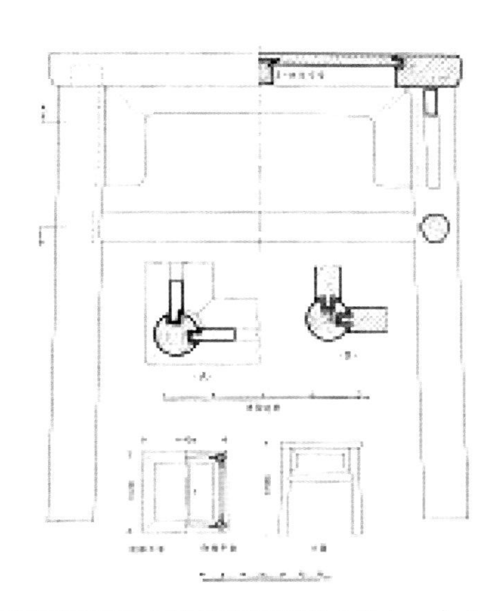

图 6.1.2　无束腰直腿直枨杌凳结构装配图（引自：参考文献 [1] 第 96 页）

例如确定杌凳面边的配料长度，从杌凳的结构装配图可知，面边两端出榫头，*B* 值则为 6～10 mm，且与抹头连接形成杌凳座面，故 *D* 值为 0，再加上 *A*、*C* 值已知，因此，杌凳面边配料长度 *E*=[420+(6～10)+(15～20)+0]mm。杌凳其他构件配料长度的算法亦然。

2）划线工艺的具体内容

由图 6.1.1 和图 6.1.2 可知，无束腰直腿直枨杌凳的构件包括腿、边抹、枨子、穿带、牙条和牙头、面心板 6 个部分，本书介绍前 5 个部分的划线工艺。其中，在确定杌凳枨子及牙条的长度尺寸时应注意加上其"挓"的尺寸，在划牙条、牙头嵌夹式的结构时，由于其结构的特殊性，在牙条下表面窄面上勒出榫头的厚度即可，对于其榫头形状及榫眼的加工放在装配工艺阶段。另外，为了表达的方便、准确，对每一构件的基准边或其他边进行了编号。

（1）腿的划线工艺。首先，将要划线的杌凳腿的基准端向外；接着，根据图纸以腿足端的 *AD* 边为基准边，向里量出配料清单中腿的长度尺寸 486mm，用截线标出（图 6.1.3（a））；然后，以 *AD* 边为基础，在杌凳腿与枨子相连接的侧面上画出枨子榫眼、牙头槽口及腿上端榫头长度方向的位置（图 6.1.3（b））；最后，用勒刀分别在杌凳腿与枨相连接的侧面上勒出枨子榫眼、牙头槽口及腿上端榫头的宽度尺寸，再用铅笔在榫眼、槽口及榫头的位置上画出它们的标识符号，并在榫眼及槽口旁边标出其宽度及深度尺寸（图 6.1.3（c））。

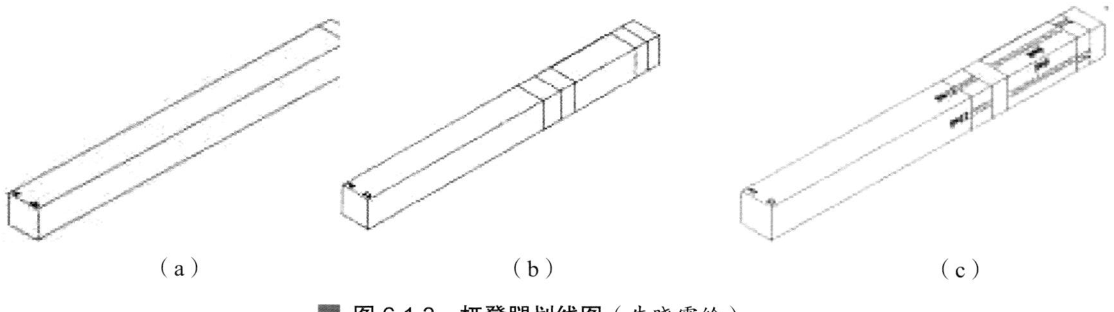

（a）　（b）　（c）

图 6.1.3　杌凳腿划线图（牛晓霆绘）

（2）边抹的划线工艺。首先，将面边和抹头已加工好的基准端向外；接着，根据图纸分别以面边、抹头基准端的 *AE* 和 *ae* 边为基准，向里量出配料清单中面边、抹头的长度尺寸 420mm，并用截线标出（图 6.1.4（a））；完成后，重新回到 *AF* 边的位置，以面边端面、窄面及大面的相交点 *A* 为起点，用角尺在大面上划出面边格角榫的 45° 斜线，交于其所在边的相对边上一点 *E*，用花线引出 *E* 点在其相对面上的投影点 *E'*，并连接 *A* 点的投影点 *A'* 及 *E* 点的投影点 *E'*（图 6.1.4（b））。同样道理，以 *B* 为起点，用角尺分别划出另一端部格角榫的 45° 斜线，并在面边内侧的窄面上划出穿带榫眼长度方向的位置（图 6.1.4（c））；然后，用勒刀在面边大面上勒出格角榫榫头的宽度，在面边内侧窄面上勒出格角榫榫头、面心板槽口、穿带榫眼的厚度，并在其位置上标出它们自身的标识符号及其厚度、深度的尺寸数值（图 6.1.4（d））；最后，在平面 *ABCF* 上划出机凳腿榫眼的具体位置，并在其旁边标出榫眼的标识符号及其厚度、深度的尺寸数值（图 6.1.4（e））。

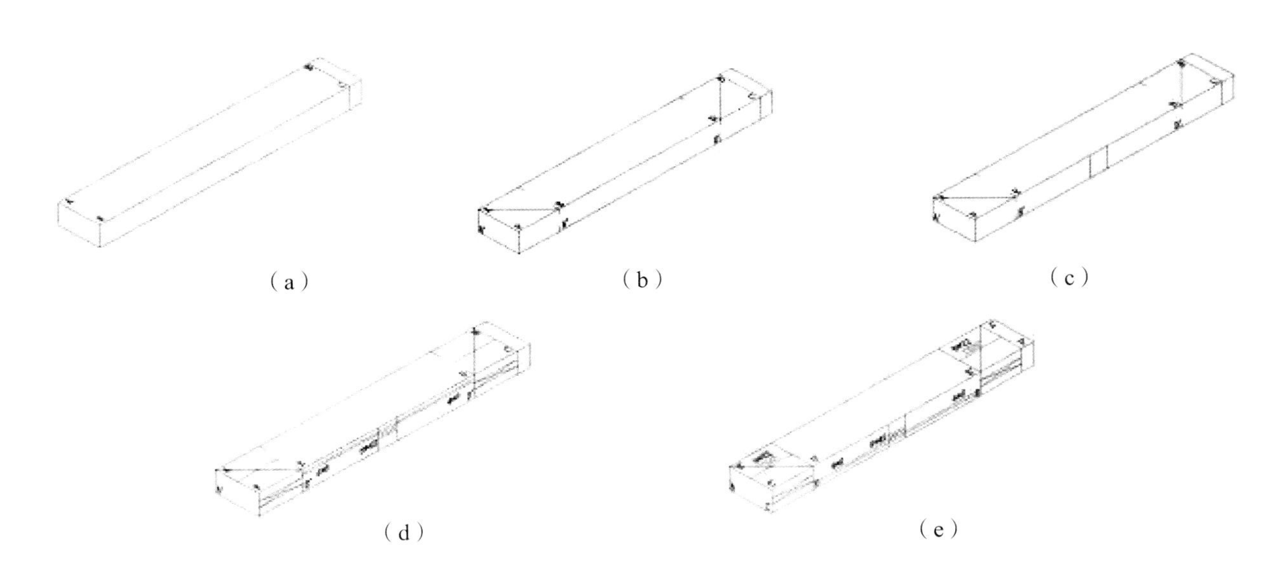

（a）（b）（c）（d）（e）

图 6.1.4　面边划线图（牛晓霆绘）

（3）枨子的划线工艺。首先，准备好要划线的枨子，并将加工好的基准端向外；然后，根据图纸以枨子的 *AD* 边为基准，向里量出配料清单中枨子的长度尺寸 + 枨子“挓”的尺寸，用截线标出（图 6.1.5（a））；完成后，重新回到 *AD* 边，向里量出 10mm，用花线标出，再向里量出 315mm+ 枨子“挓”的尺寸，再用花线标出（图 6.1.5（b））；最后，用勒刀先在枨子的窄面上勒出枨子榫头的厚度，并在其榫头位置上划出其标识符号，再在枨子的大面上划出枨子飘肩的位置（图 6.1.5（c））。

（4）穿带的划线工艺。首先，准备好要划线的穿带，并将加工好的基准端向外；然后，根据图纸以穿带的 *AD* 边为基准，向里量出配料清单中穿带的长度尺寸 360mm，用截线标出（图 6.1.6（a））；完成后，重新回到 *AD* 边，向里量出 40mm，用花线标出，再向里量出 280mm，再用花线标出（图 6.1.6（b））；最后，用勒刀在穿带的窄面上勒出穿带穿入面心板的厚度及其端部榫头的厚度，并在榫头位置上划出其标识符号（图 6.1.6（c））。

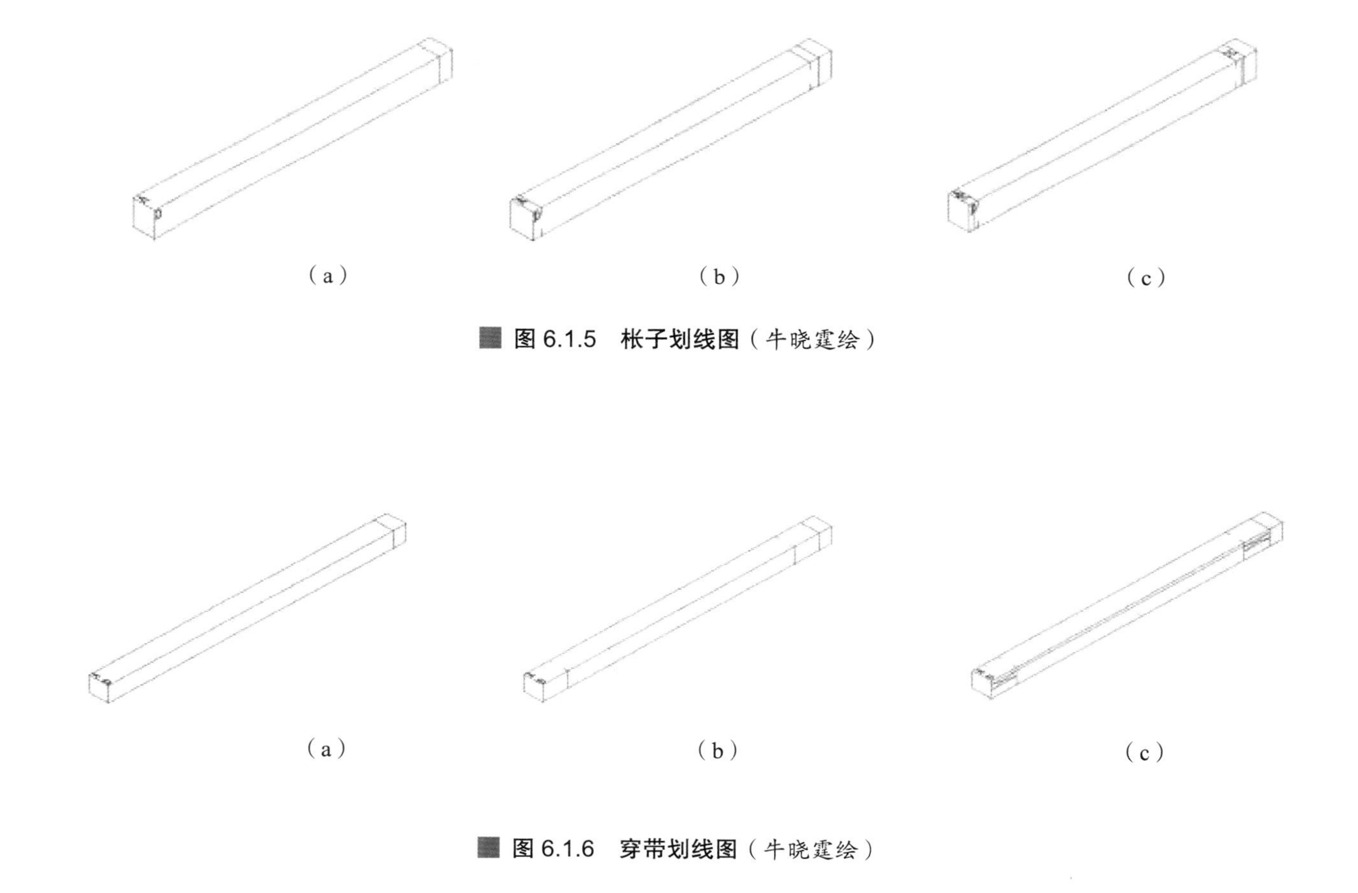

图 6.1.5　枨子划线图（牛晓霆绘）

图 6.1.6　穿带划线图（牛晓霆绘）

（5）牙条和牙头的划线工艺。首先，准备好要划线的牙条、牙头，并将加工好的基准端向外；接着，根据图纸先以牙条的 *AD* 边为基准，向里量出配料清单中穿带的长度尺寸 + 牙条“挓”的尺寸，并用截线标出，再分别以牙头 1 与牙头 2 的 *JL* 边及 *MO* 边为基准向里量出配料清单中牙头的长度尺寸 105mm，并用截线标出（图 6.1.7（a）、图 6.1.8（a））；然后，根据图纸中牙条端部斜角的形状，调整好活角尺的角度，先分别以 *A*、*B* 点为起点，用活角尺在牙条的大面上划出其端部斜角的形状，交 *CD* 边于 *F*、*E* 两点，再用花线引出 *F*、*E* 两点的投影 *F*′、*E*′，并分别与 *A*、*B* 两点在其相对面上的投影点 *A*′、*B*′ 相连接；划完牙条后，开始划牙头，先以 *J* 点为起点，向 *L* 点偏移 10mm，用 *K* 点标出，以 *O* 点为起点，向 *M* 点偏移 10mm，用 *N* 点标出，再分别以 *K*、*N* 两点为起点，用调好的活角尺画出其端部斜角形状，交于 *Q*、*P* 两点，用花线标出，并引出 *Q*、*P* 两点在其相对面上的投影点 *Q*′、*P*′，分别以 *Q*′、*P*′ 为起始点，用已调整好的活角尺划出 *Q*′、*P*′ 所在平面的端部斜角形状（图 6.1.7（b）、图 6.1.8（b））；最后，用勒刀先在牙条下表面的窄面上，勒出牙条榫头的厚度，并在其位置上划出榫头的标识符号，再在牙头 1、牙头 2 与机凳腿相接的窄面上勒出牙头 1、牙头 2 插入机凳腿的厚度，并在牙头 1、牙头 2 内表面上，分别勒出其插入机凳腿的深度（图 6.1.7（c）、图 6.1.8（c））。

划线工艺在中国传统家具的制作技术中占有十分重要的地位，它决定了家具最后形制的优美、比例的协调及榫卯结合的精密，因此，它是研究或生产传统家具的基础。

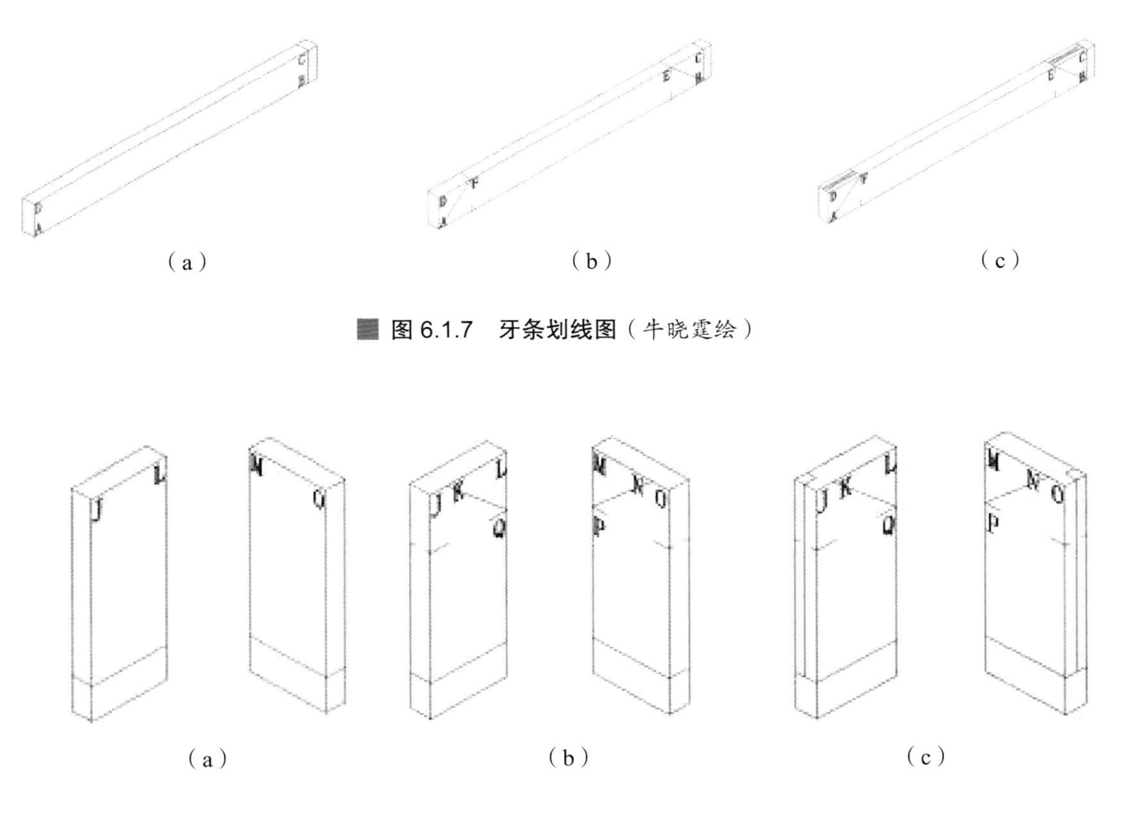

（a）　　（b）　　（c）

图 6.1.7　牙条划线图（牛晓霆绘）

（a）　　（b）　　（c）

图 6.1.8　牙头划线图（牛晓霆绘）

2. 榫卯工艺之绝技——剎活

剎活，是红木家具制作中的一道传统手工工序。在现代木工机械广泛使用的情况下，红木家具制作中很多手工工艺都为机械所取代。目前，在榫卯加工中，很多操作工人都已经不知道在传统中还有一道必备的剎活工序。

剎活的具体做法就是在家具榫卯结合安装前，用腕子锯（一种小型手锯）将所有榫卯结构部位都再拉（锯）一遍，使其结合时肩口严密牢固。

现代木工机械精密度很高，使用机械开榫，完全能够达到肩口严密，还有必要使用手工将每个榫卯结构部位都再锯一遍吗？

试验证明，经过机械加工开榫断肩的榫卯结构部位，再经手工剎活处理，其牢固程度要优于未经剎活的榫卯，两者承重能力会相差 3 倍。

图 6.1.9 显示了一个对比试验。同一种红酸枝木材，同等规格尺寸的平板立茬对接，使用同样的胶粘剂，进行对比试验。1 号试验品，对接处剎活之后粘结（图 6.1.9（a））；2 号试验品，不剎活，仅粘结（图 6.1.9（b））。24 小时后，分别承载重物进行试验，通过不断添加砖块，增加重量。当总重量达到 100kg 时，2 号试验木板断裂，重物轰然坠地（图 6.1.9（c））。1 号试验木板，当总重量达到 300kg 时，依然没有断裂，因已无法再码放砖块，只得作罢（图 6.1.9（d））。

（a）　（b）　（c）　（d）

图 6.1.9　对比实验（王秀林提供）

1）工艺原理

机加工中，由于机械高速旋转切削，刀具刃口与坚硬的红木木质纤维硬碰硬，于瞬间产生高温和高压，甚至能将榫头和肩的部位烧焦，经过挤压，木材管孔被封闭，其表面变得十分光滑。榫卯结合时，肩口可以很严密，甚至做到很难辨别缝隙，但是过于光滑的表面使得榫卯结合的摩擦阻力大大减小，用于粘合的胶仅仅形成一层薄薄的胶膜，粘合力大大降低，榫卯结合的牢固度并不高，而使家具整体易于过早地松散开来。

通过手锯刹活，将所有榫卯结构部位都再拉一遍，肩口处锯痕犬齿交错，使相结合的两部分接触表面的木纤维呈绒毛状，既有刚性又有韧性的木纤维立体相交，增加了接触面积，再辅助天然鳔胶粘贴，增加了胶的渗透面积与深度，可以达到立体贴接的效果。

将刹活后的肩口相接的局部放大来看就如同服装上的尼龙搭扣带一样。尼龙搭扣带是1956年由瑞士工程师乔治·德·梅斯特拉尔发明的，钩带和绒带两面复合起来时，通过硬挺的锦纶钩子勾住柔软的锦纶绒圈而起搭扣作用，略加轻压，就能产生较大的扣合力和撕揭力。

另外，手工刹活还可以解决机械加工过程中，肩口崩边、崩碴等高速切削留下的不良瑕疵。

当然，刹活要多耗费一些工时，但对工匠基本功的要求更高、更全面。刹活还要与铲活等手工工序相配合。

因此刹活工序应该传承保留下来。机械提高了生产效率，再加上传统手工刹活工序，可以使榫卯结构达到完美，其牢固程度可谓“逸我百年”。

2）技术要领

刹锯，指刹活专用的小型手锯，也称腕子锯，其锯条一般为工匠由旧钟表发条手工开齿改造而成，锯齿较小，齿路交错，一般都是老工匠凭经验手工开齿。工匠对自己的刹锯皆倍加爱护，都是自己维护，从不交他人使用。

刹活工艺看似简单，其实要下一番工夫才能掌握，当年的老工匠学艺时都要练习一二年。首先刹锯的修整维护就很费工夫，因锯齿小、锯路细，年老眼花者则不易修整得好，刹活手艺再好再老到，没有好锯也很难刹得出好活，这也就是“工欲善其事，必先利其器”的道理。

刹锯最少要配备两把，一把长40cm左右，一把长50cm左右。

刹锯不同于断肩锯、开榫锯等其他手锯，锯条的硬度、锯齿的大小、锯路的排列及锯齿的张开角度等都有严格的要求，具体如下：

（1）软硬适中。锯条要求软硬适中，钢口虽硬但不能脆。如果锯条钢口脆，则在锯齿掰料时容易断齿；但如果钢口过软，则刹活时遇到质地坚硬的红木材料时锯条易扭动，从而刹不严肩口。

（2）芝麻齿。刹锯的齿要尽量小，在制锯时加工成芝麻粒大小，故称芝麻齿。

（3）三路齿。刹锯锯齿为三路齿，手工将锯齿掰成左、中、右连续排列，呈犬牙交错状，其技术关键在于左齿、右齿的张开角度并非沿整个锯条全长都一样，而是从中央部位向两头逐渐变小，如图6.1.10所示。

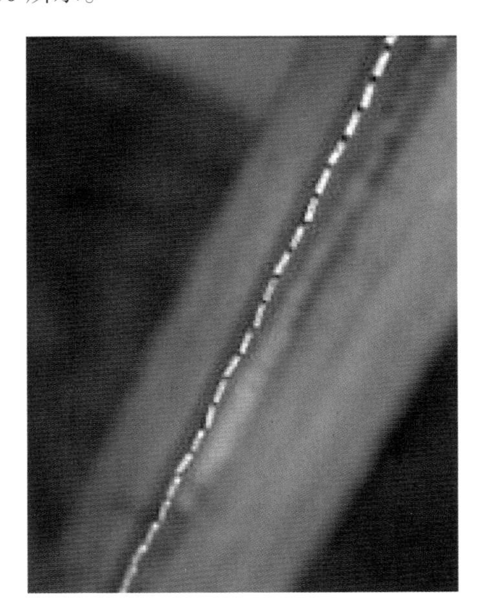

图6.1.10　刹锯的锯齿为左、中、右3路齿（王秀林提供）

3. 略谈传统绝技——挂销穿榫

挂销穿榫结构是腿足和牙板相互结合部位的一个重要的榫卯结构，其技术关键是在挂销上，工艺要求非常高。

由腿足上端斜肩部位出销，正视呈梯形（图 6.1.11），上窄下宽，与牙板挂销槽相一致。这一结构增加了承重力，配合其他榫卯可达到“立木顶千斤”的作用。俯视挂销截面又可见贯穿梯形而成的燕尾状（图 6.1.12），其加工方法是在腿足的挂销靠近斜肩的内侧用榨角凿做成内斜坡，挂销外侧先用小搂锯搂出细槽，再用马牙锉将挂销的外侧压成坡状。这一结构的难度是在腿子上的销和牙板槽的尺寸准确性上，如果腿足肩口（斜肩尖端部位）与销的距离小于牙板肩口与槽的距离，就会出现牙板高出腿上肩的情况，反之则会低于腿上肩。而且在坚守传统刹活工艺不可缺失的情况下，还要预留刹一锯或半锯的余地，这里要求匠人刹活时一锯刹严，没有第二锯的余地。因为多刹一锯就会造成牙板上直边低于腿子上肩，使得四面牙板不在一个平面上。穿销挂榫这一结构可对前、后、左、右、上 5 个方向提供支撑力，把家具四腿与四牙板牢固地“捆绑”在一起，使家具达到极其牢固的程度。

但是，无论新老家具，其腿足和牙板选材很难做到绝对的直丝纹理，使用不久就会出现腿足与牙板的斜肩连接处甩缝的情况，时间越长，纹理越扭曲，缝隙越大，既不美观，又影响家具的牢固性。随着季节更替和使用环境的变化，无论在南方和北方，这种情况都极易出现。今后修复时就必须要收缝，即将甩开的缝刹严。这时家具原本的尺寸会缩小，原本严紧的挂销位置也会改变，这就需要将燕尾状销内移，接触挂销外侧的销槽的内侧需加宽，造成挂销窄于槽的宽度，最后在挂销内侧贴料以保证挂销与槽结合的力度。但即便是贴料，也不如原一木连做的牢固性强，修复时也非常麻烦。

因此，挂销处可改一木连做为在腿上出销处单用榫卯结构栽销，这样在日后的修复中既方便又牢固，只需换掉栽销即可。

图 6.1.11　正视腿足上端斜肩部位挂销呈梯形
（王秀林提供）

图 6.1.12　俯视挂销截面呈燕尾状
（王秀林提供）

4. 略谈传统绝技——麻绳打鳔

在传统工艺中，拼面心板、组装家具或修复家具中打鳔粘接都要使用麻绳。现在很多生产中都用铁卡子替代，因为操作简便，但还是建议用麻绳打鳔。因为麻绳绑扎是活的，会越勒越紧，而铁卡子强制固定是死的，没有弹性。

用麻绳打结绑扎，使木材受力，经过一个循序渐进的过程，可以为木性的释放提供一个空间。这一过程体现了传统工艺中顺应木性、尊敬木性的思维方式，所以麻绳打鳔要优于铁卡子。

下面以拼面心板为例，说明麻绳打鳔的操作。首先，在面心板背面用几根鳔杠等间距地把面心板托起，再用麻绳绕住鳔杠与面心板垂直地兜上来，兜到底，打结；然后，用鳔杠穿过麻绳绕两道，让麻绳吃上劲。操作时必须注意，麻绳和鳔杠要与面心板的粘接面垂直，只有不倾斜，在受力上才能起到作用。还有，绑扎的时候麻绳浸过水是潮湿的，这样与施用的鳔胶干燥同步，麻绳在变干的过程中会越勒越紧。

修复家具时，麻绳打鳔用于矫正面心板弯曲，打完后由于麻绳和鳔杠的外力施加，板的弯度基本就直了。但是打直了，不证明板已经直了，还要“刷洼烤鼓”，即“洼面刷水、鼓面适当加温”。所修的老家具如果是漆活，由于过于加温会伤漆活，这时就要去掉火烤的过程而采取“刷洼背楔”的方法阴干，逐渐矫正过来。楔不要背到底。这一道工序是先把木楔轻轻地挂在走形面心板的发鼓部位，在整形过程中，哪鼓背哪。背完后刷水，然后每间隔一小时左右背一次楔，直到不但平了，鼓面还要略微出现一点洼，因为矫枉必须过正，所以让它刚刚过一点即可。这时就可以进行烫蜡处理，目的是不让它尽快还原回来。至此，对家具的矫正就基本完成了，如图 6.1.13、图 6.1.14 所示。

图 6.1.13　麻绳打结（王秀林提供）

图 6.1.14　麻绳打鳔用于修复家具（王秀林提供）

6.2 雕刻工艺

这里主要介绍明清的浮雕工艺。明清家具传统浮雕雕刻工艺主要由原坯拓样、纹样粗凿、轮廓修饰、精工铲雕、修磨处理5部分构成。常用于浮雕的传统工具可以分为4大类：凿活类、铲活类、修活类和辅助类。工艺步骤和工具使用技法结合紧密，构成了雕刻技术的主体。浮雕的手工操作技术，通常被认为是一种“只可意会，不可言传”的手艺，以其主要工艺过程为依循，通过相应的分析，以期达到知其表象而解其根基的目的。

1. 原坯拓样

原坯拓样俗称“拓样”，由描样和拓贴两部分组成，即将纹样描绘好再拓贴到雕刻工件的雕刻面上，形成雕刻的图样依据。纹样绘制得好坏、拓贴的质量对后续加工有直接影响。传统浮雕的纹样一般由经验丰富、雕功精到的匠师设计和绘制。浮雕拓样有3点要求（图6.2.1、图6.2.2）：

（1）用材得当。现代生产条件下，多用拷贝纸等轻薄且有一定韧性的纸张，目的是贴在木材表面可反衬出雕刻面的纹理走向。

（2）描样精准利于雕刻。纹样描绘做到线条清晰、层次分明并适于雕刻表达。

（3）粘贴平整结合紧密。纹样1∶1大小的纸样与雕刻面粘贴平展需要一定的技术，尤其当雕刻面为曲面时，如坐墩的“鼓肚”圆曲面上的浮雕，要求在拓样时绘制在平面上的纹样形式有一定延展性和余量以适于圆曲雕刻面的造型。

拓样提供的是图纸式的平面类型的纹样参照，而不能完全标识诸如雕刻花纹的深浅程度、纹样层次关系以及花纹细部特征等因素。要获得雕刻细腻而精湛的艺术效果，还有赖于匠人们自身技术的发

图6.2.1　浮雕毛坯拓样前后（孙明磊提供）

图6.2.2　浮雕拓样拓贴过程（孙明磊提供）

挥和审美水准的把握。技术纯熟的匠师会依据家具的材质特点、整体纹样特征的要求，在拓样的基础上主动驾驭雕刻的节奏及表现程度。浮雕技术的复杂性也体现在需设立相应的参照关系，不论拓样还是雕凿过程，要在总体效果的比较中调整局部效果，且要调整进度。技术娴熟的匠师会出现从局部做起的雕刻习惯，只因其参照和比较的效果已成竹在胸。

2. 纹样粗凿

纹样粗凿俗称“凿粗坯”，是浮雕雕刻步骤的难点之一，指经拓样之后用凿刀等工具凿刻出纹样轮廓总体特征的雕刻步骤。纹样粗凿要根据纹样的设计整体意图，综合考虑纹样的线面走向、雕凿的深浅程度以及层次结构等因素，预设好雕刻的进程，用刀的类型、范围和型号，以及下刀的次序步骤等，如图 6.2.3 所示。纹样粗凿用刀的初始步骤，起到承接纹样表现与实际雕饰的作用，根据进度可以划分为凿刀开线和粗凿轮廓两个阶段。

1）凿刀开线

凿刀开线，即立刀开线，是用刀痕凿刻单线来重新描绘拓样上的花纹线条。凿线时一般先处理整体层次中居上层的纹样，也有匠师依据个人的习惯从工件的一端下刀自由地推开。手工艺的特点之一便在于操作的细节多因人而异，运作自如为佳。凿线的具体技术要求是：

（1）要分清纹样层次即重叠关系，在重叠而复杂的纹样中可把处于最上层的花纹轮廓线先凿刻出来，按照从上到下，由表及里的顺序进行；

（2）凿刻轮廓线多为“连凿”，即木槌连续击打刻刀，做到打击节奏平缓、力度适宜，以避免雕刻刀痕不均，且调转刀头时每次滑动的刀痕要有一定的重叠部分，以避免刀痕的断裂；

（3）刀身常保持立直，侧向的倾斜角度较小，依据纹样走势多向轮廓线外部倾斜。

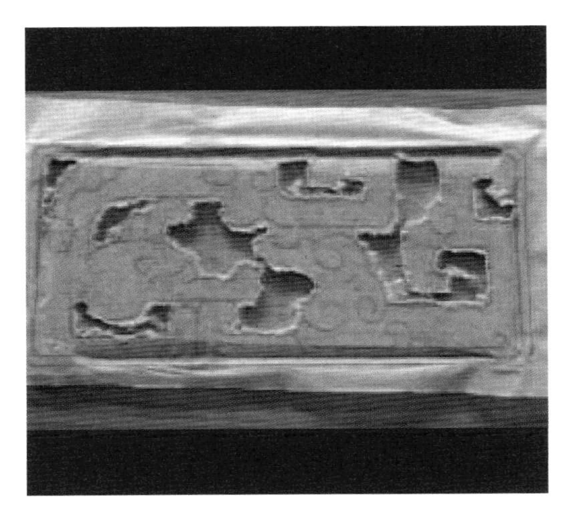

图 6.2.3　纹样粗凿
（孙明磊提供）

2）粗凿轮廓

粗凿轮廓，俗称凿轮廓，指凿刻纹样的大体轮廓，确立花纹的层次及整体的轮廓特征，使雕刻工件初具效果。凿轮廓多在凿刀开线之后进行，也有从工件的一端开始边开线边凿轮廓的做法，这依据纹样的要求及工匠的技术和喜好而定。值得注意的是，纹样形体的大小、曲直决定了所选用凿刀的平曲类型和尺寸型号。粗凿轮廓的具体技术要求有：

（1）要控制持刀的倾斜角度，范围控制在30°~150°，一是花纹线面的弯曲度，二是雕刻时倾角调控刃面挤压力和剪切力的关系；

（2）槌凿力度要适当，过大则会破坏底层纹样平整，过小则影响雕刻的进程，达不到初具轮廓的效果；

（3）雕刻曲线形界面时，注意刀口弧度大小的选择，一般刀口的弧度要平滑于曲线形面的弧度；

（4）凿形体轮廓时，关键是形体与形体交接部位的处理，在此要减少雕凿的力度，做到“让”，即留有一定余地的避让，以便将细部的处理问题尽量留在铲雕过程中解决。

浮雕类型不同会对纹样粗凿产生不同的要求。首先是浮雕的露地与不露地的区别。露地指浮雕纹样之间呈现出基层平整的地子，为此要有铲地的过程。传统铲地是用铲凿的方式在粗凿轮廓过程中进行的，铲到一定的深度和平整度即可，以烘托出浮雕主体纹样的层次效果。现代生产中，在拓样之后便可用镂铣机铣地（图 6.2.4），可在造粗坯之前完成铣地处理，露地中光地与锦地在铲地后再作不同的处理。再者，凿制高浮雕时，底层纹样较深，使拓样的参照范围受到限制，有必要时可进行补画，即直接将深层纹样绘制在要雕凿的部位，为深层次雕刻提供参考。

图 6.2.4 “铣地”后效果
（孙明磊提供）

3. 轮廓修饰

轮廓修饰俗称“锯轮廓”，指浮雕与透雕结合或者浮雕为异形轮廓时，使用钻、铣锯等工具设备，进行镂空、锯边廓等加工，如图 6.2.5 所示。镂空也叫锼空，主要用于透雕部分，其轮廓修饰具有一定的技术要求，需先在镂空的部位进行钻孔，通常孔眼位于纹样边部以便于锯截。传统钻孔做法是用牵钻在需要镂空的部位打孔，然后顺孔下钢丝锯，锯截掉镂空的部位。现代加工用钻代替牵钻，然后使用线锯机来替代传统的工具，如图 6.2.6 所示。经镂空和锯边廓后的工件还要进行锉毛边处理。锉毛边，指依据雕刻纹样的要求，使用木锉修整工件的锯痕，即锯截产生的硬边硬角，以达到工件的各界面交接和转角等部位初具圆润的感觉。锉磨毛边时锉磨的程度要依据纹样的特征及圆润程度而定，锉削得太薄或太厚都不适宜以后的深入雕刻。

轮廓修饰的技术要求有：

（1）对复杂的透雕纹样要做到排孔清晰，即钻孔时镂空和保留的部位错综复杂时，在纹样上要编排明确才可钻孔；

（2）钻孔操作要求保持正直；

（3）钢丝锯使用时要保证锯截面的平整及其与雕刻面的垂直，尤其是婉转的曲线锯截轨迹，避免出现斜茬，而截掉的轮廓尽量避让出纹样的边界线，使雕坯上留有一定的余量以利于细部雕刻时修正；

（4）锉削的方向与木材纹理的方向一致时锉削量较小，与木材纹理方向垂直时锉削量较大，易出现戗茬。

图 6.2.5 工件经轮廓修饰的形式比较
（孙明磊提供）

图 6.2.6 现代生产中线锯机锯截镂空（孙明磊提供）

4. 精工铲雕

精工铲雕即铲削雕刻，俗称“铲削”、“铲活”，指用铲类刀具将粗坯的雕刻细化，完成纹样的主要表现形式和表现效果，即做到形式完整、主题明确。可以认为这个阶段是雕刻过程中耗时较长的“精雕细刻”的过程，是雕刻步骤的重点及难点所在。精细雕刻过程中的技术要求，主要体现在雕刻工具使用的方式上，即具体的用刀技术，其包括握刀的姿势和运刀的方法以及力度的配合等因素。工匠在铲削时要根据纹样的要求、雕刻的精细程度等调整持刀的方法和技巧，而精工铲雕用力主要源于工匠的肢体。为使雕刻方便，一般铲刀刀柄尺度较长，在必要时可以用工匠的躯干抵住刀柄运力。常见的持刀方式有攥握、平握和笔握等几种，如图 6.2.7 所示。

（1）攥握。攥握是指用拇指按住刀柄尾端，其余 4 指捻握住刀柄向掌心扣拢，刀体近似直立于切削面上进行挖削、铲刻的持刀方式。运刀时靠手腕和手指的捻动而调转刀头，刀头的活动范围也较大。攥握的雕刻力度较大，可以依靠肘、肩发力按压刀头，也可以靠躯干抵压刀柄发力。攥握适于在铲削雕刻时大切削量地铲挖纹样，也方便于纹样的垂直切削及倒角处理。

（2）平握。平握是靠拇指及食指和虎口部位将刀柄挟持，食指和中指施力按压刀头进行铲削的雕刻方式。刀体与雕刻面呈一定的倾斜角度，刀头的运转主要靠手掌以及腕部的活动来完成，而切削时推动刀头运力的操作细节很灵活，多依个人习惯而定。在需要大力铲削时，可借助肩部顶压刀柄的尾端来完成，也可以双手辅助用力雕刻。但在雕刻精细部位时，需一手持刀而另一只手用拇指或食指托按刀头，起到辅助稳定刀头运行的作用。平握可以相对做更加精细的雕刻，也是铲削中最常见的持刀方式。

（3）笔握。笔握是指持刀与握笔的方式相近，雕刻如同书写，是在进行细部雕刻时所用的一种方式。笔握的运刀和用力方式大体与书写相同，而刀体与雕刻面的角度可根据纹样的需求而定。笔握也多用于镏钩的使用，精细地雕刻纹样上的肌理和线型。笔握与平握的主要区别在于，平握要求以中指按压刀头用力，所以常见的是中指无名指等平展开；而笔握是中指起到垫固、稳定刀头的作用，所以中指多为弯曲状。笔握持刀更稳，适于做更加精细的雕刻。

前面对各种持刀方式的介绍不过是对雕刻刀法的简单概括，娴熟的工匠在不同雕刻阶段运用自己从多年经验中总结出来的持刀方式，往往会得到理想的雕刻效果。持刀的方法多为一种感性操控方式，用刀方式贵在灵活、适用和随意。而将用刀的手法固定成具体的样板来操作，难免会形成一种僵化的模式，必将误导人们对雕刻技艺内涵的理解。

攥握

平握

笔握

图 6.2.7　铲刀持刀方式（孙明磊提供）

5. 修磨处理

修磨处理俗称“扫活”，是指用木锉、刮刀片及型号较小的铲刀对基本完成的雕刻纹样进行细致的修补、打磨光滑的雕刻步骤。修磨的作用很显然，不仅可以使雕刻出来的装饰纹样的形体及线脚更加圆润光滑，而且还可以剔除雕刻过程中遗留的加工痕迹，如图 6.2.8 所示。修磨工具有铲刀、锉、刮刀、棉布等，现代生产中主要以刮刀和砂纸为主。刮刀修磨的技术要求如下：

（1）刮刀片多由废弃的钢锯片制成，刃有直线形、弧线形多种，根据加工部位选择不同种类的刮刀片。

（2）在使用刮刀片刮磨时与雕刻面的倾斜角度相对较大，且应保持刮刀片运行的方向顺应木材的纹理方向以减少刮削量。

（3）在每次刮磨时可先用温水擦湿工件的表面，使木纤维毛刺竖起再刮磨，这样可以使刮磨的效果更加细腻。

修磨不仅是对家具表面及雕饰进行修形、抛光，也是艺术上的再创造和升华的过程，在传统硬木家具的制作工艺中具有十分重要的地位，是检验硬木家具质量高低的重要标准，俗语有云：“一凿、二刻、七打磨。”足见其在中国传统家具制作工艺中的重要性。

传统硬木家具是用锉草打磨。锉草，又叫节节草、木贼、擦桌草。“该草有干有节，面糙涩，制木骨者用之，磋搓则光净，犹云木之贼，故名。”出产于中国东北地区，用这种草泡水之后，可以磨出硬木的光彩，并使木材达到光润如玉的艺术效果。现在基本改用砂纸打磨，方便快捷，不同材质选择不同的打磨工艺以及砂纸类型和型号。高档的硬木一般按照先干磨再水磨最后再干磨的工艺过程处理，打磨方向应该顺应或横截木材纹理方向进行，并形成序列，否则会破坏木材表面的纹理效果。修刮磨光处理过程中，要不断地依托于浮雕表达的主图和装饰意图，检验和调整雕刻的整体效果，不但在此步骤中如此，在以上介绍的每一步骤中都要进行精心的检验与调整。

中国传统家具雕刻技艺流传久远，匠师们在漫长的实践中不断探究和总结，形成了较为纯熟的雕刻规程和工具的操作技法。浮雕是最为常见的一种雕刻类型。浮雕技术主要体现在工艺步骤及工具操作方法上，也反映出中国传统工艺独特的价值。

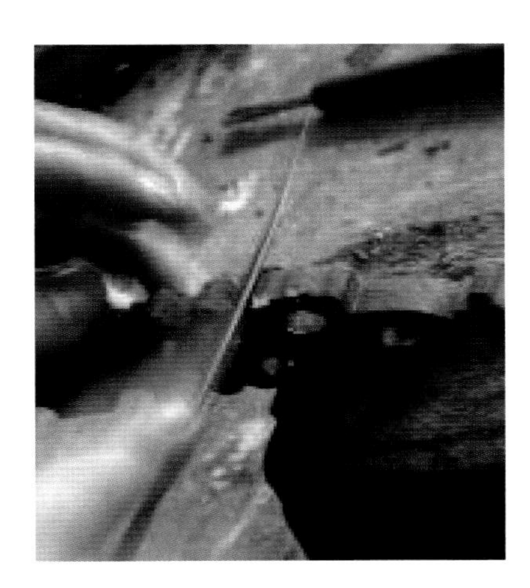

使用木锉

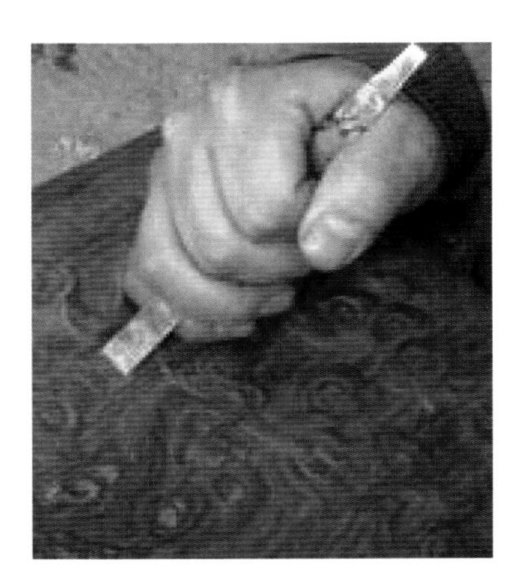

使用刮刀

图 6.2.8　精细修磨处理（孙明磊提供）

6.3 表面处理工艺

1. 略谈传统绝技——沾水打磨

沾水打磨（也叫水磨）是油工的第一道工序。其方法是用水布将部件擦湿，对线条的起鼓打洼处使用相应的镑刨和马牙锉及刮刀片等工具进行全方位打磨。硬木家具的每一个部件都要进行沾水打磨。它有两个好处：

（1）顺应木性、磨炼木性，使木性较充分地发挥。不妨做个实验，将一块已经刮平的红木刷水后放在通风处，一两天后原本光滑的红木木板会变得不再光滑；再用一双竹筷或木筷刷水，放置几分钟后，同样也会变得不光滑。这是因为木质纤维遇水后膨胀，表面一些木纤维尖端抬头，也就是常说的“起了毛刺”。不同材料的材质、密度不同，遇水后放置的时间长短不同，起毛刺的程度也不同，但木性都是一样的。通过沾水刮磨后，毛刺没了，部件表面就会更加光滑细腻，而且在今后的空气氧化中可以做到色泽变化均匀一致，使硬木家具包浆的形成速度快且包浆厚。

（2）不留瑕疵。在刮磨中凡是留有水迹的地方都是洼处，不顺畅或有欠茬。这就要求匠人在打磨中做到：对家具每一个部件的四面都打磨光滑、无欠茬；整个家具不能有生硬的棱角——倒棱；每一个线条要平整、润滑、饱满，不可打磨走形，圆就是圆，扁就是扁。这样的家具制作出来才能做到内外光滑一致，“玉不琢不成器”，同样，木不精雕也不成器。

沾水打磨出的家具养眼，在家具烫蜡前还要进行最后一次水磨，可见精工细做对家具的烫蜡工艺做了很好的铺垫。

以前没有砂纸，匠人们使用锉草打磨家具。对于木雕的水磨使用锉草是再好不过了，可以做到不留划痕、不伤雕刻神韵。除此之外，锉草还有其医用价值：疏散风热，明目退翳，主治外感风热之目赤多泪，有止血的功能。

打磨后还要采用干磨硬亮的传统工艺。传统的各种红木小件以及皇宫内宝刀的木质刀鞘，均使用玛瑙或牛角制成的各种随形工具进行干磨硬压，使产品表面更加光滑圆润，纹理清晰，透亮无比。现在也可采用与被磨部件同材质的材料制作成随形工具进行打磨，这样可以显著提高表面效果（图 6.3.1）。

打磨前

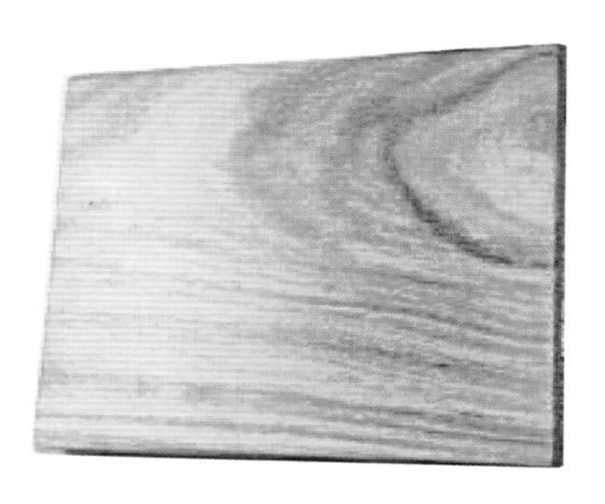

打磨后

图 6.3.1　干磨硬亮工艺（王秀林提供）

2. 明清家具的烫蜡技术

烫蜡是中国传统工艺品（如青铜器、木雕、纸张等）进行表面防腐处理的技术。在北方，烫蜡技术被作为木材表面处理的一种装饰工艺应用在家具的表面防护上。用蜡是为了填补木材本身管孔里的空间，置换木材里的一部分水分，形成保护层，从而防止因温度、湿度变化使木材发生较大的伸缩变化而造成的家具变形开裂。它不仅可以很好地展现木材优美的自然纹理，给家具增添一份纯朴自然的气息，而且木材表面形成的一层保护膜，可以防止外界环境特别是水分对木材的腐蚀，从而延长家具的使用寿命。这层保护膜长期受到空气的氧化，以及人的抚摸擦拭等各种因素，使得烫蜡的家具表面，尤其是与人体经常接触的部分，如桌案面的角线、椅子的座面、扶手和靠背等，呈现出一种自然的、透亮的、温润如玉的表面形态，传统上称其为“包浆亮”。而在南方，气温较高且潮湿，蜡本身是活性的，会随着温度变化而变化，因此，如果使用烫蜡家具，则会很容易脱蜡而弄脏衣服，所以在南方用漆比较适宜。

1）烫蜡材料

传统的硬木家具烫蜡技术中所用的蜡有蜂蜡和川蜡（又称中国蜡）两种，如图 6.3.2 所示。

蜂蜡是从蜂巢中提取，经过焦制、多次脱糖和过滤的工序而形成的具有黏性并与天然树脂互溶的固体，无固定熔点。有黄蜂蜡和白蜂蜡之分。蜂蜡的黏度大、柔性高、防染力强，可调节蜡膜的柔软度。

川蜡是寄生在女贞或白蜡树上的白蜡虫的分泌物，与蜂蜡相比质地较硬。川蜡强度高、熔点高、流动性好、有光泽，但性脆且收缩率大，可调节蜡膜的硬度和光洁度。

蜂蜡（右为自制，左为市售产品）

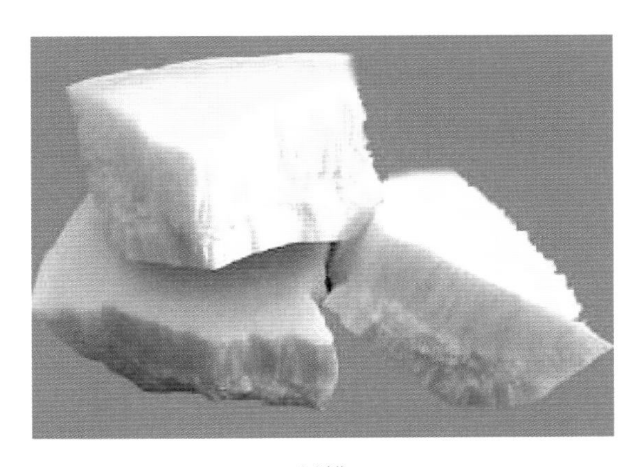

川蜡

图 6.3.2 烫蜡材料（牛晓霆提供）

烫蜡工艺所用的蜡是用蜂蜡和川蜡按一定的比例融合而成的混合蜡，其配比随季节而有所变化。随着化学工业的发展，从石油中提炼出了与川蜡性质相似的石蜡，而且价格要远低于川蜡。故现在大部分企业多采用石蜡与蜂蜡的混合蜡。

现在市场上销售的大部分石蜡是熔点为60~62℃的精石蜡，62℃精石蜡的最高含油量为3%，颜色从浅黄到白，最终精炼蜡的含油量是0.4%~0.8%。它们完全无色无味，不含对人体健康有害的物质。精石蜡含极少的有害物质。1t 60℃的石蜡所含的有害物质不足1t汽油的3%，并且其在50℃时会迅速挥发，工作人员在熬石蜡时只要保持1m以外的距离即可做到没有伤害。大量的天然树脂都可与石蜡很好地互溶。

松香是以富含树脂的松脂为原料，通过不同的加工方式而得到的非挥发性的天然树脂。它是一种从浅黄色到棕色、透明的、具有黏性和热塑性的玻璃状物质，主要由树脂酸组成，是天然隔水防水效果极佳的材料。其质地坚硬，易碎裂，熔化后变黏，常用作石蜡和蜂蜡或川蜡和蜂蜡的调和剂。家具保养中，松香在特殊的部位与蜡所形成的混合蜡是极佳的无害原材料，只是遇到高温时挥发较快。因此在添加松香和烫蜡时都要掌握好温度，这是关键。由于松香的质地硬、凝聚快、会形成光泽，因此在特殊部位使用这种混合蜡时从视觉上可能会有些许差别，但没有妨碍。

2）烫蜡工具

硬木家具的烫蜡技术是以师徒相授的方式沿袭下来的。传统烫蜡工具可按照烫蜡的工艺过程分为布蜡工具、烫蜡工具、起蜡工具和擦蜡工具4类。

（1）布蜡工具

首先将蜡熔化（图6.3.3），然后用布蜡工具将液体的蜡点到家具的表面，称为布蜡。布蜡工具有鬃刷和棉布两种。鬃刷以猪鬃为原料（图6.3.4），二或三趟刷一把、大板刷一把，主要用于布蜡和抖蜡。布蜡并不是将液体蜡布满家具的全表面，而是根据家具表面的大小，将蜡点在家具表面不同的部位，然后进行烫蜡。

图6.3.3 **熔化蜂蜡**（牛晓霆提供）

图6.3.4 **鬃刷和蜡起子**（牛晓霆提供）

（2）烫蜡工具

① 炭弓子。根据烫蜡家具体量的大小，盛放木炭或煤炭的器具分为铜炉和笊篱两种，前者适合于烫体量小或表面积小的家具，后者适合于烫体量大或表面积较大的家具。使用炭弓子的技术难点是要根据炭的温度来控制与家具表面的距离，太远或太近都会影响家具表面的最终效果。如果离得太远，则不能将蜡完全烤化，蜡进入到木材管孔的深度很浅；如果离得太近，则很容易将木材的表面烤煳或使烫蜡的家具表面发焦，即传统匠师所谓的“火大了”。

② 喷灯和电热风枪。随着科学技术的发展，传统烫蜡技术中的热源已被现代的喷灯和电热风枪所取代，这不仅使得烫蜡的工作效率有了很大的提高，而且还使蜡融入木材管孔的深度更深，加大了对木材的封护作用。另外，电热风枪呈锥状散热，热力集中在“点”上，由于“风”枪可风动蜡液，故更适合透雕烫蜡。但由喷灯和热风枪所烫出来的蜡的效果，总不如用煤炭火烫出来的自然圆润。

③ 电炭弓。由原来的炭弓子发展而来，用电加热炉丝替代了木炭或煤炭加热（图 6.3.5）。电炭弓加热效果与炭弓子相似，而且温度恒定、更易控制。其特点是伞状散热，散热面积较热风枪广，可以形成热量交换与水分交换渐进的过程，适合大面积烫蜡。

（3）起蜡工具

由于起蜡工具主要用于将凝固在家具表面上的余蜡铲去，故称“蜡起子”（图 6.3.4），传统上常使用牛角为原材料制作，现今可以用红酸枝、紫檀木制作。其形状和种类与雕刻工具中的刮刀类似，形状分为铲形、锥形、线条形，以适合家具各部位形状的造型。起蜡时，用力要适中，不能过大，也不能过小。自制蜡起子至少需要两把：一把的一头要做成带斜坡的铲状，另一头要做成圆锥形，板厚 0.5cm、宽 2.25cm、长不低于 25cm，便于手持；另一把宽 4cm、厚 0.5cm、长度也不低于 25cm，两头做成双刃铲形。

（4）擦蜡工具

擦蜡工具主要是棉布，用来将铲下的蜡渣擦干净。棉布要软，否则会在家具表面的蜡层留下痕迹，以纯棉粗织布最佳，包袱布、旧棉背心均可。

3）烫蜡工艺

明清宫廷的活计档里记载的传统烫蜡工艺可分为擦蜡、烫戗搓、干抖蜡、漆托蜡等，其中烫戗搓工艺最为考究，也是目前比较常用的一种工艺方法。其工艺流程可分为调蜡、布蜡、烫蜡、起蜡、擦蜡和检验 6 个部分。所谓的“烫戗搓”就是烫蜡、起蜡、擦蜡 3 个工序的形象概括。

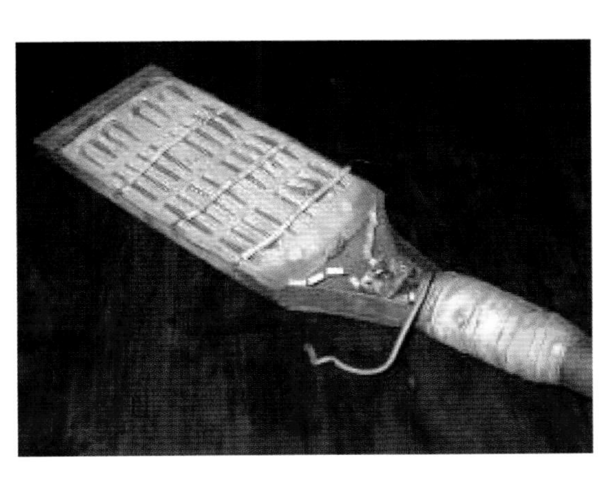

图 6.3.5　自制电炭弓（牛晓霆 提供）

（1）调蜡

调蜡是按一定比例配制蜂蜡和川蜡、蜂蜡和石蜡、蜂蜡或川蜡与松香的 3 种混合蜡。随季节变化其配比不同，冬季温度低，调节蜡膜软度的蜂蜡应多一些；夏季温度高，提高蜡膜硬度和光洁度的石蜡或川蜡则应多一些。另外，根据所需的蜡纹，石蜡、川蜡、蜂蜡的配比也需调整。一般情况下，要获得粗犷的蜡纹，石蜡和川蜡成分可增加一些；要获得细密的蜡纹，则蜂蜡的成分应多些。配好的蜡需要放入金属容器中加热熔化成液体。

配制混合蜡时，还会依材质颜色添加颜料配制成色蜡。一木不同色是很正常的，因为一棵树的树根、树干、树梢等部位都存在色差，向阳面和背阴面同样如此。因此，自古在家具制作中就存在找色工艺。色蜡是进一步解决找色产生的脱色问题的一种工艺，在家具的日后使用与保养中也是必不可少的。

（2）布蜡

布蜡是用二趟（或三趟）鬃刷将蜡如散星般点在家具上（应一面一面地进行）。按照从上到下、从后身至前脸、侧山，桌案类家具从内到外的顺序进行布蜡，如图 6.3.6 所示。

（3）烫蜡

烫蜡工序是整个工艺过程中的关键，直接影响着木质家具最终的品相。烫蜡的技术难点是根据炭弓子的温度来调整炭弓子与家具表面的距离，以很好地控制蜡浸入木材管孔的深度，传统工匠称之为“吃进几分蜡”，距离太近或太远都不行。现代传统家具企业所用的烫蜡工具是喷灯，其火焰温度要远高于木炭或煤炭火焰的温度，这决定了工人在烫蜡时应精神集中，动作应迅速快捷，否则很容易将木材表面烤煳，影响美观。

图 6.3.6　布蜡工艺（牛晓霆提供）

在烫蜡时，应遵循从内到外，从上到下，从左到右的原则。

“从内到外”指的是从家具的内侧开始烫蜡，逐渐扩展到家具的外侧。因为家具内侧烫蜡时需要将家具倒置或斜放，如果先烫家具的外侧，倒置或斜放家具时很容易毁坏烫好的蜡膜。

“从上到下”指的是从家具的上面构件逐渐烫到家具的下面构件。因为自上向下操作要比自下向上省力并且和蜡液的流向相一致。

“从左到右”指的是从家具构件的左边逐渐烫到家具构件的右边，原因也是为了省力。

需要说明的是这 3 个原则并不是单独存在的，而是相互融合的，如遵循从内到外原则的同时，也应遵循从上到下和从左到右的原则。但是这 3 个原则并不是一成不变的，有时也应根据具体的情况来选择烫蜡的方式和原则。

下面介绍使用电炭弓和电热风枪烫蜡的方法。

① 大面积烫蜡使用电炭弓（图 6.3.7），从一个方向到另一方向不间断地抖动烫蜡，直至蜡成白泡状泛起，再用布蜡工具（大板刷）拉开、布均即可。这一步的关键是要在运动中烫蜡，手持电炭弓加热时一定要不停地移动，切忌死烤，且要保持电炭弓与家具表层有一定的距离，以防家具被烤伤。如果（新）家具含水率偏高，加热一定循序渐进，不可加热过猛，要使蜡逐渐渗透到木头内层。

② 雕刻和透雕部位使用电热风枪烫蜡，同样须在不间断地移动、抖动中进行，以防烫伤雕刻部位。透雕部位要使热风枪呈一定角度吹动蜡液并进入透雕内侧，但雕刻部位有立茬时就会吃蜡较深，容易使得家具整体颜色变深，影响美观，所以切不可烫蜡过深。今后在使用中用蜡布和鬃刷勤擦拭即可。

图 6.3.7 烫蜡工艺（牛晓霆提供）

（4）起蜡

起蜡就是将凝固在家具构件表面的蜡铲去。原因有 3 个：其一，对木材的封护主要是利用蜡浸入木材管孔的深度，将木材内部与外部环境进行隔离，而不是靠蜡层的厚度来封闭木材；其二，如果留在木材表面的蜡层过厚，不仅不利于家具的使用，而且还很难展现木材优美的自然纹理；其三，经过烫蜡工序后，凝固在家具表面的蜡层不均匀，尤其是线脚、花活的根部等，影响家具的品质。

起蜡时，施加于蜡起子的力度以适中为佳，力度过大则会刮伤木材表面，力度过小则要分几次剔除蜡层，影响工作效率；还应注意蜡起子与家具表面的角度，一般在 60°～80° 之间为宜。此外，给家具的平面型构件（如座面、柜门、柜旁板等）起蜡时，蜡起子的走向应该与木材的顺纹理方向一致，且应一铲压一铲，直至铲净整个外表面；给带有雕刻纹样的家具构件（如靠背板、券口和圈口等）起蜡时，则应根据构件上纹样的造型特征来选择蜡起子，并根据纹样的走向来用力，如图 6.3.8 所示。

（5）擦蜡

擦蜡主要是清除家具表面未剔净的浮蜡及余蜡，并对家具进行抛光。从理论上讲，擦的遍数越多，家具表面的光洁度越高。擦蜡时也应顺着木材纹理的方向进行。值得一提的是，擦蜡工序中最为重要的是对棉布的选择，要求棉布达到一定的柔软度，否则会在家具表面留下擦痕，影响家具的最终质量。

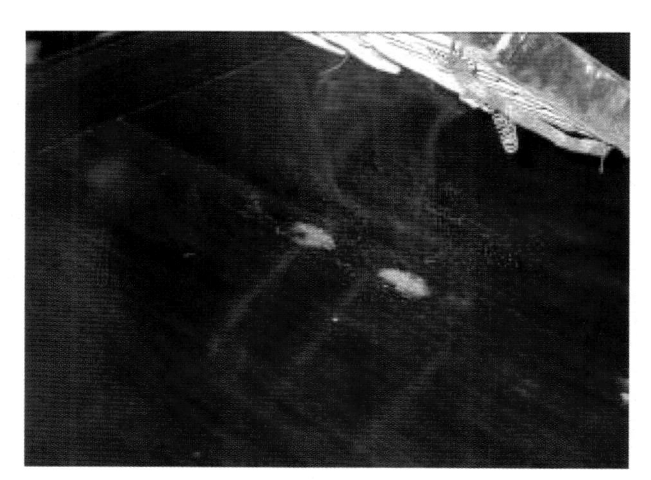

蜡起泡是新料的一个现象

用蜡起子将残存在家具表面的浮蜡铲净

图 6.3.8　起蜡工艺

大面积的擦蜡和腿、枨处擦蜡时要像搓澡一样，顺着纹理反复用力擦，直至没有浮蜡，擦出光泽，手感润滑时为好，如图 6.3.9 所示。雕刻和镂雕部位需要工具和蜡布配合使用，穿过镂雕部位擦蜡。此外还要抖蜡，即用板刷和二（或三）趟鬃刷依次对家具各处的表层进行擦拭，尽可能将材质管孔内残留的蜡抖尽。

（6）检验

经过调蜡、布蜡、烫蜡、起蜡及擦蜡工序之后，就可以对家具的表面质量进行检验了。主要是对整个烫蜡过程进行质量检查，具体有 4 个方面：

① 家具表面应抛出木材优美的自然光泽，没有浮蜡、余蜡，且最终的表面质量达到干磨硬亮的效果；

② 家具整体的品相应均匀一致，边角线型及花活没有烤煳的现象；

③ 家具各零部件的表面没有划伤；

④ 家具零部件的内、外表面烫蜡的质量应一致，且圆润光滑，无毛刺。

4）其他事项

按照上面的步骤完成第一遍保养后，还要经常用棉布和手对家具进行擦拭、抚摸。在 3 个月后、半年后分别依上述方法再进行烫蜡，但蜡的用量要一次比一次减少。棉布不要扔掉，日后可用其不断地擦拭家具。

需要注意的是，新家具第一次烫蜡时，家具的内部不用烫蜡，以使木材的内面可以与空气自由交换水分；如果新家具干燥得比较好，在面心板的背面可以薄薄烫一层蜡，尤其是桌、案、椅类面的背后应该只烫蜡不起蜡，这样家具在使用中一般不会出现断裂；第二次和第三次烫蜡时，家具的内部就可以薄薄烫一层蜡了。

烫蜡工艺是保养家具的好办法之一，而且极易氧化形成包浆，使其尽快呈现古色古香之美。但一定要掌握好烫蜡的深度，过深会影响家具日后的修复。南方家具烫蜡时，只要配料合理，就应尽可能使用川蜡；对于蜂蜡，建议使用高纯度的，把含糖量降至最低点，并配合其他蜡使用，这样不易发霉。

烫蜡前要对家具进行水磨，这是对木性进行最后一次锤炼，待干后再进行烫蜡。烫蜡工艺对家具的打磨制作是否精细是一道铁面无私的检验，如果家具表面留有欠茬等瑕疵，在烫蜡后就会暴露无遗，而且烫蜡也是对木材内水分的最后一次烘干。

图6.3.9　擦蜡工艺（牛晓霆提供）

3. 生漆与红木家具涂饰工艺

天然生漆是中国的特产，用生漆髹饰家具是中国的传统工艺。传统生漆髹饰工艺曾经是红木家具最重要的表面处理工艺。家具的表面光润如玉、历久弥新，也是红木家具的独特魅力之一。现代红木家具的生漆工艺或被简化或被改良，其表面处理效果其实已经大相径庭。

1）生漆的来源与成分

生漆，又名国漆、土漆、木漆、大漆，主产于中国，是从漆树上人工割取的天然漆树液。中国发现和使用天然生漆可追溯到7000多年前。据明代《髹饰录》记载："漆之为用也，始于书竹简，而舜作食器，黑漆之，禹作祭器，黑漆其外，朱画其内。"

漆树分布很广，在北纬21°~42°，东经90°~127°之间的山区都可生长，从垂直分布的高度看，一般在海拔200~2500m之间，其中以400~2000m之间资源最盛。中国23个省市都有分布，陕西、湖北、贵州、四川、重庆、云南6省市最多。除中国以外，还分布于日本、朝鲜、中南半岛诸国、伊朗等。漆树品种，主要分大木漆、小木漆两大类，其中大木漆为野生品种。表6.3.1列出了大木漆树和小木漆树漆液的区别。

表 6.3.1　大木漆树与小木漆树漆液的区别

漆液	大木漆	小木漆
质地	质粗，松散	质细腻，紧凑
气味	酸味或酸甜味，味浓	芳香，味浓
颜色	淡黄到深黄，呈栗色	深黄到紫，棕褐色
粒状	颗粒大，多而密	颗粒少，少而稀
转色	转色较快	转色较慢
拉丝	悬丝短，回弹力小	悬丝细长，回弹力大
骨浆	色白，占1%	色黄白，约占0.5%
干燥性	好，结膜快	较差，结膜慢
来源	结籽的雌漆树所产	不结籽的雄漆树所产
光泽	一般	亮

注：红木家具所用的生漆，最好将大木漆和小木漆按适当的比例均匀搅拌后使用，这样效果更佳。

不同地区出产的漆受土质、生产环境和割刀先后等影响而有一定的差异。秦巴山区的大木漆质量最好，主要供出口，陕西的大木漆色淡，湖北的大木漆色深，贵州的大木漆色黑。大木漆气味酸香，转色快，色浅，干得较快；小木漆气味清香，转色慢，色深，干得较慢。但这两种漆的色泽都亮艳一致，层次分明。

天然生漆漆液内主要含有高分子漆酚、漆酶、树胶质、水分及微量的挥发酸等。决定生漆品质的有6个方面：①所含成分；②漆树的品种；③生长地区；④树龄；⑤采割季节；⑥加工、贮存方法与贮存期。其中最重要的是生漆中所含的成分：漆酚是主要成膜物质，含量一般在65%~78%，漆酚的含量越多，质量就越好；漆酶含量约1.7%，可促进漆酚氧化聚合成膜，是一种有机催干剂；树胶质含量一般为3.5%~9%，含量的多少将影响漆的黏度和质量；水分含量一般为13%~20%，对漆酶的催干起重要作用，精制漆中的水分含量须在4%~6%之间。

天然生漆也是世界公认的"涂料之王"、"中国的黑色金子”，环保无毒，具有如下特点：

（1）具有优异的物理机械性能，漆膜坚硬，硬度达 0.65~0.89（漆膜值 / 玻璃值），光泽明亮，亮度典雅，附着力强；

（2）漆膜耐热性高，耐久性好；

（3）漆膜具有良好的电绝缘性能和一定的防辐射性能；

（4）漆膜具有防腐蚀、耐酸碱（不耐强碱）、耐溶剂、防潮、防霉、杀菌等功能；

（5）漆膜耐紫外线的能力不佳，施工中个别人的皮肤有过敏现象。

2）生漆的鉴别

《本草纲目》记载：“凡验漆，惟稀者以物蘸起，细而不断，断而急收。更有涂于竹上，阴之速干，并佳。试诀有云：‘微扇光如镜，悬丝急似钩，撼成琥珀色，打若有浮沤’。”工匠们总结出自己的鉴别口诀：

好漆如油，能照美人头；

摇似琥珀，急收成鱼钩。

具体来说，有下面 4 种鉴别生漆的方法。

（1）看

一看色相：好漆似猪油色，或说是乳灰色。每个原产地的漆的色相并不都一样，个别原产地的生漆，如湖北恩施毛坝大木漆就呈现似烟丝的棕色。现在一些厂家，混合各地生漆而推出标准生漆，这么一来，色相是差不多的。

二看漆膜：生漆表面氧化后成的漆膜，好的漆膜细密，用手指轻弹有很好的弹性。

三看分层：漆放置几天后，会自然形成黑的面、黄的腰、白的底 3 层，以木条紧靠桶边插入，然后快速提出，木条上的色泽越分明，说明漆酶的活性越好，即漆的品质越高。

四看转色：生漆接触空气，表面会氧化变色，这个过程叫作转色，依次会出现淡黄色—黄色—深黄色—棕红色—棕黑色。掺兑了水、油质或其他化学原料的漆，转色会相当快。

五看扩散：将漆滴在毛边纸上，让其自然流淌，好漆扩散面小，边缘呈现锯齿状，掺兑了水、油质的漆，边缘会有油渍及水渍，使扩散区呈透明状态。

（2）闻

生漆有一股香味，不同产地的生漆的香味也略有区别，有的酸香，有的清香。

（3）挑

以木条挑起来，如形成又细又长的丝，流动均匀且有弹性，断头处急速回弹成钩状，这无疑是好品质的生漆了。

（4）烧

以纸蘸漆，易燃且无噼啪的声响，为好漆。

其他鉴别生漆的方法还有很多，比如阴干法、煎熬算分法等。

市售生漆有“生”漆和“熟”漆之分，经过精制的生漆称为熟漆，有 3 种：

一是油性生漆（广漆），由生漆和熟桐油或亚麻油及顺丁烯二酸酐树脂等加工而成，加入颜料可配成彩色漆，主要用于建筑装修以及工艺品和木器家具的涂饰。

二是精制生漆（推光漆），由生漆经加热脱水或加入氢氧化铁（或少量顺丁烯二酸酐树脂）制成，涂膜光亮如镜，主要用于特种工艺品和高级木器的涂饰。

三是改性生漆，用二甲苯萃取出的漆酚与合成树脂及植物油反应而制成，无毒、防腐蚀、施工性好，主要用于石油化工防腐蚀涂饰。

3）传统红木家具涂饰工艺

由于天然生漆产量小、成本较高和涂饰工艺复杂，目前在中国主要用于红木家具的后期表面处理和保养上。华东地区苏式家具制作上揩漆工序甚是繁复，多达 30 道之上。

传统擦生漆的主要工艺步骤如下：打坯→擦漆→阴干→打磨→批灰→阴干→打磨→上底色→揩漆

→阴干→批灰→阴干→打磨→上补色→揩漆→阴干→批灰→阴干→揩漆→阴干→打磨→局部补色→揩漆→阴干→揩漆→阴干→打磨→揩漆→阴干→揩漆→阴干→揩漆→阴干→整理。

在打坯，即磨光的工序中，首先用砂纸把组装好的家具内外打磨光滑，要求光洁平整，一般起步使用 120 目砂纸。在过去没有砂纸的情况下，工匠们则用面砖进行水磨。特别应该注意的是，如果所制家具为花梨木时，应对其进行“烧毛”处理。

擦漆，即在红木家具的主要部位擦上一层生漆，但要注意应薄一些，如图 6.3.10 所示。

打磨，在传统红木家具的髹饰工艺中，打磨的时间应占整个流程的 50% 以上，故传统红木家具的油漆工，又称磨漆工。由上述过程可知，红木家具要经历 5 次打磨。批灰前的打磨需把涂于产品的漆彻底磨光，如图 6.3.11 所示。

批灰，指用牛角板把搅拌均匀的生漆灰（生漆 45%、石膏粉 50%、水 5% 的混合物）涂在家具表面，用于堵塞木材表面的棕眼，然后放入阴房“阴干”。在红木家具髹饰工艺中，批灰也占到整个流程的 30%。常规批灰（特殊要求的除外）应按头道灰、二道灰、三道灰的顺序。每一道批灰的腻子，所用生漆、石膏粉、水的比例是很重要的，在搅拌腻子时，生漆的成分一定要多，特别是头道灰和最后一道灰（常称批老灰），这样可使产品的棕眼日后不易发“白”。因此，批灰处理得好，不但可以堵补“毛孔”，还能起到保色和起光（亮）的作用，如图 6.3.12 所示。

图 6.3.10　擦漆后效果（俞能江提供）

图 6.3.11　打磨后效果（俞能江提供）

图 6.3.12　披灰后效果（俞能江提供）

批灰后打磨，指用耙刷、剃棒（裹上砂纸）把线脚和花脚挑干净后，用砂纸顺纹理把家具内外打磨光洁平整。

上色，由于家具各部件的木色常不能完全一致，所以需要用着色的方法加工处理。另外，由于消费者的审美取向各异，为了使家具呈现出不同色泽效果，可以在明度上或者色相上稍加变化。红木家具上色的水色包括苏木水、苏木大红。苏木水的制作方法是将 5kg 的苏木、1kg 的五倍子、0.5kg 的栗壳、1kg 的菱壳混合，然后用清水浸泡 2 天左右，再加入 25kg 左右的清水，放置于大锅或铁桶内，用大火烧开 4 个小时左右，再用文火煎上 8 个小时左右，冷却后即可使用。在苏木水中加入酸性大红就成为苏木大红水。如果产品的颜色需要偏深黑，那么可以在苏木水中加入微量的硫酸亚铁（绿矾）。用苏木水作颜料，之后再上生漆，色质持久，不易褪色。

在上底色工序，刷涂水色。红、黄、黑 3 色调配，以黑色为主（图 6.3.13）。红色：酸性大红、酸性紫红；黄色：酸性橙、酸性金黄；黑色：酸性黑。

揩漆，在揩漆工序中，用生漆专用刷（马尾毛

花梨木做红木色生漆

红酸枝做生漆打蜡

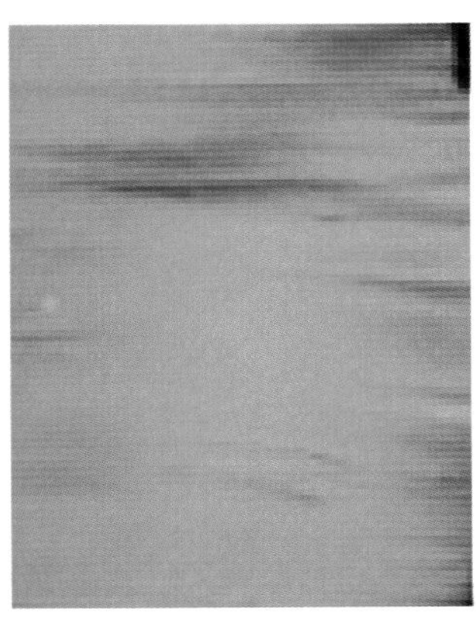

生漆表面呈乳灰色

图 6.3.13　上色工艺（俞能江提供）

制成，见图 6.3.14）把生漆均匀地涂抹于红木家具表面，再用微丝（棉纱等质地柔软物）顺木纹把表面浮漆清理干净，最终一层“极薄的漆”留在家具表面。连续揩漆三次被称为上光，上光后的家具一般明莹光亮，滋润平滑，具有耐人寻味的质感，手感也格外舒适柔顺。对于高档的红木家具，其揩漆工艺又有独特之处，一定要用大木漆与小木漆按一定的比例调配（最好使用两三种不同产地的漆一起调配），这样的揩漆工序，才能将其“莹洁”的效果展现得尽善尽美。

在上补色工序中，把线脚和花脚挑干净，然后上色，刷涂水色（或碱性色，以酒精溶解），不断调整颜色配比直至达到最佳效果。

在局部补色工序中，刷碱性色（或油性色）调整颜色。

第三道揩漆后的打磨极其重要，需将产品上批的灰和揩的漆用很细的砂纸均匀地磨“透”、磨“熟”，但又不能将上的色磨穿；第五道揩漆后的打磨类似于“抛光”，故所用砂纸应更“软”。对于雕有人物、花鸟纹饰的红木家具，不仅要将底板打磨平整光滑，更重要的是不能损伤图案的形态，但是每个部位都要磨到、磨好。对于打磨以后直接上蜡的产品，磨工更为重要，因为上蜡后的产品就不易再打磨了。打磨工序依次逐级使用 120 目、180 目或 240 目、320 目或 400 目、600 目砂纸打磨，以前最后一道使用桑树叶打磨。现在紫檀、黄花梨等名贵木材可使用到 2000~3000 目以上砂纸打磨，已经是按照玉器的标准在打磨了。打磨是最主要的工艺，上漆只是辅助手段，其实 90% 的漆都被打磨损耗掉了。

阴干，从以上所述揩漆的过程可知，阴干多达

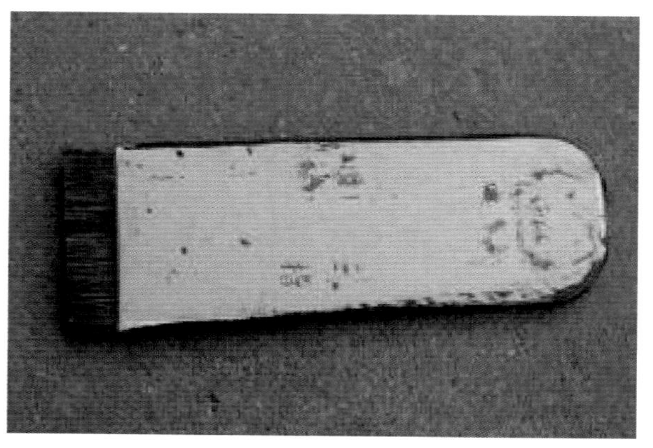

图 6.3.14　生漆专用刷（马尾毛制成）

12 次，尤其是在揩漆过程中，必须在无尘、密闭、温度保持在 15~25℃、大气相对湿度为 80％以上的阴房中，漆膜才能干透，家具才能具有良好的光泽。其原理为在生漆中的漆酶催化下漆酚加速氧化成膜，这一催干作用与漆酶的活性有关。漆酶的活性受制于气温、空气湿度及生漆中的酸性物质。温度过高过低、过干过湿均不能对红木家具擦生漆。在阴房中可以进行人工升温、泼水或挂放浸湿的麻袋、草包、毛毯来达到必备的气温与湿度要求。故在送入阴房“阴干”时，切记“实干”，否则会影响之后的工艺步骤。

由于漆膜阴干固化时间较长，整个工序完成至少需要 1 个月时间，工艺程序可适当增加或减少，应根据家具材质不同和表面处理效果而定，不应拘泥于窠臼。红木家具里档、门板里面、抽屉里面，要适当少做几道擦漆工序。

4）现代做法

现在红木家具市场上已经出现了很多改良的上漆做法。传统上色的工艺叫浑水漆工艺；现在有不上色，只局部补色的做法，叫清水漆工艺。还有只以生漆灰打一遍底，擦一遍漆之后做烫蜡工艺的，以追求木材原汁原味的效果。

2000 年以后，从广东沿海传过来一种做硬化剂（PU 加硝基漆的中和漆）上底漆的做法。即做完生漆灰之后，用漆刷或棉纱把硬化剂涂于家具表面（目的是增加漆膜厚度和光泽度，可以再做生漆，但不环保），干燥后磨光。一般做 2~3 次硬化剂之后再做生漆，这样可以减少擦漆次数。但 3~5 年后，硬化剂打底的漆膜会起壳甚至整片脱落。现在有些烫蜡工艺也拿硬化剂打底。

参考文献

[1] 古斯塔夫·艾克. 中国花梨家具图考 [M]. 北京：地震出版社，1991.
[2] 牛晓霆，宗明明，王逢瑚. 制作中国传统机凳的划线工艺 [J]. 家具，2007（04）.
[3] 王秀林. 略谈榫卯工艺之绝技：刹活 [J]. 家具，2010（01）.
[4] 王秀林. 略谈传统绝技：挂销穿榫 [J]. 家具，2010（03）.
[5] 王秀林. 略谈传统绝技：麻绳打鳔 [J]. 家具，2010（02）.
[6] 孙明磊，宋奎彦. 明清家具的浮雕技术 [J]. 家具，2007（05）.
[7] 王秀林. 略谈传统绝技：沾水打磨 [J]. 家具，2010（04）.
[8] 牛晓霆，王逢瑚，赵俊学. 明清家具的现代烫蜡技术 [J]. 家具，2007（03）.
[9] 王秀林. 传统绝技：烫蜡 [J]. 家具，2010（06）.
[10] 大江. 生漆与红木家具髹饰工艺 [J]. 家具，2011（01）.

7

中国传统家具的木材种类与特征

中国传统家具的制作材料以木材为主，这是由中国文化认知所决定的。古人认为“木养人”。习惯上，我们将传统家具用材分为硬木和柴木两大类。硬木主要包括《红木》国家标准里的五属八类33种木材，而由于传统家具制作有就地取材的特点，柴木包含的木材种类较多，并且与地域相关。

本章介绍了传统家具的用材特色，主要详述了几种常用的制作家具的珍稀木材的构造特征和鉴定方法。

7.1 传统家具材料概述

1. 传统家具用材概况

有关明式家具的专著，特别是王世襄的《明式家具研究》问世后，引起了中国乃至全球的中国古代家具热。河北的大城、青县及廊坊成了古旧家具的集散地，北京通州的大街小巷、穷乡僻壤都能听到旧家具贩子不停的脚步声。紫檀家具、黄花梨家具及其他材质的家具、器物，成卡车地集中，然后运往广州，通过香港、澳门流往海外。从20世纪90年代中期至今，有很多山西、河北的旧家具、槅扇及其他木器、石器、瓷器运往北京、天津、上海与广州，再成集装箱地运到日本、美国、德国、西班牙、法国、英国，以及中国台湾、香港等地区。还有人将旧木器、槅扇等加工改造后用于餐馆、娱乐场所及别墅、公寓楼的装饰。现在，国内很难看到真正的古旧房子或原有的器物了。

中国传统家具多以木材为制作材料，由于木材不易长久存留的特性，导致年代久远的家具就很难完整地保存下来。据史料记载，中国古典家具繁荣是从唐代开始的，到明清发展为鼎盛时期，而且明清两朝距今时代较近，家具有大量存世实物，并一直流传至今。由此可见，中国古代家具的研究主要还是研究明清时期的家具，对传统家具用材的研究也多以明清家具的材料为主。

据目前有据可查的资料，家具用材在明代以前多就地取材。如在唐代，家具的用材大致有白檀、柏木、沉香木、樟木、桑木、樱桃木、杉木、梧桐木等植物性材料。再如宋代，家具以木材为主，其种类繁多，其中有杨木、桐木、杉木等软木；楸木、杏木、榆木、柏木、枣木、楠木、梓木等柴木；乌木、檀香木、花梨木（麝香木）等硬木。

明代以后，随着海禁的开放，特别是郑和七下西洋以后，将中国的青花瓷、丝绸等商品运到东南亚和非洲各个口岸，交换回香料、宝石和各种优质木材。中国的匠师们用这些珍贵优质木材，制作成了具有高度科学性、艺术性的明式家具。资料记载中，明清家具的用材可分为硬木与柴木两类：硬木包括紫檀木、铁力木、黄花梨、乌木、鸡翅木等优质木材；柴木包括楠木、榆木、榉木、樟木、柞木、核桃木等。另外还有瘿木（瘿木不是树木的名称，而是老干段盘根错节，结瘤生瘿处的木材）。

民国家具的木料使用不像明清时代那样分散，主要用老红木和柚木。民国家具中很少有紫檀木、鸡翅木、铁力木制作的，大量的是红木（指的是国标中的红酸枝），少量花梨木；在白木家具中以柚木为主，间或有柞木、榆木等。

2. 传统家具研究文献中所涉材种

赵汝珍于民国三十一年（1942 年）出版了《古玩指南全编》，其中木器部分介绍了紫檀、红木、花梨、楠木、鸡翅木、乌木、桦木、黄杨木。

德国学者古斯塔夫·艾克（Gustavcke，1896—1971）在其《中国花梨家具图考》“细木工家具的木料”一节中专门论述了紫檀、花梨、红木、鸡翅木（杞梓木）等木材。

王世襄先生在《明式家具概述》一文中提到了黄花梨、紫檀、花梨、鸂鶒（xī chì）木、铁刀木、乌木、红木、榉木、楠木、桦木、黄杨、南柏、樟木、柞木、椴木、楸木、杉木、瘿木等。

故宫博物院胡德生在《明清宫廷家具二十四讲》上讲“材质”一章中，提到中国传统家具所用木材主要有紫檀木、黄花梨木、花梨木、铁力木、酸枝木、鸡翅木、楠木、影（瘿）木、乌木、黄杨木、榉木、桦木、榆木、樟木、楸木等。

中国社会科学院历史研究所的李宗山先生在其巨著《中国家具史图说》中将木材分为软木、柴木与硬木。软木包括椴木、杨木、柳木、杉木、椿木（香椿和臭椿）、桐木等；柴木包括楸木、梓木、楠木、松柏木、桦木、槐木、榆木、杏木、梨木、核桃木、柞木、榉木、桑木、枣木、栗木、黄连木、榇（chén）木、檫（chá）木、槭（qì）木、水曲柳、樟木等；硬木包括花梨木、红木、鸡翅木、乌木、铁刀木、瘿木、黄杨木、荔枝木等。

不同年代、不同学者对古代家具制作所用木材的认识与看法也是截然不同的。有的仅从珍稀硬木着手介绍，有的则范围广泛、罗致有序。而且古典家具文献中多数研究的是家具造型、工艺、艺术性等方面的内容，对家具材料的研究只是提及有哪些树种，或对古典家具材料的宏观特征进行简单的描述，而没有详细地对木材树木、木材构造特征进行研究。

综上所述，中国古典家具所采用的木材大体分硬木和软木（也叫柴木）。硬木的传统概念是：色深，质重，质地细密结实，多生长缓慢，成材难，木种包括黄花梨、紫檀木、花梨木、鸡翅木、铁力木、红木（红酸枝）、乌木等，其中以黄花梨、紫檀最为珍贵。软木是相对硬木而言的，一般包括楠木、榉木、榆木、柏木、楸木、杉木、樟木等。

3. 传统家具用材的相关标准

1）《红木》国家标准

2000 年 5 月 19 日，由国家质量技术监督局发布，国家林业局提出的 GB/T 18107—2000《红木》国家标准于同年 8 月 1 日开始实施。

《红木》标准涉及豆科（LEGUMINOSAE）、柿树科（EBENACEAE）33 个树种，归为 8 类：紫檀木、花梨木、香枝木、黑酸枝木、红酸枝木、乌木、条纹乌木和鸡翅木；5 属：紫檀属、黄檀属、柿树属、崖豆木属及铁刀木属（见表 7.1.1～表 7.1.4）。红木绝大多数源于豆科的紫檀属与黄檀属，产地多为东南亚、热带非洲及拉丁美洲。

表 7.1.1　紫檀属（*Pterocarpus*）红木树种

类别	中文名	拉丁名	心材材色	香气	产地
紫檀木	檀香紫檀	*P. santalinus*	新切面橘红色，久则变为深紫色或黑紫色	微弱香气	印度
花梨木	越柬紫檀	*P.cambodianus*	红褐色至紫红褐色，带黑色条纹	有香气	东南亚
	鸟足紫檀	*P.pedatus*	红褐色或紫红褐色，带深色条纹	香气浓郁	东南亚
	囊状紫檀	*P. marsupium*	金黄褐或浅黄紫红褐色，带深色条纹	香气无或很微弱	印度、斯里兰卡
	大果紫檀	*P.macarocarpus*	橘色、砖红或紫红色，带深色条纹	香气浓郁	中南半岛
	刺猬紫檀	*P. erinaceus*	紫红褐或红褐色，带黑色条纹	香气无或很微弱	热带非洲
	印度紫檀	*P.indicus*	红褐、深红褐或金黄色，带深浅相间的深色条纹	有香气或很微弱	印度、东南亚，中国台湾、广东及云南
	安达曼紫檀	*P.dalbergioides*	红褐至紫红褐色，带黑色条纹	香气无或很微弱	安达曼群岛

表 7.1.2　黄檀属（*Dalbergia*）红木树种

类别	中文名	拉丁名	特征	香气	产地
香枝木	降香黄檀	*D.odorifera*	紫红褐或深红褐色，带黑色条纹	新切面辛辣气味浓郁，久则微香	中国海南
红酸枝	巴里黄檀	*D.bariensis*	新切面紫红褐或暗红褐色，带黑褐或栗褐色细条纹	无酸香气或很微弱	南亚地区
	交趾黄檀	*D.cochinchinensis*	新切面紫红褐或暗红褐色，带黑褐或栗褐色细条纹	有酸香气或微弱	中南半岛
	奥氏黄檀	*D.oliveri*	新切面柠檬红、红褐至深红褐色，带明显的黑色条纹	新切面有酸香气或微弱	中南半岛
	微凹黄檀	*D.retusa*	新切面暗红褐、橘红褐至深红褐色，带黑褐色条纹	新切面气味辛辣	南美及中美洲
	塞州黄檀	*D.cearensis*	粉红褐、深紫褐或金黄色，带紫褐或黑褐色细条纹	无酸香气或微弱	南美，特别是巴西
	中美洲黄檀	*D.granadilllo*	新切面暗红褐、橘红褐至深红褐色，带黑褐色条纹	新切面气味辛辣	南美洲及墨西哥
黑酸枝	阔叶黄檀	*D.latifolia*	浅金褐、黑褐或深紫红色，有紫黑色条纹	新切面有酸香气	印度、印度尼西亚
	黑黄檀	*D.fusca*	新切面紫、黑或栗褐色，带紫或黑褐色窄条纹	无酸香气或很微弱	中国、缅甸、印度、越南
	刀状黑黄檀	*D.cultrate*	栗褐色，带明显的黑色条纹	有酸香气或很微弱	缅甸、印度
	东非黑黄檀	*D.melanoxylon*	黑褐至黑紫褐色，带黑色条纹	无酸香气或很微弱	东非
	巴西黑黄檀	*D.nigra*	黑褐、巧克力色至紫褐色，带明显的黑色窄条纹	新切面酸香气浓郁	南美，特别是巴西
	卢氏黑黄檀	*D.louuelii*	新切面橘红色，久转为深紫色	酸香气微弱	马达加斯加
	亚马孙黄檀	*D.spruceana*	红褐、深紫灰褐色，带黑色条纹细线状	无酸香气或很微弱	南美亚马孙
	伯利兹黄檀	*D.stevensoni*	浅红褐、黑褐或紫褐色，带黑色条纹	无酸香气或很微弱	中美洲伯利兹

表 7.1.3　柿树属（*Diospyros*）红木树种

类别	中文名	拉丁名	特征	香气	产地
乌木	厚瓣乌木	*D.crassiflora*	全部乌黑	无	热带西非
	毛药乌木	*D.pilosanthera*	全部乌黑	无	菲律宾
	蓬塞乌木	*D.poncei*	全部乌黑	无	菲律宾
条纹乌木	苏拉威西乌木	*D.celebica*	黑褐或栗褐色，带黑色条纹	无	印度尼西亚
	菲律宾乌木	*D.philippensis*	黑色、乌黑或栗褐色，带黑色及栗褐色条纹	无	菲律宾、斯里兰卡、中国台湾

表 7.1.4　崖豆木属（Millettia ）及铁刀木（Cassia）属红木树种

类别	中文名	拉丁名	特征	香气	产地
鸡翅木	非洲崖豆木	*M. laurentii*	黑褐色，带黑色条纹	无	刚果
	白花崖豆木	*M.leucantha*	黑褐或栗褐色，带黑色条纹	无	缅甸及泰国
	铁刀木	*Cassia siamea*	栗褐或黑褐色，带黑色条纹	无	东南亚，中国越南，福建，广东，广西

2）深色名贵硬木家具

1998 年，国家轻工业局颁布了国家轻工业行业标准 QB/T 2385—1998《家具　深色名贵硬木家具》，并在 2008 年进行了修订（QB/T 2385—2008《深色名贵硬木家具》）。此标准较《红木》国家标准涉及的树种更多、更广，包括了含红木在内的 101 种国内外名贵阔叶树材。深色名贵硬木是对产于热带、亚热带地区的一类商品木材的统称，其特点如下：

（1）材质硬、重，材性稳定，多数树种的心材和边材区别明显。

（2）心材花纹美丽，耐腐抗虫，多为散孔材或半环孔材。红木是其中更稀有、更珍贵的部分树种。

7.2 传统家具常用木材构造特征

1. 降香黄檀

拉丁名：*Dalbergia odorifera* T.Chen

别名：Rosewood，香枝木，海南黄花梨，花梨母，香红木

科属名：蝶形花科紫檀属

1）树木性状及产地

降香黄檀属于乔木，高可达 15m，直径达 80cm，原产于中国海南省中部和南部。

关于降香黄檀这个学科定名，之前黄花梨是指海南黄檀，海南黄檀分成两种：一种心材较大，深褐色，边材黄褐色；另一种心材较小，红褐至紫褐色，边材浅黄色。海南当地人把前者称为花梨公，后者称为花梨母。1984 年，华南热带植物研究所的专家对海南黄檀进行了重新分类，确定前一种树木仍用海南黄檀的称谓，而后一种树木新定名为降香黄檀。因其板面花纹酷似花梨木，且木材颜色黄褐色至红褐色，并原产海南岛，因此市场上称其为“海南黄花梨”，如图 7.2.1 所示。

林木　树干　树叶

家具板面花纹

图 7.2.1　降香黄檀

降香黄檀亦称“降压木”,《本草纲目》中称其为“降香”，其木屑泡水可降血压、血脂，做枕头可舒筋活血。降香黄檀极易成活，但极难成材，需要上百年的生长期，其木质坚硬，是制作古典硬木家具的上乘材料。据记载，早在明末清初，海南黄花梨木种就濒临灭绝，此后的数百年里，中国70%的黄花梨木家具均流往国外，国内仅存的少量黄花梨被用于房屋建造,有的被制成锅盖等,散落民间。[1]

2）木材构造特征（图 7.2.2）

（1）散孔材至半环孔材，导管具红色树胶。心材新切面紫红褐或深红褐色，具深色条纹。波痕明显。具辛辣香气。木材具有光泽。纹理斜或交错，结构略细。

（2）单管孔及径列复管孔（多数为 2~3 个）。导管分子、轴向薄壁组织、木纤维及木射线均叠生。导管分子单穿孔，管间纹孔式互列。薄壁组织为星散 - 聚合状、傍管带状（宽 1~3 个细胞）、翼状、聚翼状。单列射线较少，多列射线 2~3 列（4 列偶见），高 5~10 个细胞。射线组织同形。

3）材性与用途

气干密度 0.82~0.94g/cm^3。强度高，硬度大，切削稍难，油漆性能良好。是中国高级古典家具用材之一，此外还用于制作笔筒、艺术雕刻品及手链、手镯等各种高级工艺品。

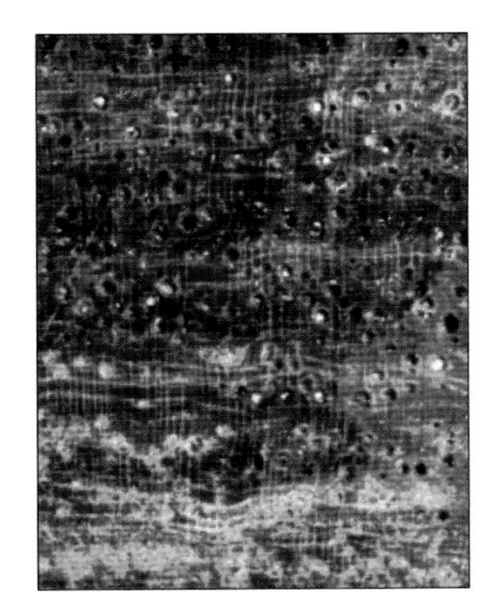

横切面体视图

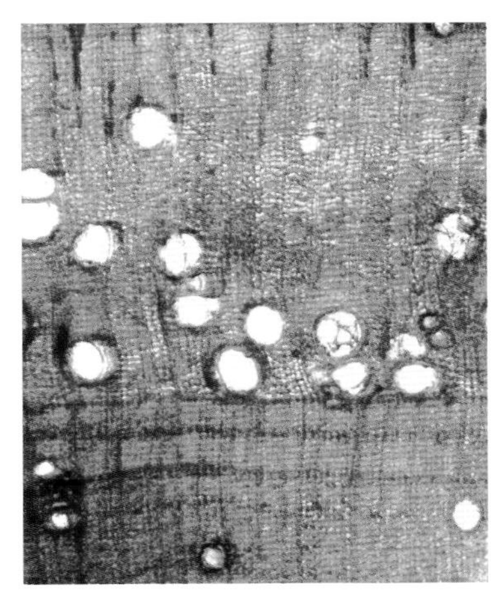

横切面

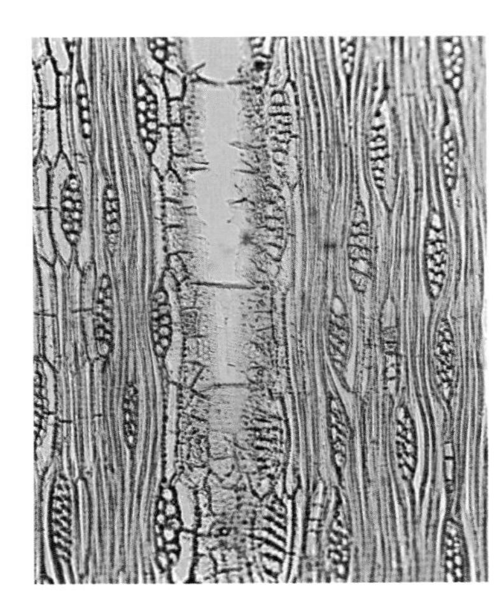

弦切面

图 7.2.2　降香黄檀的木材构造特征

2. 檀香紫檀

拉丁名：*Pterocarpus santalinus* L.F.

别名：Rosewood，Red sanders，紫檀木，金星紫檀，牛毛纹紫檀，小叶紫檀

科属名：蝶形花科紫檀属

1）树木性状及产地

檀香紫檀属于乔木，高可达20m，直径达50cm，原产于印度、泰国、马来西亚等热带地区。

檀香紫檀（图7.2.3）根据木质纹理分为犀牛角紫檀、金星紫檀、牛毛纹紫檀等。管孔内细密弯曲极像牛毛，故有“牛毛纹紫檀”之称。板面管孔槽内含物丰富，在亮光下闪闪发亮，故有“金星紫檀”之称。云南人称紫檀为“青龙木”，上海人称“香红木”。

国家标准《红木》规定的紫檀木只有“檀香紫檀”，因其树叶较同属其他树种的小，又称“小叶紫檀”。真正的产地为印度南部迈索尔邦，其余各类紫檀则属于花梨木类中。因生长缓慢，数百年才能成材，又有“十檀九空”的说法，所以是世界最贵重的木料品种之一。紫檀素有驱邪、镇宅之说，又能治病，故称为圣檀。[1]

紫檀是家具木材的极品，结构均匀，木质甚细，新切面多为橘红色，久置后为红紫色或紫黑色。在明代，紫檀木仅属于帝王、达官贵人和有特权者。到明末，南洋的紫檀木也基本采伐殆尽。到清初，所用的紫檀木全部为明代所采。由于明代的采伐过量，到清时尚未复生，来源枯竭，到袁世凯时，将仅存的紫檀木全数用光，这也是紫檀木为世人所珍

林木

树干

树叶

原木

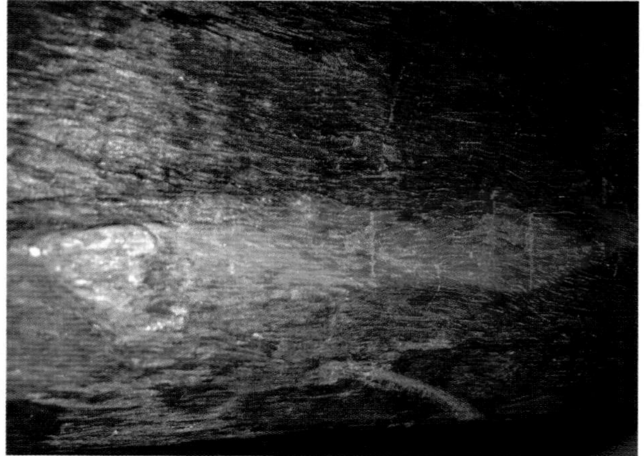

新切面——橘红色

图7.2.3 檀香紫檀

视的一个重要原因。随着朝代的更替，珍贵的紫檀家具和饰品已从皇宫、王府及达官权贵的宅邸等散落到民间，很多紫檀真品已流失海外或被收藏家收藏于密室。

檀香紫檀的简易鉴别方法如下：

（1）观察颜色和纹理。紫檀木心材新切面橘红色，久则转变为深紫或黑紫色。纹理交错，局部卷曲，如牛毛。微弱香气，久置则全无。

（2）浸泡。紫檀木入水即沉，泡水不掉色，泡酒精会有大量橘红色烟雾状色素翻滚喷出，会掉色，有蓝绿色荧光。

2）木材构造特征（图 7.2.4）

（1）散孔材，导管富含红色或紫色树胶。生长轮不明显。心材新切面为橘红色，久则为深紫或黑紫色，具深色相间条纹，边材近白色，划痕明显。具微弱香气。 波痕不明显或略见。木材具有光泽。纹理交错，局部有卷曲纹，结构细。

（2）单管孔及 2~3 个径列复管孔。导管分子、轴向薄壁组织、木纤维及木射线均叠生。导管分子单穿孔，管间纹孔式互列。薄壁组织为波浪线的细带状（宽 1~2 个细胞）、翼状、聚翼状。单列射线（偶成对或两列），高 2~7 个细胞。射线组织同形。

3）材性与用途

气干密度 1.05~1.26g/cm^3。材质坚硬，入水即沉。因结构细密，车旋、雕刻容易，油漆性能良好，是中国古典家具主要用材之一，此外还用于制作笔筒、艺术雕刻品及手链、手镯等高级工艺品。

横切面体视图

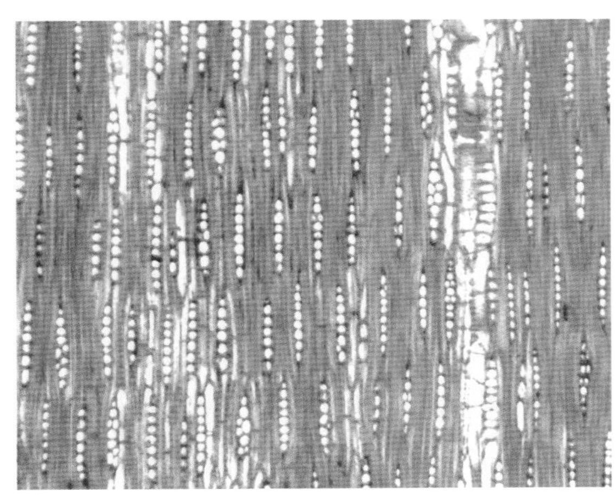

横切面

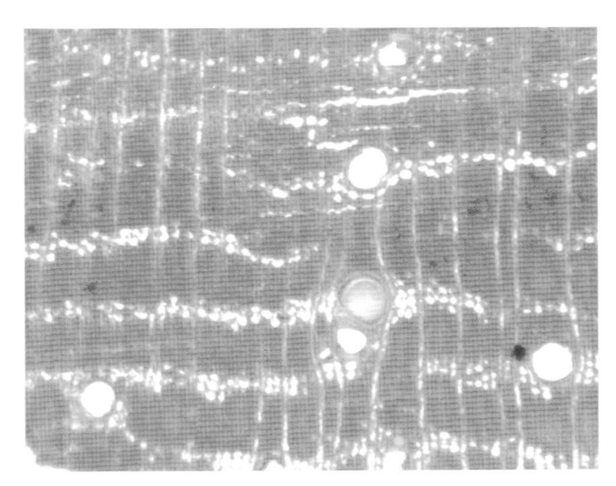

弦切面

图 7.2.4　檀香紫檀的木材构造特征

3. 酸枝木

酸枝的原名为“紫榆”或“酸紫”，剖开后会挥发出一种酸枝木特有的酸香气，因而名为“酸枝”。很多资料记载酸枝木大体分为3种：黑酸枝、红酸枝和白酸枝。而在国家标准《红木》中酸枝木分为两大类，即黑酸枝和红酸枝，而白酸枝归为红酸枝，学名为奥式黄檀。

旧时的红木是指酸枝木的，是清代中期以后广泛使用的新树种，是在黄花梨、紫檀、鸡翅木、乌木来源枯竭之后，从东南亚进口的树种，此木料是明清家具存储量最多的一种。

古典家具中常见的红酸枝一般从东南亚进口，包括3种：交趾黄檀（俗称老红木，大红酸枝）、巴里黄檀（俗称花枝）、奥式黄檀（俗称白枝）。红酸枝纹理颜色大多为枣红色。白酸枝颜色较红酸枝颜色要浅很多，接近花梨木，有时与花梨木相混淆。黑酸枝包括阔叶黄檀、黑黄檀、刀状黑黄檀等。在酸枝木中，黑酸枝木最好，其颜色紫红至紫褐或紫黑色，抛光效果好，市场上有时用来做旧处理后冒充紫檀木。

1）阔叶黄檀

拉丁名：*Dalbergia latifolia* Roxb.

别名：Indian rosewood，黑酸枝，玫瑰木

科属名：蝶形花科黄檀属

阔叶黄檀的木材构造特征如下（见图7.2.5）：

（1）散孔材。心材从浅金褐、黑褐至紫褐或深紫红色，常有较宽但相距较远的紫黑色条纹。波痕在放大镜下明显。具酸香气。木材具有光泽。纹理交错，结构略细。

（2）单管孔及少数2~4个径列复管孔。导管分子、轴向薄壁组织、木纤维及木射线均叠生。导管分子单穿孔，管间纹孔式互列。薄壁组织主要为环管束状、聚翼状及波浪形窄带状。单列射线甚少，多列射线宽2~4列（多为2列），高7~10个细胞。射线组织同形单列及多列。

横切面体视图

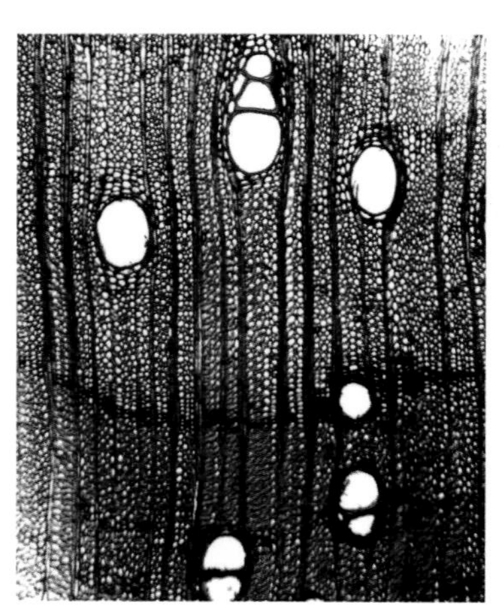
横切面

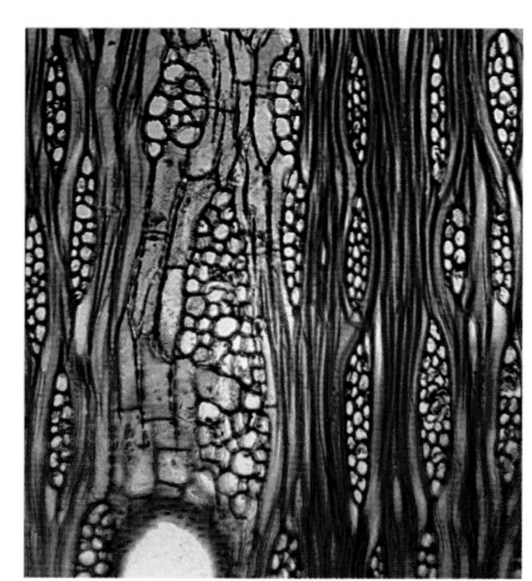
弦切面

图 7.2.5 阔叶黄檀的木材构造特征

2）刀状黑黄檀

拉丁名：*Dalbergia cultrate* Grah.

别名：Burma blackwood，Indian cocobolo，黑酸枝，缅甸黑檀

科属名：蝶形花科黄檀属

刀状黑黄檀的木材构造特征如下（见图 7.2.6）：

（1）散孔材。心材新切面紫黑或紫红褐色，常带深褐色或栗褐色条纹。波痕在放大镜下明显。新切面具酸香气。木材具有光泽。

（2）单管孔及少数 2~3 个径列复管孔。导管分子、轴向薄壁组织、木纤维及木射线均叠生。导管分子单穿孔，管间纹孔式互列。薄壁组织带状，宽多为 4~8 个细胞，少见翼状。单列射线甚少，多列射线宽 2 列，少数 3 列，高 5~10 个细胞。射线组织同形单列及多列。

3）黑黄檀

拉丁名：*Dalbergia fusca* Pierre

别名：Black rose-wood，黑酸枝

科属名：蝶形花科黄檀属

黑黄檀的木材构造特征如下（见图 7.2.7）：

（1）散孔材。心材新切面紫褐、黑褐或栗褐色，常带紫或黑褐色条纹。波痕在放大镜下明显。无酸香气或很微弱。木材具有光泽。

（2）单管孔及少数 2~3 个径列复管孔。导管分子、轴向薄壁组织、木纤维及木射线均叠生。导管分子单穿孔，管间纹孔式互列。薄壁组织主为同心层式窄带状（宽 2 至数个细胞）。射线单列及多列（宽多数 2 列，少数 3 列），高 5~10 个细胞。射线组织同形单列及多列。

横切面体视图

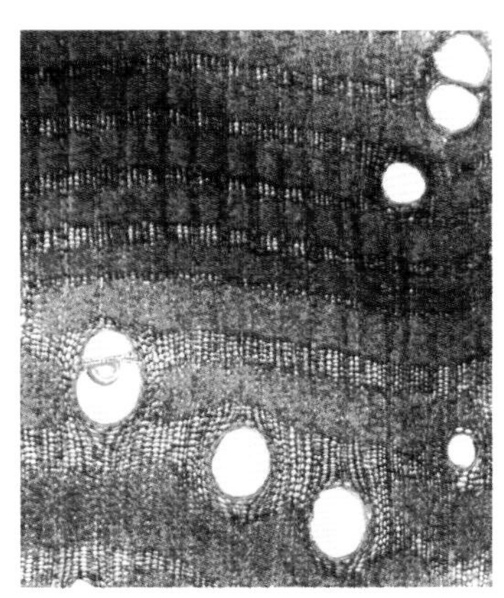

横切面

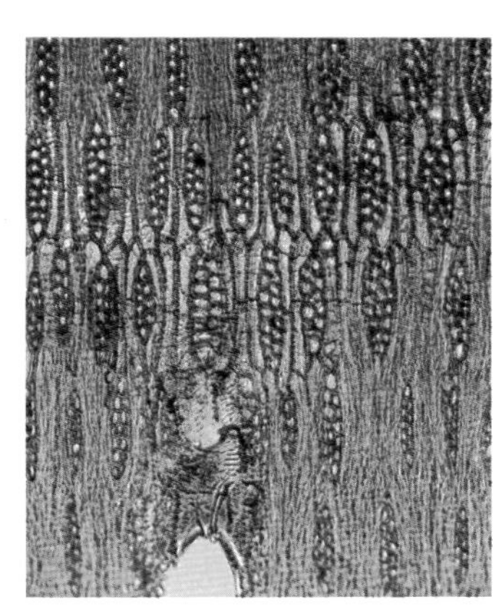

弦切面

图 7.2.6　刀状黑黄檀的木材构造特征

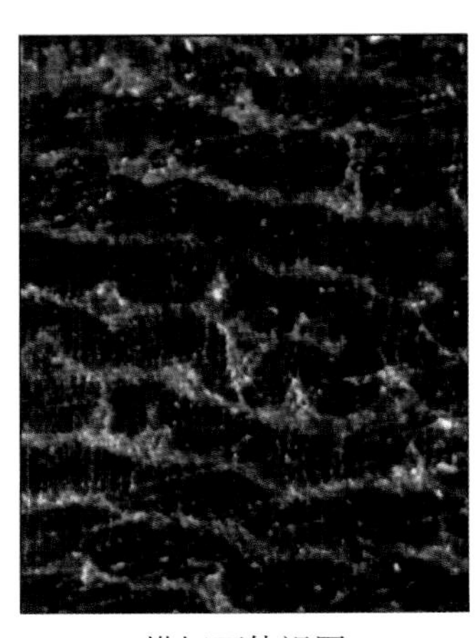

横切面体视图

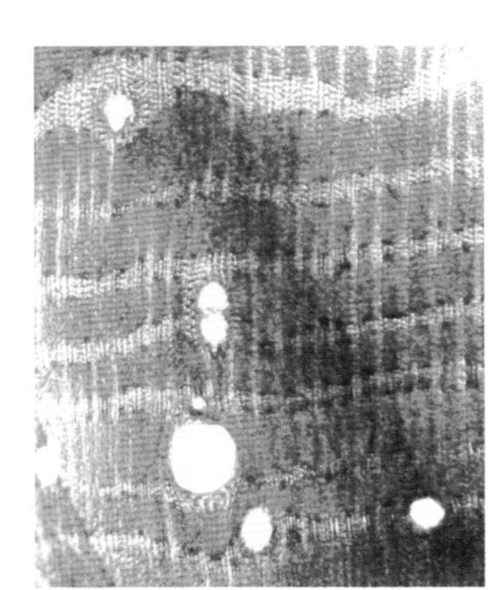

横切面

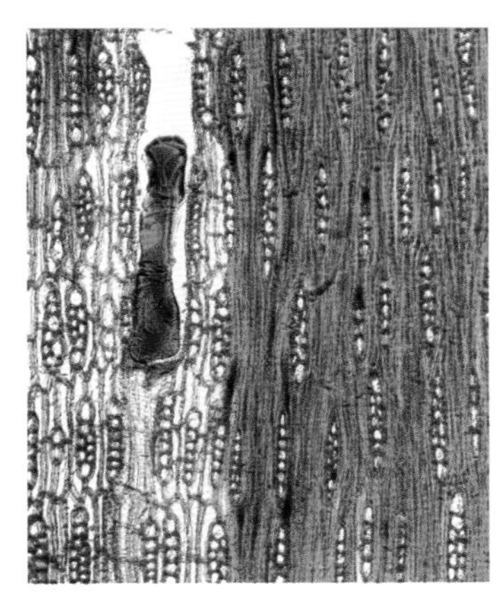

弦切面

图 7.2.7　黑黄檀的木材构造特征

4）交趾黄檀（图 7.2.8）

拉丁名：*Dalbergia cochinchinensis* Pierre

别名：Siam Rosewood，红酸枝木，老红木，大红酸枝，老挝红酸枝

科属名：蝶形花科黄檀属

交趾黄檀一般称为红酸枝。在相当一段时间内，人们一直把交趾黄檀当作唯一的红木，一说红木就是指交趾黄檀，后来人们把红木范围扩大，交趾黄檀另称为“老红木”，至今江浙地区称交趾黄檀为“老红木”，而广东、广西地区则几乎都称其为“酸枝”。酸枝木主要产于泰国、缅甸、越南、柬埔寨、老挝、巴西、马达加斯加等国，中国广东、云南等地也有产出。

交趾黄檀的木材构造特征如下（见图 7.2.9）：

（1）散孔材。心材从浅红紫色到葡萄酒色，具深色条纹或褐色条纹。波痕在放大镜下明显。具酸香气。木材具有光泽。纹理交错，结构略细。

（2）单管孔及少数 2~3 个径列复管孔。导管分子、轴向薄壁组织、木纤维及木射线均叠生。导管分子单穿孔，管间纹孔式互列。薄壁组织傍管或离管带状（宽 2~4 个细胞）、翼状及聚翼状。单列射线较多，多列射线 2~3 列（多为 2 列），高 6~14 个细胞。射线组织同形单列及多列。

树叶

板面

图 7.2.8 交趾黄檀

横切面体视图

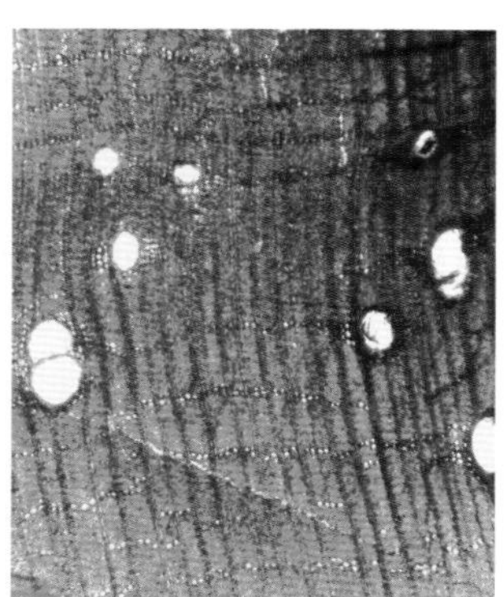

横切面

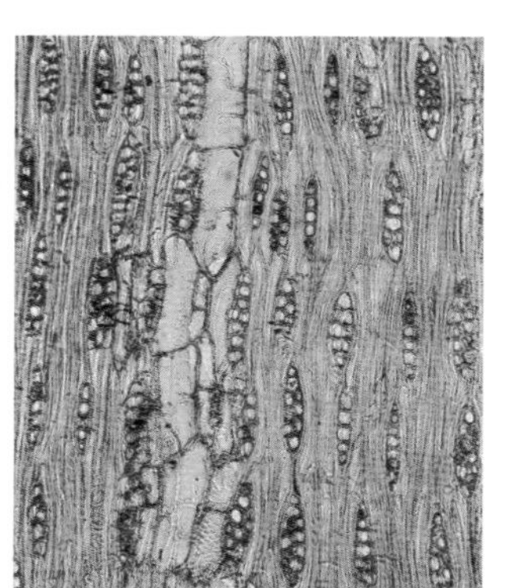

弦切面

图 7.2.9 交趾黄檀的木材构造特征

5）巴里黄檀

拉丁名：*Dalbergia bariensis*

别名：红酸枝，花枝，紫酸枝

科属名：蝶形花科黄檀属

（1）树木性状及产地

巴里黄檀属于乔木，高可达 18~24m，直径一般 40~60cm，最大可达 2m，主产于越南、老挝、柬埔寨、缅甸和泰国等国家。

（2）木材构造特征（图 7.2.10）

① 散孔材，有半环孔趋势。心材红褐色或紫红褐色，具深色条纹或褐色条纹。轴向薄壁组织主为带状（与木射线组成网状结构）。波痕在放大镜下可见。具微弱酸香气。木材具有光泽。纹理交错，结构略细。

② 单管孔及少数 2~4 个径列复管孔。导管分子、轴向薄壁组织、木纤维及木射线均叠生。导管分子单穿孔，管间纹孔式互列。薄壁组织带状（宽多为2~4个细胞）、翼状、聚翼状。木射线2~3列（偶为单列），高4~9个细胞。射线组织同形单列及多列，少数异Ⅲ型。

（3）材性与用途

气干密度 1.04~1.09g/cm^3。强度高，硬度大，切削稍难，油漆、打蜡性能均佳。用途同交趾黄檀。

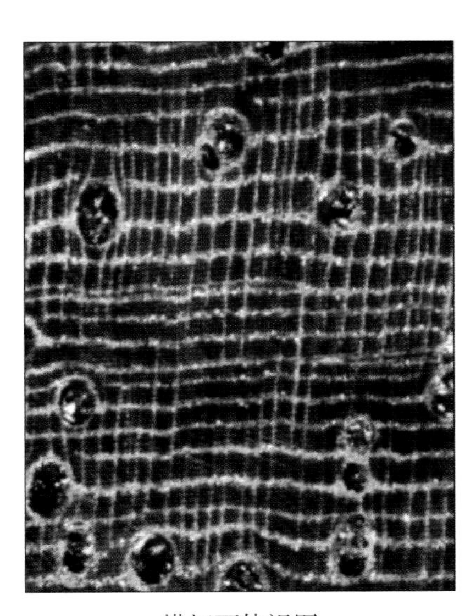

横切面体视图

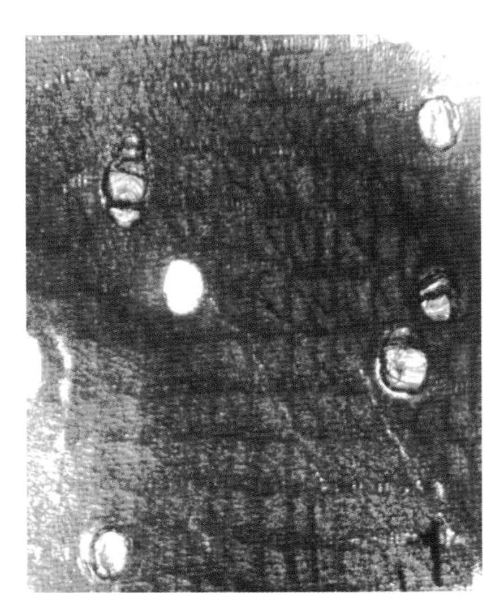

横切面

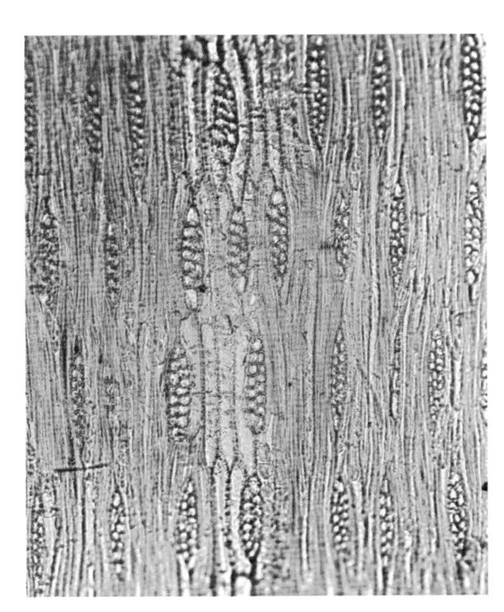

弦切面

图 7.2.10　巴里黄檀的木材构造特征

6）奥式黄檀

拉丁名：*Dalbergia oliveri*

别名：红酸枝，白酸枝，紫酸枝

科属名：蝶形花科黄檀属

奥式黄檀的木材构造特征如下（见图 7.2.11）：

（1）散孔材，有半环孔趋势。心材红褐色或紫红褐色，具深色条纹或褐色条纹。轴向薄壁组织主为带状（与木射线组成网状结构），较巴里黄檀的宽。波痕放大镜下可见。具微弱酸香气。木材具有光泽。纹理交错，结构略细。

（2）单管孔及径列复管孔（多数为 2~4 个）。导管分子、轴向薄壁组织、木纤维及木射线均叠生。导管分子单穿孔，管间纹孔式互列。薄壁组织带状（宽多为 2~4 个细胞）、翼状、聚翼状。木射线 2~3 列（偶为单列），高 4~9 个细胞。射线组织同形单列及多列，少数异Ⅲ型。

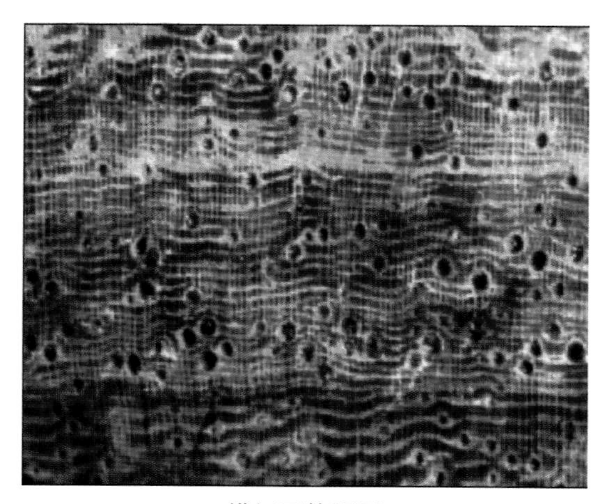

横切面体视图

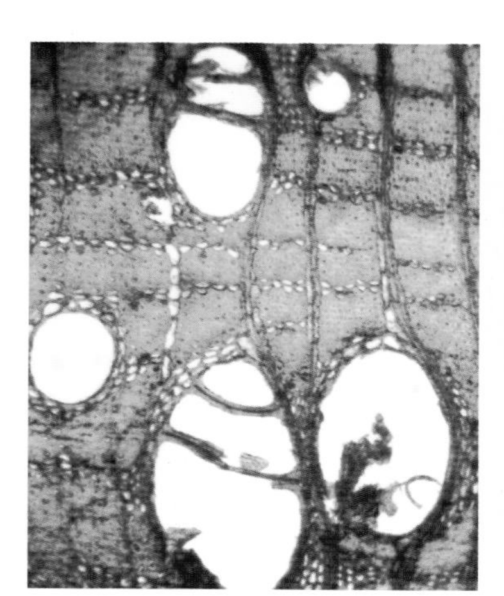

横切面

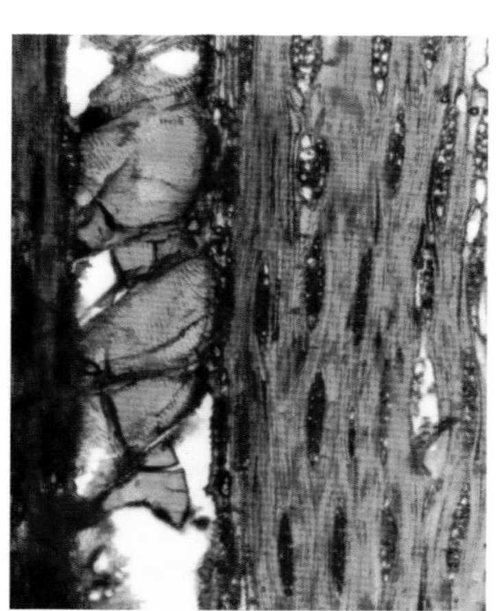

弦切面

图 7.2.11　奥式黄檀的木材构造特征

4. 花梨木

花梨木并非一个树种，而是包括几个树种，市场上叫花梨木或红花梨、香红木、草花梨等。国家标准《红木》中花梨木有 7 种，包括越柬紫檀、刺猬紫檀、鸟足紫檀、囊状紫檀、大果紫檀、印度紫檀、安达曼紫檀，大多数产自东南亚地区。花梨的颜色由浅黄至紫赤色，色彩鲜美，纹理清晰，具有清香味。花梨木具有荧光反应，将花梨木刨花放到水中，会出现蓝绿色的荧光。

下面主要叙述大果紫檀（图 7.2.12）。

拉丁名：*Pterocarpus macarocarpus* Kurz

别名：Burma padauk，花梨木，红木，草花梨

科属名：蝶形花科紫檀属

1）木材构造特征

（1）散孔材，有半环孔趋势。心材黄褐至红褐色，具深浅相间条纹。轴向薄壁组织主为带状及聚翼状、翼状。波痕放大镜下明显。多数具有香气。

（2）主为单管孔。轴向薄壁组织、木纤维及木射线均叠生。导管分子单穿孔，管间纹孔式互列。薄壁组织带状（宽多为 2~4 细胞）、翼状、聚翼状。木射线单列（偶为 2 列），高 4~9 个细胞。射线组织同形单列。

树叶

原木

图 7.2.12　大果紫檀

花梨木树种的微观构造区别不大，东南亚产的3种花梨木的木材构造特征如图 7.2.13~图 7.2.15 所示。

2）材性与用途

气干密度 0.75~1.01g/cm³。强度高，硬度大，切削稍难，油漆、打蜡性能均佳。是中国高级古典家具主要用材之一，此外还用于制作笔筒、艺术雕刻品、茶台及手链、手镯等高级工艺品。

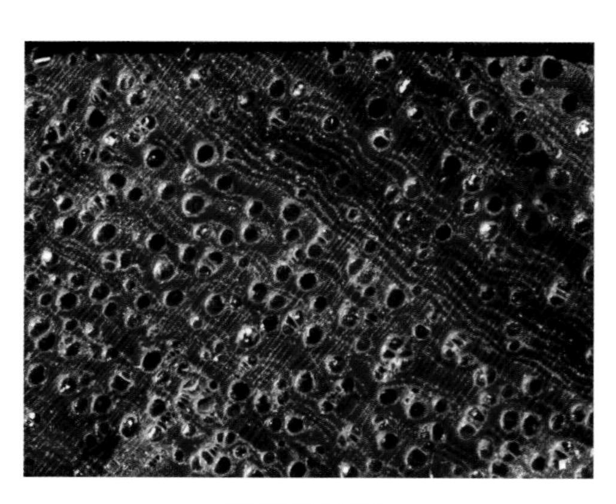

横切面体视图

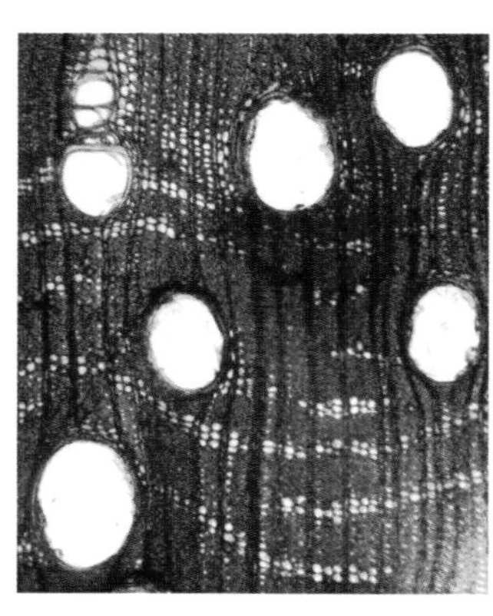

横切面

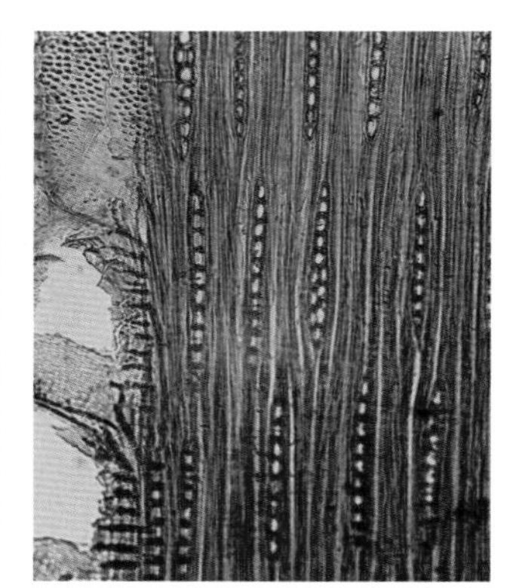

弦切面

图 7.2.13　大果紫檀的木材构造特征

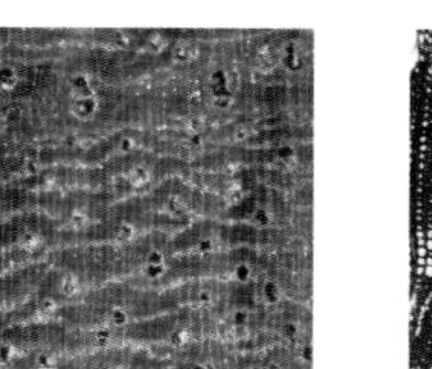

横切面体视图

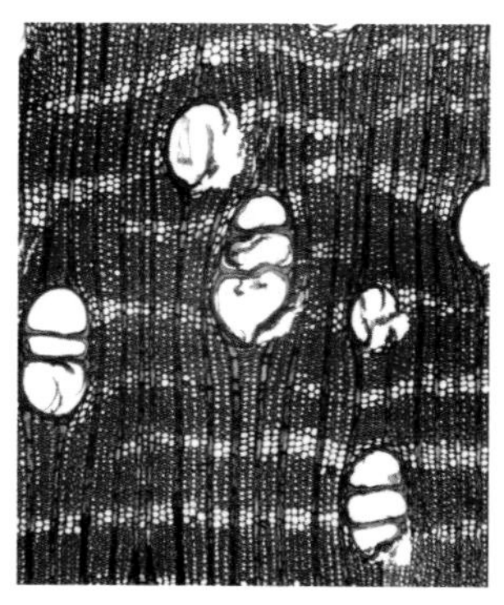

横切面

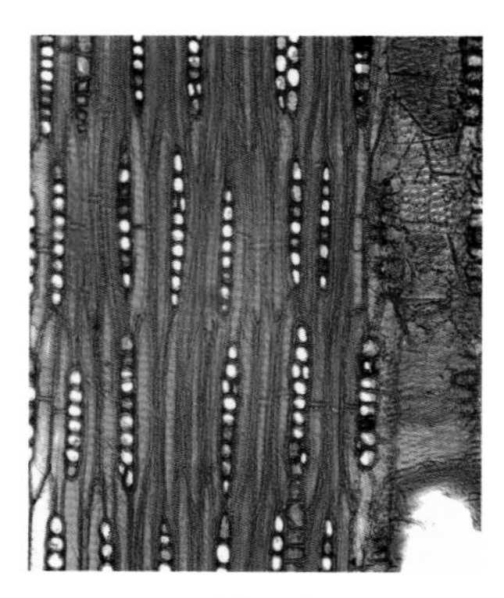

弦切面

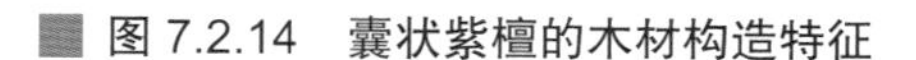

图 7.2.14　囊状紫檀的木材构造特征

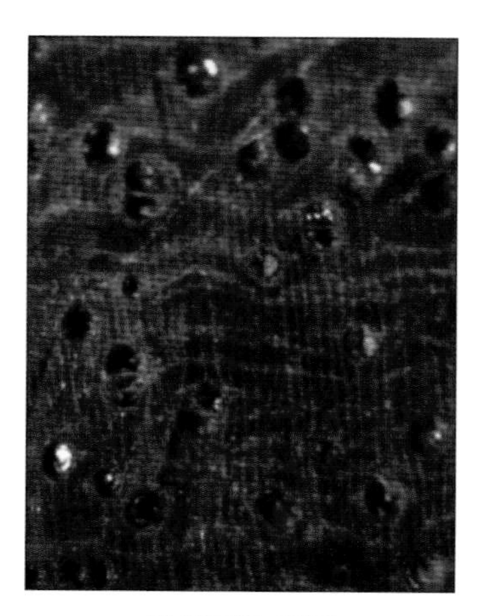

横切面体视图

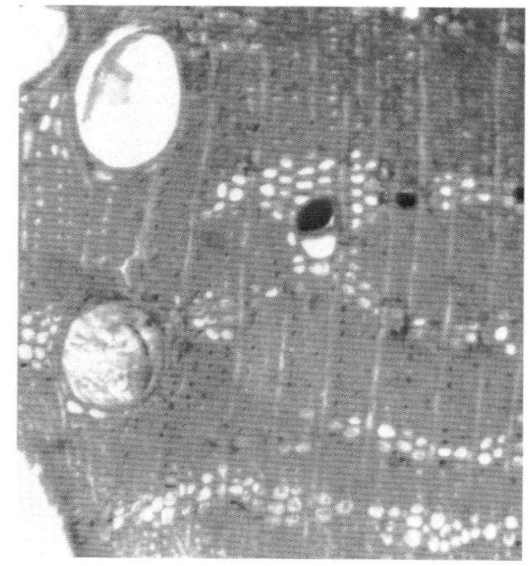

横切面

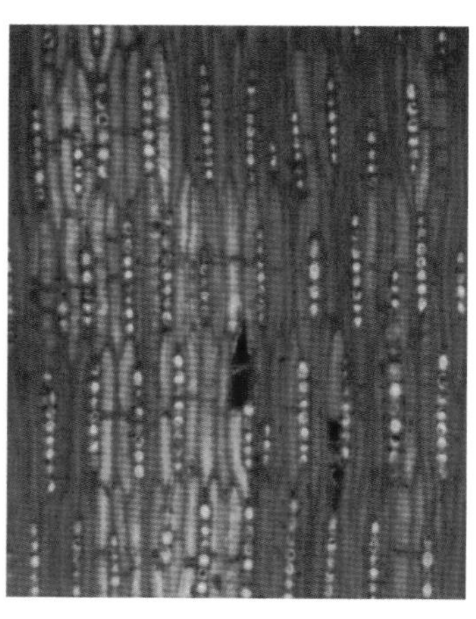

弦切面

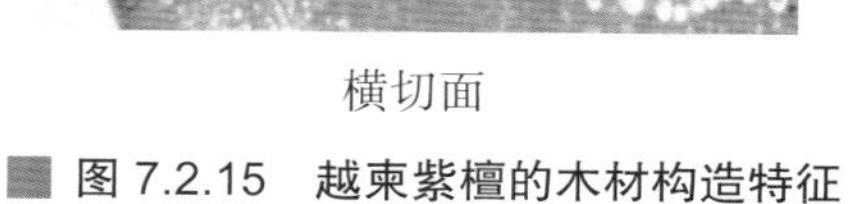

图 7.2.15　越柬紫檀的木材构造特征

5. 鸡翅木

国家标准《红木》中将鸡翅木分为非洲崖豆木、白花崖豆木和铁刀木3种，前二者为崖豆属，后者为铁刀木属。在古典家具中，鸡翅木又作“鸂鶒木”或“杞梓木”，因木材中的轴向薄壁组织呈粗细不均的宽带状，带宽几乎与木纤维带宽相等，且两者颜色区别明显，在木材弦切面上形成一种形似“鸡翅膀”状花纹，如图7.2.16所示。

传世鸡翅木家具所用木材，主要产于中国南方和东南亚地区；而现在市场上所见鸡翅木多数从非洲进口，材质相对较差，价格也低廉。

1）白花崖豆木

拉丁名：*Millettia leucantha*

别名：Wenge，鸡翅木

科属名：蝶形花科崖豆藤属

（1）树木性状及产地

白花崖豆木属于乔木，高可达15~29m，直径可达1m，主产于缅甸、泰国等东南亚国家。

（2）木材构造特征（图7.2.17）

① 散孔材。生长轮不明显。心材为黑褐色或栗褐色，具黑色条纹。轴向薄壁组织主要呈傍管宽带状或聚翼状。波痕不明显，木材弦切面鸡翅状花纹明显。

② 单管孔及径列复管孔（多数为2~4个）。导管分子、轴向薄壁组织、木纤维及木射线均叠生。导管分子单穿孔，管间纹孔式互列。薄壁组织宽带状（宽多为5~10细胞）。单列射线少，多列射线2~3列，高多为9~19个细胞。射线组织同形多列。

（3）材性与用途

气干密度1.02/cm^3。强度高，硬度大，切削稍难，油漆、打蜡性能均佳。鸡翅状花纹明显而美丽。是中国高级古典家具主要用材之一，此外还可制作茶台、动物肖像等高级工艺品。

图7.2.16　鸡翅木板面

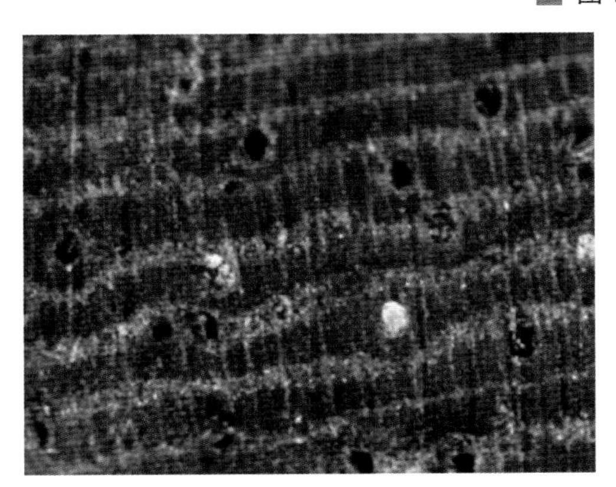

横切面体视图

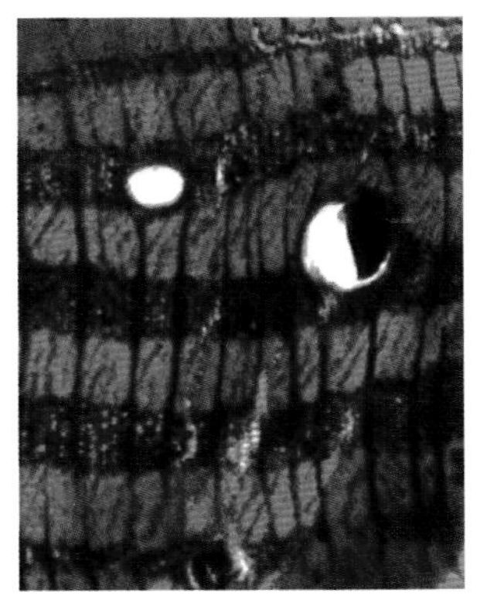

横切面

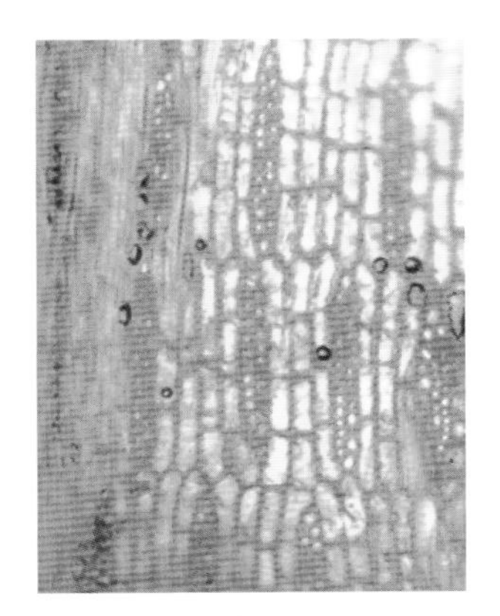

弦切面

图7.2.17　白花崖豆木的木材构造特征

2）铁刀木

拉丁名：*Cassia siamea* Lam.

别名：Wenge，鸡翅木，黑心木，挨刀树

科属名：苏木科铁刀木属

（1）树木性状及产地

铁刀木属于乔木，高可达20m，直径可达80cm，主产于中国西南、华南地区，东南亚亦产，见图7.2.18。

（2）木材构造特征（图7.2.19）

① 散孔材。心材黄褐或栗褐色，具深浅相间的条纹。轴向薄壁组织主为傍管宽带状。木材弦切面有“鸡翅纹”。

② 主要为单管孔。导管分子单穿孔，管间纹孔式互列。薄壁组织宽带状（宽多为4~6个细胞）。木射线局部叠生，单列射线少，多列射线2~4列。射线组织同形多列。

（3）材性与用途

气干密度0.64~0.78g/cm^3。强度高，硬度大，切削稍难，油漆、打蜡性能均佳。鸡翅状花纹不如崖豆木明显。用途同崖豆木。

林木

树干

图7.2.18　铁刀木

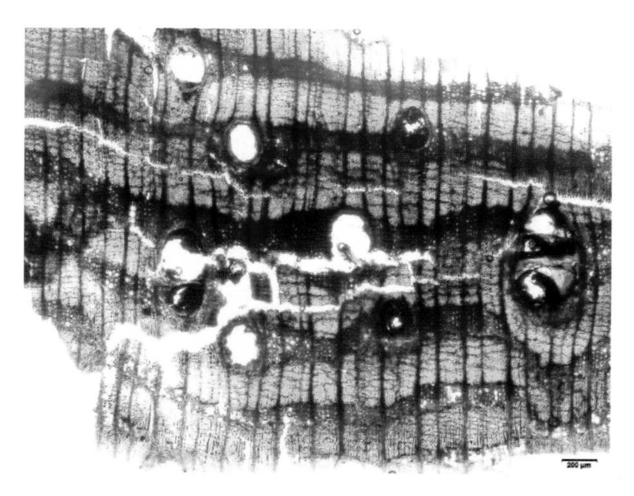

横切面

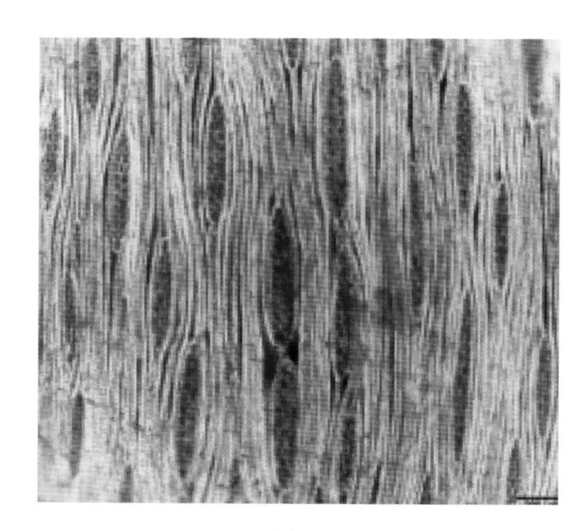

弦切面

图7.2.19　铁刀木的木材构造特征

6. 乌木

拉丁名：*Diospyros ebenum* Koenig

别名：Ebony，Ceylon ebony，黑木，乌材

科属名：柿树科柿树属

柿树科柿树属树种具黑褐色或乌黑色心材的木材称为“乌木”。木色深黑如漆，似紫檀而更加细密，一般少大料。乌木家具存世不多，明及清前期家具用乌木制者为数甚少，常见的为一些工艺品。国家标准《红木》中乌木包括：乌木、厚瓣乌木、毛药乌木和蓬塞乌木。除了厚瓣乌木产自非洲以外，其余都产自东南亚国家。

还有一种称为“乌木”的是阴沉木，是树木受地震、山洪、泥石流等自然灾害侵袭，而被深埋于江河湖泊海底或冲积平原泥土之中，久经年月后形成了古朴凝重、比较坚硬的木材。颜色有棕色、灰色、黑色，时间越长“炭化”越明显，因此民间通常将其称为乌龙木、乌木、沉木、碳化木、东方神木等。尤其在四川称之为“乌木”，还建有“乌木艺术博物馆”。东北松花江流域则称之为“浪木”、“沉江木”。阴沉木不单指一个树种的木材，而是久埋于地下未腐朽、可以为器的多种木材的统称，其种类繁多。

1）树木性状及产地

乌木属于乔木，高可达15~18m，直径可达60cm，主产于东南亚热带国家。

2）木材构造特征（图7.2.20）

（1）散孔材。生长轮不明显。心材黑褐色或紫黑色。轴向薄壁组织肉眼下不明显。木射线在放大镜下略见，内含白色内含物。

（2）主要为单管孔，少数径列复管孔。导管分子单穿孔，管间纹孔式互列。薄壁组织星散—聚合状或离管窄带状（宽多为1~2个细胞）。射线单列（偶为2列），高多为8~15个细胞。射线组织异形单列。射线细胞、薄壁组织内含丰富的菱形晶体和黑色树胶。

3）材性与用途

气干密度0.85~1.17g/cm^3。强度高，硬度大，加工性能好，切面具黑色光泽和油性感。是中国高级古典家具主要用材之一，此外还用于制作笔筒、艺术雕刻品、人物或动物肖像等高级工艺品。

横切面体视图

横切面

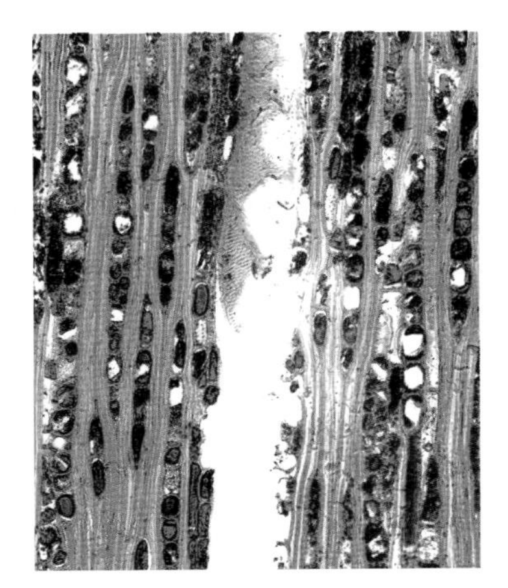

弦切面

图7.2.20　乌木的木材构造特征

7. 铁力木

拉丁名：*Mesua ferrea* L.

别名：三角子，铁栗子，铁棱，铁乌木，铁梨木

科属名：藤黄科铁力木属

铁力木（图 7.2.21）又作铁梨木、铁栗木，是几种硬性木材树种中长得最高大、价值又较低廉的一种，其木质坚而沉重，做成家具经久耐用。

铁力木是木质最坚硬的树种之一，是国家二级保护植物。铁力木家具是明清家具用材之一，许多大件明及清前期家具用它制成，其色泽纹理略似鸂鶒木。具有一定存世量，但家具地位一直很低，得不到重视。

1）树木性状及产地

铁力木属于大乔木，高可达 30m，直径可达 80cm，主产于中国华南、西南各省区，印度、越南、柬埔寨、老挝、泰国等国家均产。

2）木材构造特征如下（图 7.2.22）

（1）散孔材。管孔略小，肉眼下呈白点状。心材和边材区别明显，心材暗红褐色，边材浅红褐色。轴向薄壁组织环管状及离管带状。

（2）单管孔。导管分子单穿孔，管间纹孔式互列。薄壁组织离管带状（宽多为 2~4 个细胞）。木射线非叠生，单列射线为主，少数单列对列或 2 列，高多为 3~20 个细胞。射线组织异形Ⅱ型及异形Ⅲ型。射线细胞内含丰富树胶及结晶体。

3）材性与用途

气干密度 $1.08g/cm^3$。强度高，硬度大，耐腐性、抗虫性极强。木材加工困难，油漆、打蜡性能均佳，是木质最坚硬的树种之一，宜作椅类、床类、沙发、餐桌、书桌等高级古典家具及楼梯扶手等。

林木

树干

树叶

图 7.2.21　铁力木

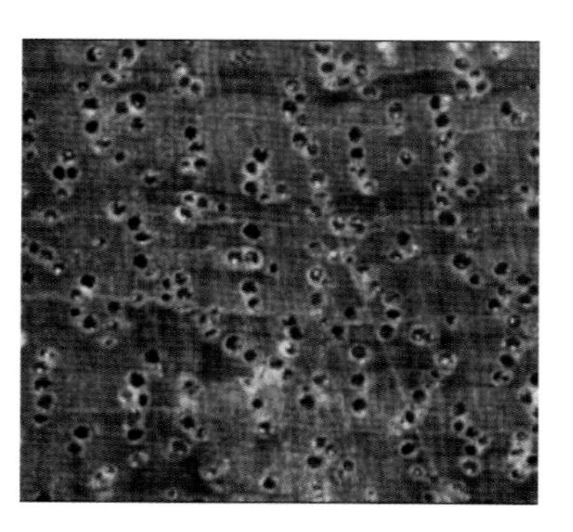

横切面体视图

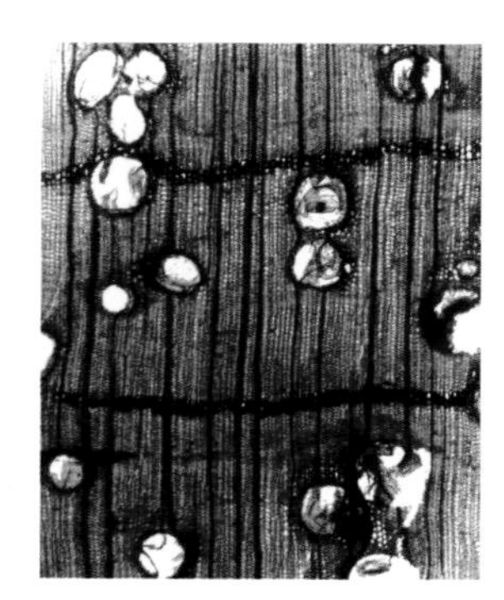

横切面

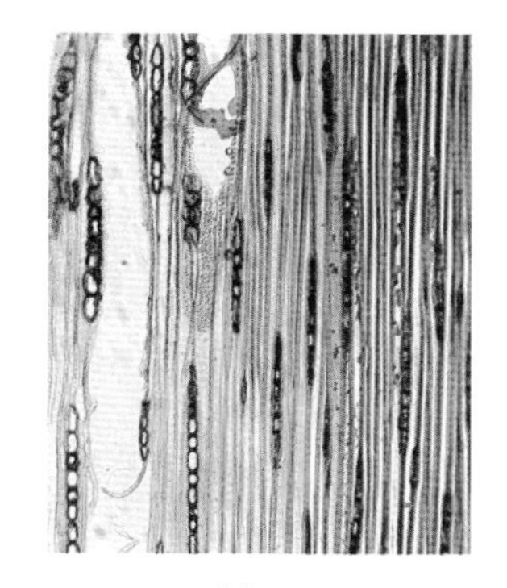

弦切面

图 7.2.22　铁力木的木材构造特征

8. 楠木（桢楠）

拉丁名：*Phoebe zhennan*

别名：金丝楠

科属名：樟科桢楠属

金丝楠（图 7.2.23）是非常珍贵的优质良材，光泽很强，质地温润柔和，纹理细腻，新切面黄褐色带绿，有香味，耐腐性极强。因其不腐不蛀有幽香，古代帝王御用的棺椁和龙椅宝座大多选用金丝楠木制作。金丝楠木还是古代修建皇家宫殿、园林等的特种材料。

《博物要览》中记载：楠木有多种，一曰香楠，二曰金丝楠，三曰水楠。还指出金丝者出川涧中，木纹有金丝，向明视之，闪烁可爱。楠木之美者，向阳处或结成人物山水之纹。木纹呈金丝光泽者，统称金丝楠，有“皇帝木”之称。

1）树木性状及产地

金丝楠属于大乔木，高可达 30m，直径可达 1m，主产于中国长江以南各省区，特别是四川、云南、广西、湖北、湖南等地。

2）木材构造特征（图 7.2.24）

（1）散孔材。生长轮略明显。心材和边材区别不明显，木材黄褐带绿色。轴向薄壁组织环管状、翼状。

（2）单管孔及 2~4 个径列复管孔。导管分子单穿孔，管间纹孔式互列。薄壁组织环管状，少数环管束状、星散状。木射线非叠生，单列射线较少，多列射线 2~4 列，高 6~15 个细胞。射线组织异形Ⅱ型及异形Ⅲ型。油细胞甚多，3 个切面上均有，油细胞常见于射线两端或轴向薄壁组织中。

3）材性与用途

气干密度 0.5~0.8g/cm^3。强度中等，硬度中等，木材加工容易，油漆或上蜡性能良好。是中国古典家具主要用材之一，宜作椅类、床类、沙发、餐桌、书桌等高级家具，此外还用于制作雕刻工艺品。

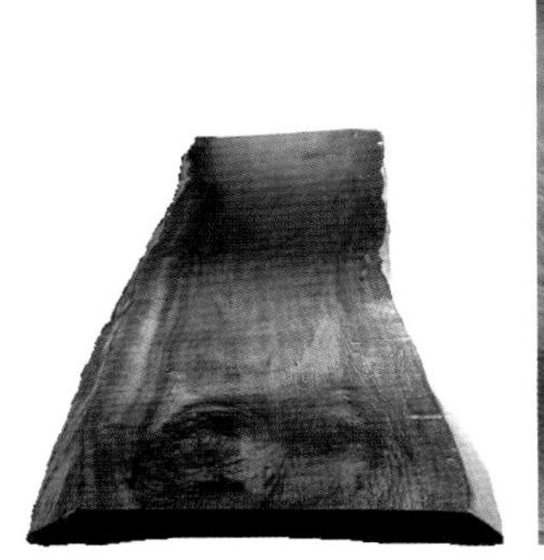

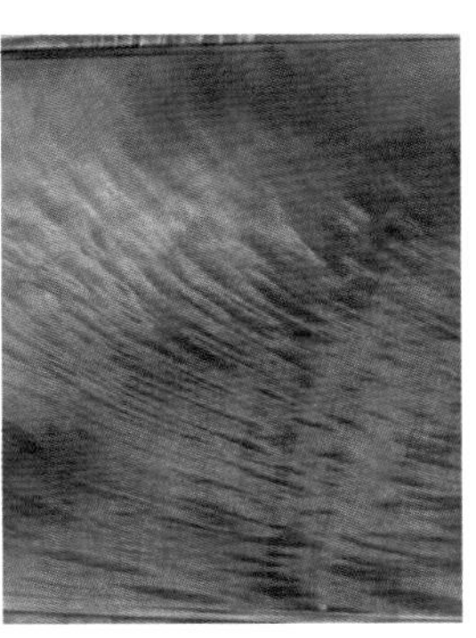

板面

树叶（闽楠）

图 7.2.23　金丝楠

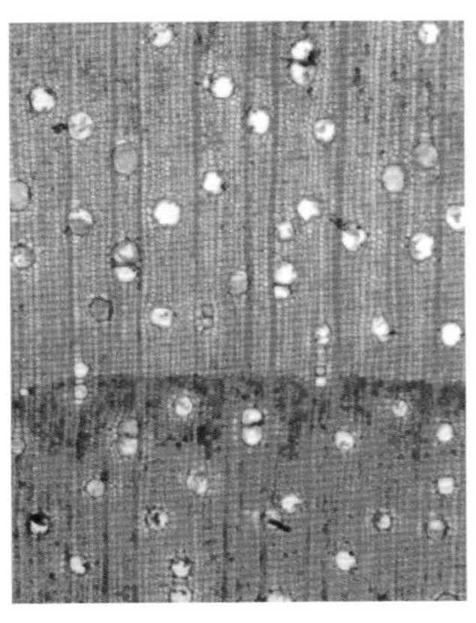

横切面

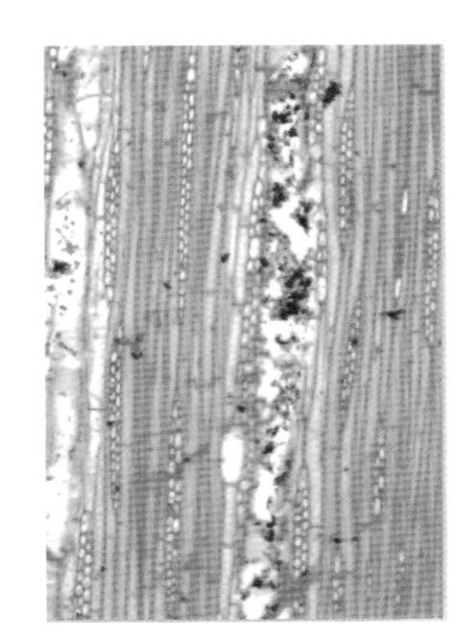

弦切面

图 7.2.24　金丝楠的木材构造特征

9. 黄杨木

拉丁名：*Buxus sinica* Cheng

别名：Boxwood，Box，千年矮，瓜子黄杨，小叶黄杨

科属名：黄杨科黄杨属

黄杨木（图 7.2.25）生长非常缓慢，几百年才长高 3~4m，直径也不足 15cm，所以有“千年难长黄杨木”、“千年黄杨难做拍”的说法。宋朝的苏轼曾说过“黄杨一岁长一寸，遇闰退三寸”，故又有“千年矮”之称。

黄杨木料为乳黄色，作品上漆初呈姜黄色，后变橙黄色。黄杨木雕成品颜色悦目、均匀，具有象牙般的色泽，俗称“象牙黄”。时间愈久，其颜色由浅而深，逐渐变成红棕色，给人以古朴典雅的美感，更是珍贵。因无大材，明及清前期家具多取与其他硬木配合使用，多用于制作窗心雕花和木框之类的挂匾雕饰，或是镶嵌箱盒类家具和建筑的装饰雕花。

1）树木性状及产地

黄杨木属于小乔木，高达 10m，直径可达 25cm。除中国东北外，其余各省区均有分布。

2）木材构造特征（图 7.2.26）

（1）散孔材，管孔甚小，放大镜下都不易见。生长轮不明显，轮间呈细线。心材和边材区别不明显，木材鲜黄色或黄褐色。轴向薄壁组织肉眼下未见。木射线细，放大镜下略见。

（2）单管孔，少数径列复管孔。导管分子梯状复穿孔，管间纹孔式对列或互列。薄壁组织量少，星散状或星散—聚合状。木射线非叠生，单列射线较少，2 列为主，高 6~20 个细胞。射线组织异形Ⅱ型。

3）材性与用途

气干密度 0.6~0.8g/cm³。强度中等，硬度中等，木材加工容易，油漆或上蜡性能良好。是重要的雕刻用材之一，宜作象牙、玉石雕刻的木座，是作图章等的上等材料。

树叶

横断面

■ 图 7.2.25　黄杨木

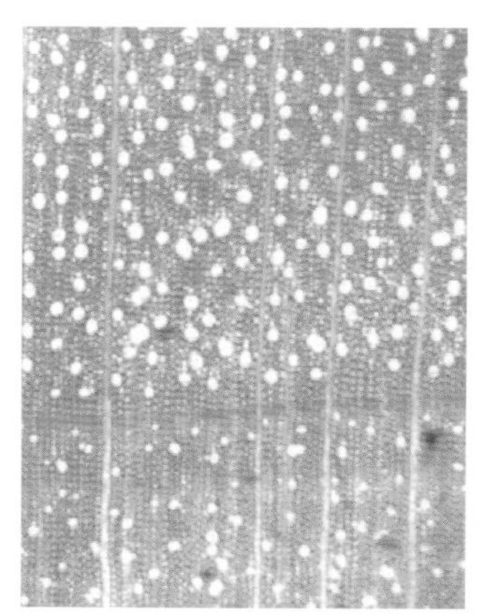

横切面

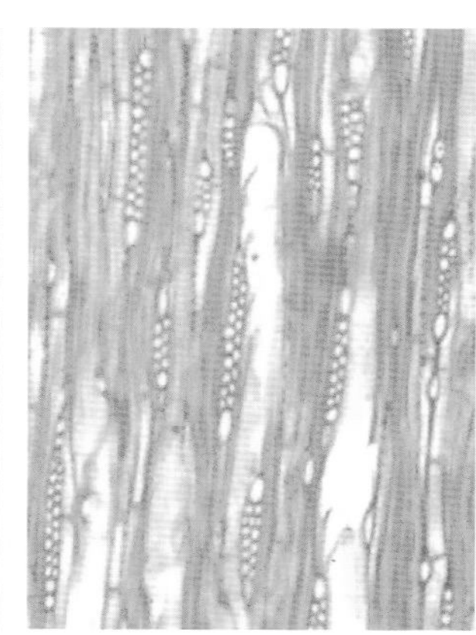

弦切面

■ 图 7.2.26　黄杨木的木材构造特征

10. 香樟（樟木）

拉丁名：*Cinnamomum camphora*

别名：小叶樟，红心樟，乌樟，樟树

科属名：樟科樟属

樟树（图 7.2.27）全株具有樟脑般的清香，可驱虫，而且气味持久。由于这个特点，加上樟木木质软硬适中，木料纹理匀称，适合榫卯结构，如果加工工艺好，樟木家具是值得收藏的高档家具。

从明代开始，香樟木开始应用到家具中，其材质细腻、光洁，纹理交错，不易变形，是很好的家具用材和雕刻用材。传统家具的雕花板，通常是用樟木制作的。樟木家具在中国南北方地区大量使用，多用来制作柜、箱、橱。樟木木纹舒展美丽，商家对樟木中一些纹理美的材质冠名为花梨樟、虎皮樟、鬼脸樟。樟木家具一般只作少量的牙板和个别地方的雕饰。

1）树木性状及产地

香樟木属于乔木，高可达 40m，直径可达 2m，产于中国长江流域及以南各省区。

2）木材构造特征（图 7.2.28）

（1）散孔材至半环孔材。生长轮明显，轮间呈深色带。心材和边材区别明显，心材红褐色或深红褐色，边材黄褐色。轴向薄壁组织环管束状。木射线细，放大镜下略见。

（2）单管孔及 2~3 个径列复管孔。导管分子单穿孔，管间纹孔式互列。薄壁组织环管状；油细胞甚多而大，横切面上可辨。木射线非叠生，单列射线较少，多列射线 2~3 列，高多数 8~15 个细胞。射线组织异形Ⅱ型及异形Ⅲ型。油细胞常见于轴向薄壁组织细胞中。

3）材性与用途

气干密度 0.58g/cm^3。强度中等，硬度中等，木材加工容易，切削容易，切面光滑，光泽性强，径面上常具颜色深浅不同的花纹，油漆后色泽尤为光亮美观。是中国古典家具主要用材之一，宜作高等家具、床头板、雕刻、乐器等。

树干

树叶

图 7.2.27　香樟木

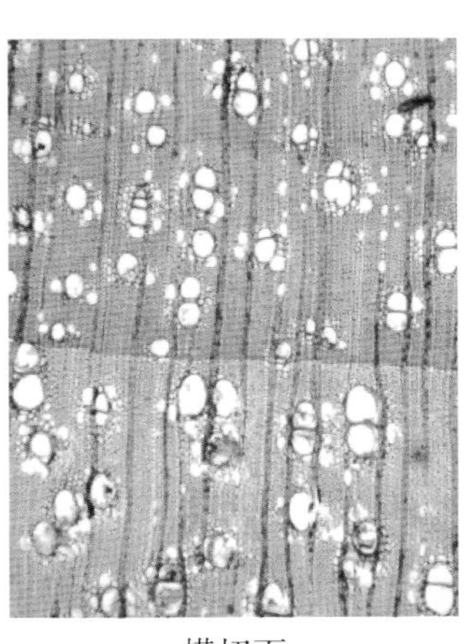

横切面

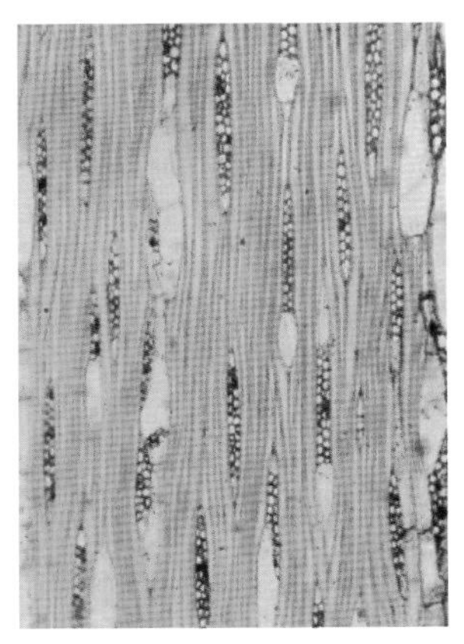

弦切面

图 7.2.28　香樟木的木材构造特征

11. 榉木

拉丁名：*Zelkova schneideriana* Hand-Mazz

别名：血榉，红榉，大叶榉，南榆

科属名：榆科榉树属

榉木（图 7.2.29）也可以写作“椐木”或“椇木”，因多产于南方江浙等地，北方无此木种，又于榆科，故家具收藏界多称其为“南榆”。榉木木质坚硬，色纹并茂，其纹理的结构呈排列有序的波状重叠花纹，俗称宝塔纹，是制作家具的良材。在明清传统家具中，尤其在民间使用极广。由于古代交通运输不便，制作家具也多就地取材，故榉木家具多为江浙两省制作。榉木家具制作年代较长，由明至清甚至 20 世纪初仍有生产，所制家具十分考究，它不仅是中国古代家具的先导，而且是生产时间最长久的民间实用家具。

榉木家具中最优秀的制品多出自苏作，而苏作家具大量使用榉木是在黄花梨、紫檀告罄，红木尚未输入之时采用的。大量优秀的榉木家具正是这一时期由苏作匠人将制作紫檀、黄花梨家具积累的精湛技艺与经验转用于榉木之上而成的。而这一时期正是明式家具与清式家具的过渡时期。榉木在这一空隙中大显身手，有相当一批榉木家具兼有明清两种风格，而这样的家具在黄花梨或红木家具中是见不到的，这类兼而有之的家具为榉木所独有，也就成为它独具的魅力。

在江浙一带，榉木由于树龄不同造成颜色和密度的差异，有黄榉、红榉、血榉之分，其中老龄且带赤色的称“血榉”，最被人们珍视。

1）树木性状及产地

榉木属于落叶大乔木，高可达 25m，直径可达 40~60cm，主产于中国长江以南各省区。

2）木材构造特征（图 7.2.30）

（1）环孔材，早材管孔 1~2 列，早材至晚材急变，晚材管孔斜列或波浪状。生长轮明显。心材和边材区别明显，心材浅栗褐色带黄。轴向薄壁组织环管状。

（2）早材为单管孔，圆形，晚材管孔团列。导管分子、轴向薄壁组织局部叠生。导管分子单穿孔，管间纹孔式互列。晚材管孔内壁螺纹加厚明显。薄壁组织环管状，内含菱形晶体。木射线非叠生，单列射线较少，多列射线 4~7 列，高 20~40 个细胞，鞘细胞明显。射线组织异形Ⅲ型或同行单列及多列。射线细胞内含树胶及菱形晶体。

3）材性与用途

气干密度 0.79g/cm^3。强度中等，硬度大，木材加工略难，切面光滑，弦面上花纹美丽，光泽性强，油漆性能优良。是中国古典家具主要用材之一，宜作椅类、床类、沙发、餐桌、书桌等家具及楼梯扶手、实木地板等。通常不施油漆，越用越光滑、越发亮。

树干

树叶

图 7.2.29　榉木

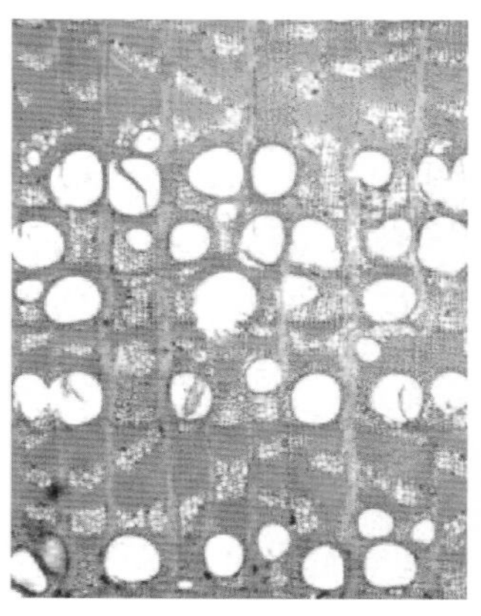

横切面

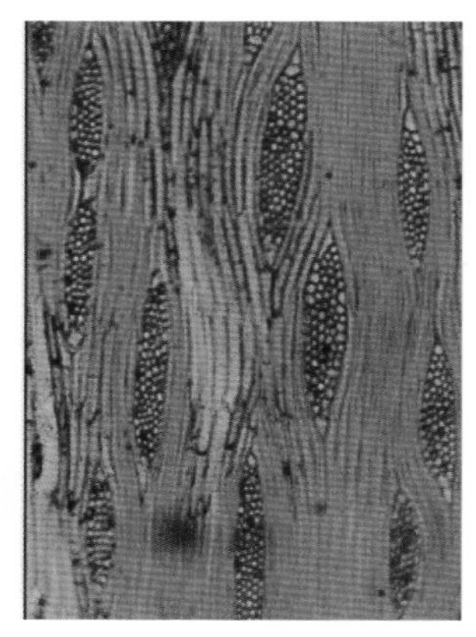

弦切面

图 7.2.30　榉木的木材构造特征

12. 榆木

拉丁名：*Ulmus* sp.

别名：Elm，白皮榆，老榆木，山榆

科属名：榆科榆树属

榆木（图 7.2.31）材料来源广泛，有东北地区的榆木，有山西、北京等地区的榆木，其树叶相近，但是木质各有千秋。东北地区的榆木有好几种，总体木质粗阔纹美，容易加工。山西、北京等地区的榆木，只有榆木和山榆木之分，但山榆木的材质大多不好，而榆木木质紧密，硬重质柔，是制作家具的好材料。俗称“南榉北榆”，指的就是山西、北京等地区的榆木。

在北京、山西地区，大竖柜、大铺柜、大桌、官帽椅、供桌、方凳、长凳等，在明清时期用榆木制作的很多。明清以后，由于榆木木质硬，工匠们因费工费力，加之东北木材来料广泛，这种木料制作的家具就少多了。俗有“干榆湿柳，木工见了就走”，说明工匠们对榆木的加工，嫌其费工费力而较少制作。

1）树木性状及产地

榆木属于落叶大乔木，高可达 30m，胸径 1m，主产于中国东北、西北、华北。

2）木材构造特征（图 7.2.32）

（1）环孔材，早材管孔 1~2 列；早材至晚材急变；晚材管孔小，波列状。心材和边材区别明显，心材红褐色或暗红褐色，边材浅黄褐色。生长轮明显。轴向薄壁组织环管状，围绕管孔排列成弦向带状或波浪状。

（2）早材导管横切面圆形，具侵填体；晚材带横切面为不规则多角形，多呈管孔团，稀为径列复管孔，弦列或波浪形。导管分子单穿孔，管间纹孔式互列。薄壁组织细胞早材环管状；少数聚合—星散状。木射线非叠生，单列射线少，多列射线宽 2~6 列，高度多为 15~40 个细胞。同一射线内偶见 2 次多列部分。射线组织同形单列及多列。

3）材性与用途

气干密度 0.59g/cm^3。强度低，硬度中，木材加工容易，刨面光滑，弦锯板上呈现美丽的抛物线花纹，油漆优良。因晚材管孔在横切面上为波浪形排列，其弦锯板上呈漂亮抛物线花纹外，轮间尚衬托有管孔带，形成如铁刀木的“鸡翅木”花纹。宜作椅类、床类、沙发、餐桌、书桌等高级仿古典工艺家具及楼梯扶手，实木地板和室内装修等。

树干

树叶

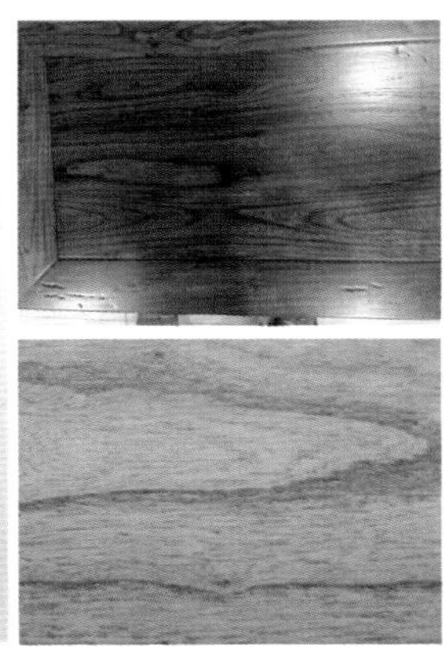

板面

图 7.2.31　榆木

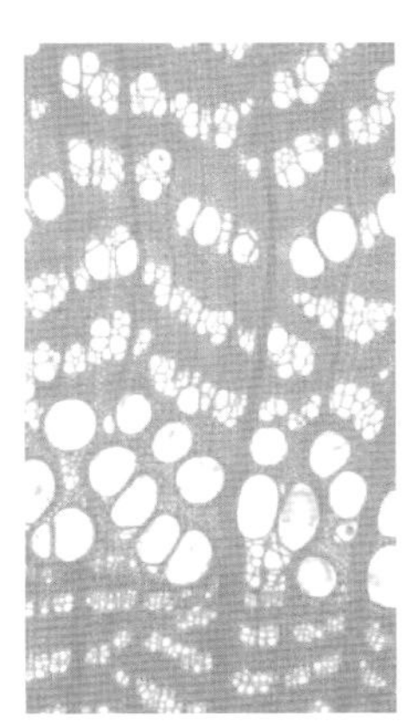

横切面

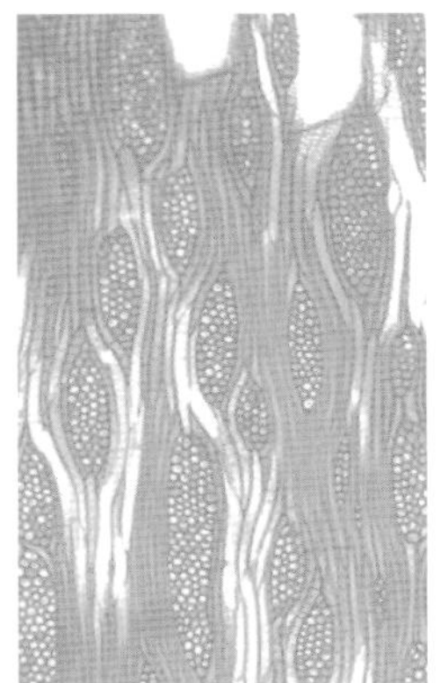

弦切面

图 7.2.32　榆木的木材构造特征

13. 槐木

拉丁名：*Sophora japonica* L.

别名：国槐，白槐，护房树，豆青

科属名：蝶形花科槐树属

槐木（图 7.2.33）有青槐木和老槐木之分。生长 20 年左右的槐树，砍伐后一般称为青槐木。青槐木的木质中硬，强度适中，木料纹理匀称。木材颜色微黄，心材、中材、边材的色差不大。生长上百年的槐树，砍伐后一般称为老槐木。老槐木的木质硬，年轮明显，纹理直顺粗阔而匀称。木材颜色呈灰红褐色，心材、中材、边材的色差较大。

槐木还有一种特殊的木料，叫槐孙。槐孙是青槐成材砍伐后，又从原根桩上生长成材的槐树。这种槐孙木料中软质脆，木纹匀称，木材色呈黑红褐色。心材、中材、边材的色差很小。因质脆，不适合做框架榫卯。但是如果制作桌面板、柜面板，却是好材料。槐孙也可以制作木箱家具。

槐木家具北方收藏较多，常见的有凳桌类家具。明清时期，晋作民间家具用槐木制作的椅桌相当普及，存藏量很大。槐木木质硬而匀，能保证家具框架结构榫卯的牢实，非常耐用。在明代，北方地区还有用槐木制作竖柜、铺柜的，雕饰方面以起线为主，也有个别的在牙板处略加雕刻。

1）树木性状及产地

槐木属于乔木，高可达 25m，直径达 1.5m，主要分布在中国华北、西南及长江以南各省区。

2）木材构造特征（图 7.2.34）

（1）环孔材，早材管孔 2~4 列，早材至晚材急变，晚材管孔略小，散生。心材和边材区别略明显，心材深褐或浅栗褐色，边材黄色或浅灰褐色。生长轮明显。轴向薄壁组织翼状、聚翼状。木射线肉眼下可见。

（2）单管孔及 2~3 个径列复管孔。导管分子单穿孔，管间纹孔式互列。薄壁组织环管束状或翼状，聚翼状及轮界状。木射线非叠生，单列射线较少，多列射线宽 2~5 列，高度变化较大，高多为 5~20 个细胞。射线组织同形单列及多列。

3）材性与用途

气干密度 0.70~0.78g/cm^3。强度高，硬度大，天然耐腐性、抗蚁性强。木材加工容易，切削容易，切面光滑，油漆性能良好，宜作农具及房屋建筑、家具等。

树干

树叶

图 7.2.33 槐木

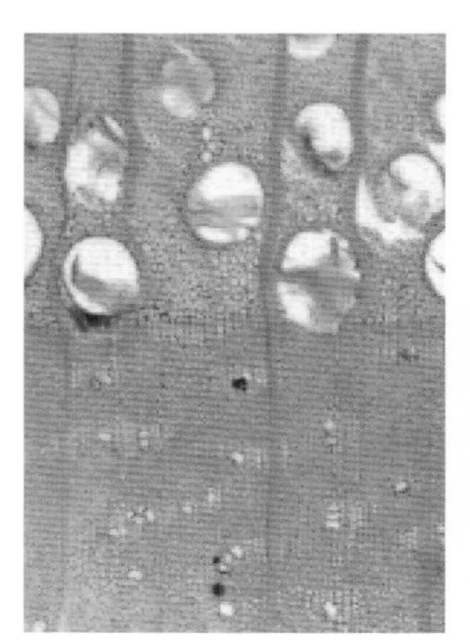

横切面

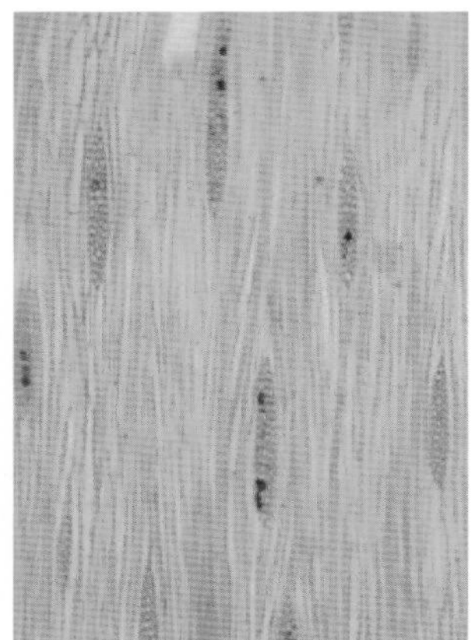

弦切面

图 7.2.34 槐木的木材构造特征

14. 柞木

拉丁名：*Quercus mongolica* Fisch.*et* Turcz

别名：Oak，柞栎，槲栎，蒙古栎

科属名：壳斗科麻栎属

柞木作为树种名称或木材流通商品名称，在中国北方和南方是两种完全不同科属的木材。北方的柞木为壳斗科麻栎属（*Quercus*）的木材，在国家标准中，柞木是蒙古栎（*Q.mongolica*）的树种中文名；南方的柞木则为大风子科柞木属（*Xylosma*）的木材。

1）树木性状及产地

柞木属于乔木，高可达 30m，直径可达 1m，主要分布在中国东北、华北和西北各省区。俄罗斯、日本、蒙古及朝鲜等国家亦有分布。

2）木材构造特征（图 7.2.35）

（1）环孔材，早材管孔略大，连续排列成 1~2 环列，早材至晚材急变，晚材管孔呈火焰状或树丫状排列，心材中侵填体丰富。心材和边材区别略明显，心材黄褐或浅栗褐色，边材浅黄褐色。轴向薄壁组织环管状及离管细弦线。具宽、细两种木射线，宽射线肉眼下很显著。

（2）早材单管孔，卵圆形；晚材主为单管孔，少数呈短径列复管孔（2~3 个）聚集呈火焰状径列。导管分子单穿孔，管间纹孔式互列。薄壁组织星散—聚合状及离管带状（宽 1~3 个细胞）。木射线非叠生，窄射线通常 1 列（少数成对或 2 列）；多列射线 6~15 列或以上，高度达 60 个细胞或以上，常超出切片范围。射线组织同形单列及多列。

3）材性与用途

气干密度 0.76g/cm^3。强度高，硬度大，木材加工困难，易钝工具，不易获得光滑的切削面。木材耐腐，油漆性能良好，花纹美丽，宜作家具、楼梯扶手、乐器柄、拼花地板、门框及其他室内装修等的良材。

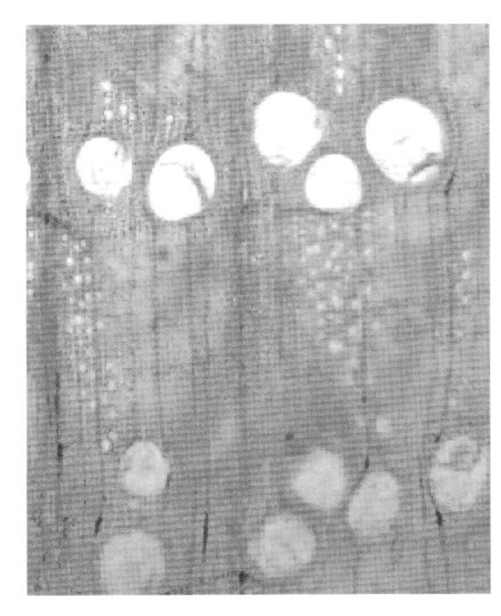

横切面

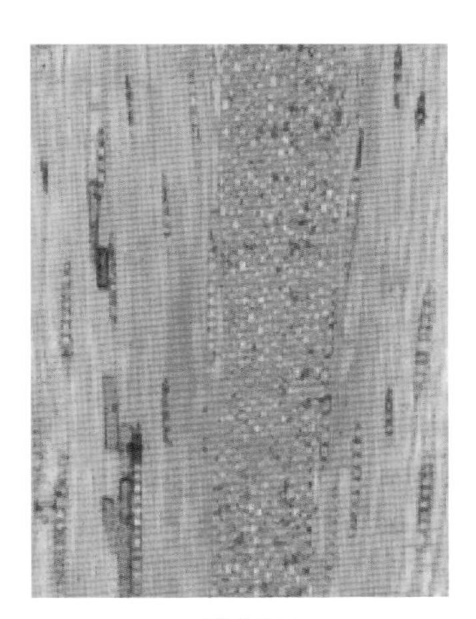

弦切面

图 7.2.35 柞木的木材构造特征

15. 梓木（楸木）

拉丁名：*Catalpa* sp.

别名：Catalpa，楸木，花楸，梓桐，金丝楸

科属名：紫葳科梓树属

古人制琴以泡桐属的木材做面板，梓树属的木材做背板，故云"桐天梓地"。宅旁种植桑树、梓树，以为生养死葬之用，所以称故乡为"桑梓"。中国封建专制时代，帝王的棺材即称"梓宫"，用梓属木材制成。1972年在长沙马王堆发掘的西汉古墓中，部分棺用的就是本属的一种，保存十分完好，可见本属木材耐腐性极强。

1）树木性状及产地

梓木属于乔木，高20余m，胸径60cm，分布很广，中国长江流域及以北地区均有分布。

2）木材构造特征（图7.2.36）

（1）环孔材至半环孔材，早材管孔中至甚大，在肉眼下可见至略明显，连续排列成明显早材带；晚材管孔甚小，斜列或有时弦列。心材和边材区别略明显，心材深灰褐或深褐色，边材灰黄褐色。轴向薄壁组织较少，在生长轮呈弦线。

（2）早材单管孔卵圆形及圆形；晚材管孔呈管孔团，少数为单管孔及径列复管孔（2~5个）；斜列及弦列。螺纹加厚有时见于小导管壁上。导管分子单穿孔，管间纹孔式互列。薄壁组织环管束状及环管状，在晚材带为断续宽弦带。木射线非叠生，单列射线甚少，高1~6个细胞；多列射线2~3列，同一射线内偶见2次多列部分。射线组织为异形Ⅲ型。

3）材性与用途

气干密度0.5g/cm^3。强度低，硬度中，木材加工容易，切削容易，切面光滑，油漆后光亮性良好。宜作家具、房架、柱子、门、窗及其他室内装修等，因其耐腐性强，又是做枕木、坑木、电杆、船舶及桥梁的原料。

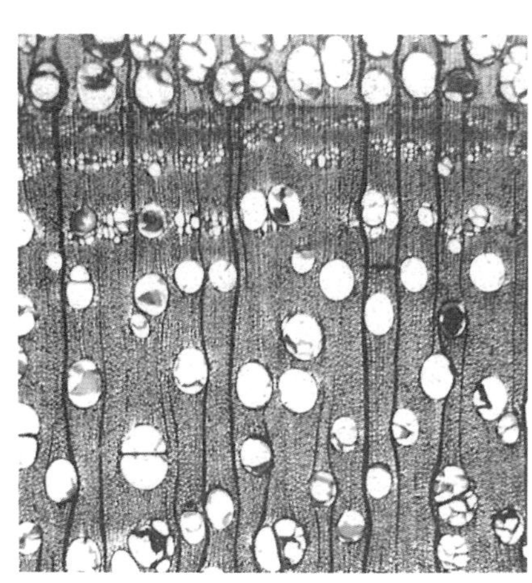

横切面

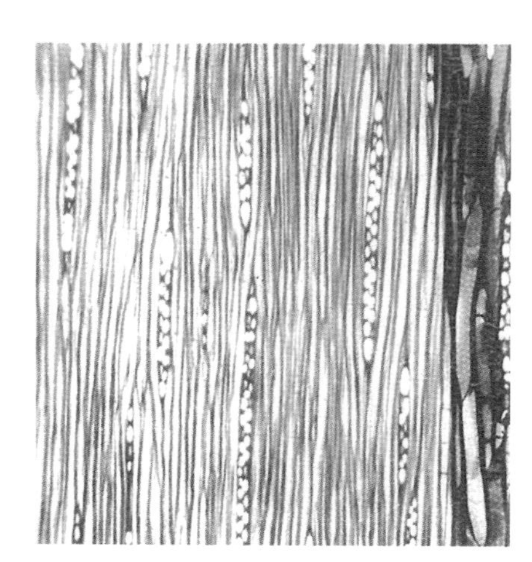

弦切面

图7.2.36　梓木的木材构造特征

16. 椴木

拉丁名：*Tilia tuan* Szysz

别名：青科椰，家鹤儿，千层皮，青科柳

科属名：椴树科椴树属

椴树又称青科柳。中国东北的吉林、黑龙江盛产，其木质稍软，木色发白微黄，是一种细软、质脆的雕刻木料。椴木不适宜制作经常搬动的桌子、椅子的框腿，原因是它质软不耐久。但是桌椅的雕花板常常离不开椴木，椅子的靠背雕饰也常用椴木。椴木还常用于制作箱盒类的家具。此外，椴木在建筑中常用于立卧栏下的落罩、挂落、雀替、镶板的雕花等。

1）树木性状及产地

椴木属于乔木，高至15m，主要分布在东北地区、江苏、江西、湖北、四川、贵州等省。

2）木材构造特征（图7.2.37）

（1）散孔材。心材浅红褐至红褐色。生长轮略明显，轮间呈浅色细线。轴向薄壁组织量少。木射线在放大镜下可见。

（2）导管横切面为卵圆或椭圆形，略具多角形轮廓；短径列复管孔2~4个及管孔团。导管分子单穿孔，管间纹孔式互列。薄壁组织主为断续离管带状或星散—聚合状，在轮界上有薄壁细胞散在。木射线非叠生，多列射线宽2~5列，高度多为13~30个细胞。射线组织同形单列及多列。

3）材性与用途

气干密度0.56g/cm^3。强度低，硬度中，木材加工容易，切削容易，切面光滑，弦断面上有抛物线图案，油漆后不光亮。板材宜作桌子、椅、橱、柜等家具，以及乐器、门、窗及室内装修等。

横切面

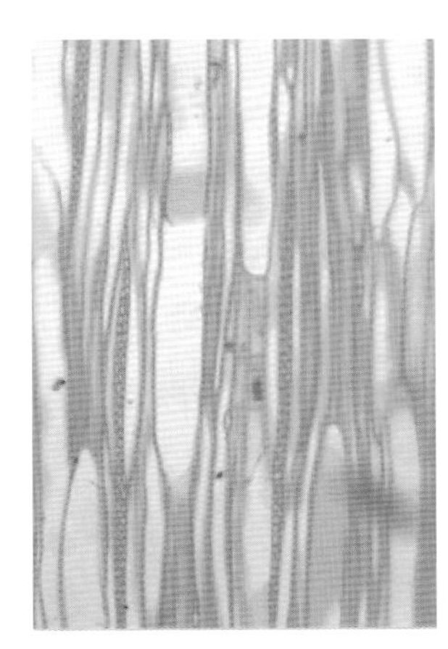

弦切面

图7.2.37　椴木的木材构造特征

参考文献

[1] 马玉春，李红旭，王飞．红木家具木材种类和性质初探[J]. 林业调查规划，2008（01）:107-109.

[2] 全国木材标准化技术委员会．GB/T 18107—2000 红木[S]. 北京：中国标准出版社，2000.

[3] 成俊卿，杨家驹，刘鹏．中国木材志[M]. 北京：中国林业出版社，1992.

[4] 胡德生，宋永吉．古典家具鉴定[M]. 长春：吉林出版集团，2010.

[5] 胡德生．明清宫廷家具二十四讲[M]. 北京：紫禁城出版社，2010.

[6] 沈泓，舒惠芳．古典家具鉴赏与收藏[M]. 合肥：安徽科学技术出版社，2009.

[7] 海凌超，徐峰．红木与名贵硬木家具用材鉴赏[M]. 北京：化学工业出版社，2010.

[8] 王世襄．明式家具研究．北京：生活·读书·新知三联书店，2008.

8

中国传统竹家具

中国是世界竹子分布的中心，悠悠5000年，竹子与国人息息相关。竹文化是中国文化的重要部分，古人将竹看做是“四君子”之一，用竹制作家具的历史悠久，并一直沿用至今。

本章介绍了竹材的特性以及中国竹材资源的分布特征，阐述了中国竹家具的特征及其发展历史、加工工艺和装饰手法等，展示了不同地区竹家具的造型与特色。

8.1 竹子概述

1. 竹子及其分布

竹属单子叶植物中的禾本科竹亚科，它的形态特殊，是非草非木，茎具节且中空（仅极少数例外），不柔不刚。全株分为地下茎、根、芽（笋）、枝、叶、竹箨（tuò）、花与果实。竹子一般呈常绿乔木状或灌木状，有的高达 30m，有的矮小，仅高 1m 左右；有的不能直立，枝干沿地面蔓生或攀缘。其中，极少数为草本植物。

竹子的种类繁多（图 8.1.1）。世界上竹子有 150 属，1225 种，中国目前有 37 属，500 余种。竹种不同，竹子的大小和形态也略有差别，个别竹种甚至差别非常大。同时，不同的竹子又有不同的物理性能和用途。在这里就不一一列举了。下面详细讨论竹子的应用情况。

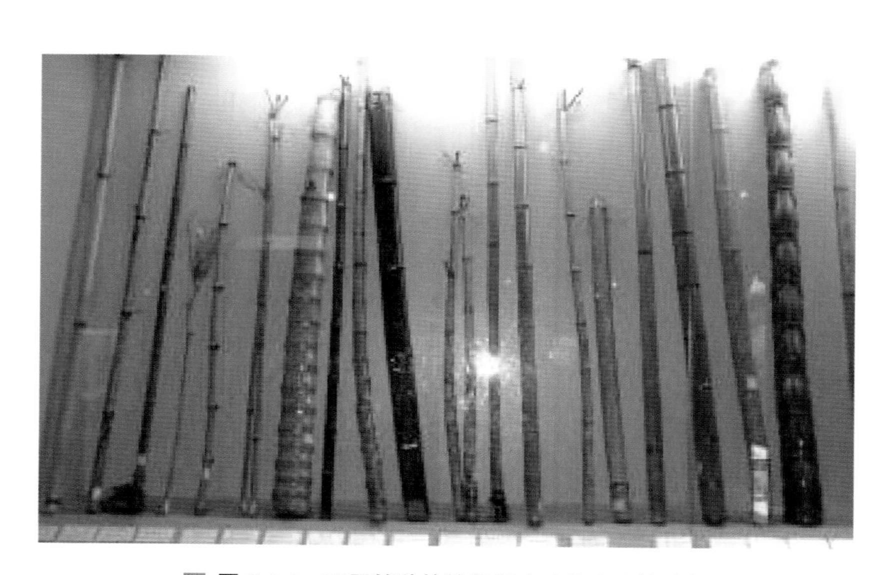

图 8.1.1 不同竹种的竹秆标本（张小开提供）

1）世界的竹子分布

世界的竹子地理分布可分为3大竹区（图8.1.2），即亚太竹区、美洲竹区和非洲竹区，有些学者单列“欧洲、北美引种区”。

（1）亚太竹区

亚太竹区是世界上最大的竹区。南至南纬42°的新西兰，北至北纬51°的库页岛中部，东至太平洋诸岛，西至印度洋西南部。有竹子50多属，900多种，其中有经济价值的约100多种。

主要产竹国家有中国、印度、缅甸、泰国、孟加拉、柬埔寨、越南、日本、印度尼西亚、马来西亚、菲律宾、韩国、斯里兰卡等。

（2）美洲竹区

南至南纬47°的阿根廷南部，北至北纬40°的美国东部，共有18个属，270多种。美洲竹类植物中，青篱竹属为散生型，其余17属均为丛生型。在北美，除大青篱竹及其两个亚种外，没有乡土竹种。在南北美洲，竹子分布主要集中在东部。20世纪以来，南北美洲还从亚洲引种了大量的竹种。

（3）非洲竹区

非洲的竹子分布范围相对较小，南起南纬22°的莫桑比克南部，北至北纬16°的苏丹东部。在这个范围内，由非洲西海岸的塞内加尔南部、几内亚、利比里亚、象牙海岸南部、加纳南部、尼日利亚、喀麦隆、卢旺达、布隆迪、加蓬、刚果、扎伊尔、乌干达、肯尼亚、坦桑尼亚、马拉维、莫桑比克，直到东海岸的马达加斯加岛，形成从西北到东南横跨非洲热带雨林和常绿落叶混交林的斜长地带，这是非洲竹子分布的中心。在非洲北部苏丹境内的尼罗河上游河谷地带和埃塞俄比亚的温带山地森林地区都有成片的竹林分布。然而非洲大陆的竹类区系很贫乏，根据记录，本地竹种有锐药竹和高山箭竹等几种，加上引种的也不过十几种，分属山竹属、滇竹属和青篱竹属，形成大面积的天然纯林，或与其他树种伴生成为混交林的下层。例如在肯尼亚的山区就有青篱竹13万$hm^2$①，在埃塞俄比亚有滇竹10万hm^2。

（4）欧洲、北美引种区

世界上的竹子主要分布在亚、非、拉的一些国家。欧洲没有天然分布的竹种，北美原产的竹子也只有几种。近百年来，英、法、德、意、比、荷等欧洲国家和美国、加拿大等从亚、非、拉的一些产竹国家引种了大量的竹种。例如，美国从中国引种的刚竹属竹种就有35种。

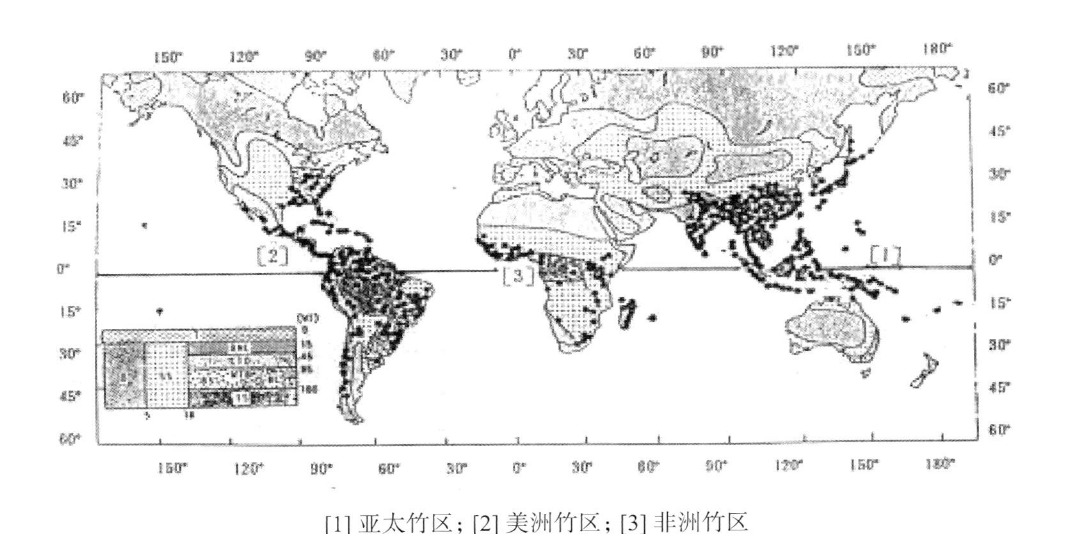

[1] 亚太竹区；[2] 美洲竹区；[3] 非洲竹区

■ **图8.1.2 世界的竹子分布**（引自：参考文献[4]第16页）

① $1hm^2=10000m^2$。

2）中国的竹子分布

中国的竹子分布见图 8.1.3，主要分为 4 个区。

（1）黄河—长江竹区

这个竹区位于北纬 30°~40°；年平均温度 12~17℃，其中 1 月的平均温度 -2~4℃；年降水量 600~1200mm。在本区内，主要有刚竹属、苦竹属、箭竹属、青篱竹属、赤竹属等竹种。

（2）长江—南岭竹区

这个竹区位于北纬 25°~30°；年平均温度 15~20℃，其中 1 月的平均温度 4~8℃；年降水量 1200~2000mm。本区是中国竹林面积最大、竹子资源最丰富的地区。其中毛竹林的面积 280 万 hm^2。在本区内，主要有刚竹属、苦竹属、短穗竹属、大节竹属、方竹属等竹种。

（3）华南竹区

这个竹区位于北纬 10°~20°；年平均温度 20~22℃，其中 1 月的平均温度 8℃以上；年降水量 1200~2000mm。本区是中国竹种数量最多的地区，主要有酸竹属、刺竹属、牡竹属、藤竹属、巨竹属、单竹属、茶秆竹属、梨竹属、滇竹属等竹种。

（4）西南高山竹区

这个竹区位于华西海拔 1000~3000m 的高山地带；年平均温度 8~12℃，其中 1 月的平均温度 -6~0℃；年降水量 800~1000mm。本区是原始竹丛，是大熊猫、金丝猴等珍贵动物的分布区，主要有方竹属、箭竹属、采竹属、玉山竹属、慈竹属等竹种。

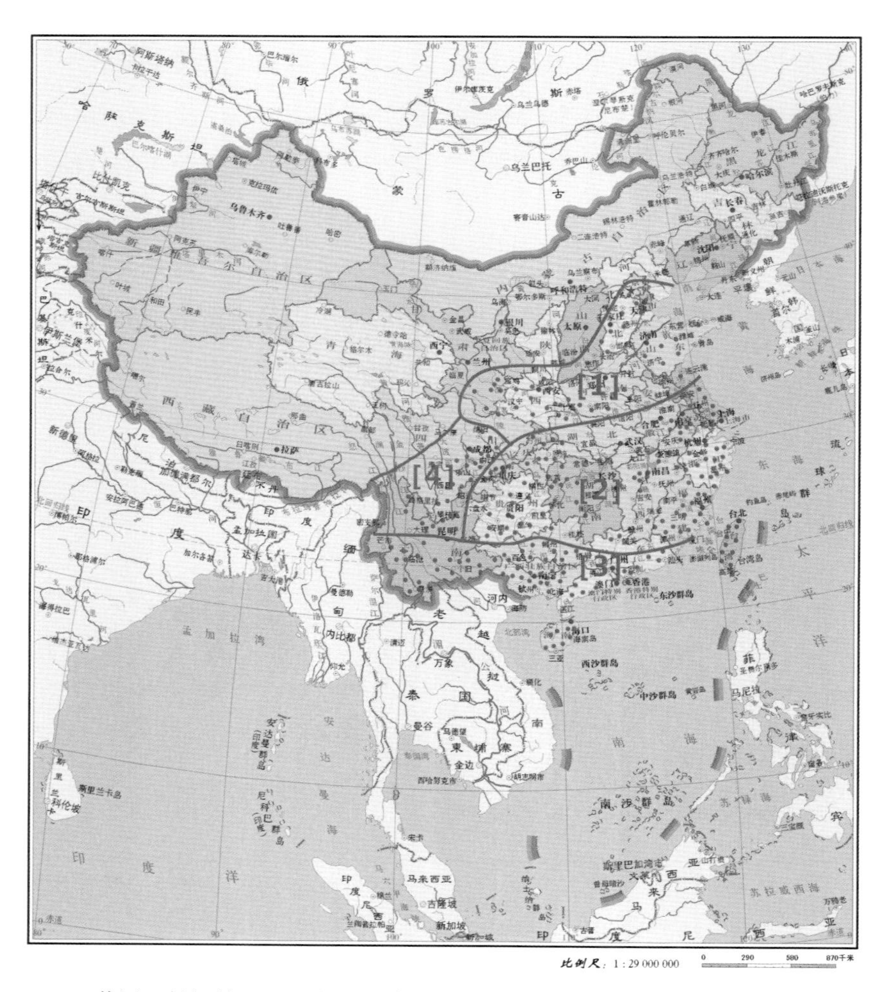

[1] 黄河—长江竹区；[2] 长江—南岭竹区；[3] 华南竹区；[4] 西南高山竹区

图 8.1.3 中国的竹子分布（引自：参考文献 [4] 第 16 页，张小开修改）

3）竹资源

（1）世界竹资源

世界竹种及分布情况见表 8.1.1。

已知全球约有竹林面积达 1400 万 hm^2，年生产竹材 1500~2000 万 t，广泛分布于地球的北纬 46° 至南纬 47° 之间的热带、亚热带和暖温带地区，但主要集中分布于南、北回归线之间的广大地区。按地理位置来说，除了欧洲大陆以外，其他各大洲均可发现第四次冰川之后的乡土竹种。根据大概的计算，竹区和约 25 亿人的生活相关。

（2）中国的竹资源

中国现有竹林面积 720 万 hm^2，其中纯竹林 420 万 hm^2，原始高山竹丛 300 万 hm^2。在 420 万 hm^2 的纯竹林中，毛竹有 300 万 hm^2，占 70%。每年的竹材砍伐量 800~900 万 t，其中商品材 600 万 t 左右。据统计，中国竹产业的产值 1981 年仅为 3.49 亿元人民币，1999 年则达到 200 亿元人民币，到 2004 年，竹产业产值约 450 亿元人民币，出口创汇 8 亿美元。

表 8.1.1　世界竹种及分布情况 [18]

地区或国家	面积 / 万 hm^2	属	种
澳大利亚—太平洋群岛	20.0	6	10
孟加拉国	60.0	13	33
缅甸	217.0	—	90
柬埔寨	28.7	—	—
中国	400 ①	37	500
印度	957.0	20	136
印度尼西亚	5.0	11	35
日本	11.2	13	165
朝鲜	0.8	10	13
马来西亚	2.0	7	45
菲律宾	0.8	12	55
斯里兰卡	8.0	7	14
泰国	100.0	12	50
越南	13.0	—	—
南北美洲	150.0	17	170
非洲 & 马达加斯加	150.0	14	50

① 根据国家林业局相关数据，中国现有竹林面积为 720 万 hm^2，该处作者当时原文数值为 400 万 hm^2。

2. 竹材的特性

竹材的特性包括基本性能和工艺特性。其中，基本性能主要从材料密度、力学性能、热学性能、电磁性能、光性能和化学性能、感觉物性等方面来分析；工艺特性主要从材料的加工成形性、环境形状保持性以及表面工艺性等方面来考察。这里从设计的角度来考察作为设计材料的竹材的特性。

1）竹材的主要物理性能

（1）竹材的密度

竹子的密度会随着竹材部位的不同以及竹子生长时间的不同而有所变化，但总的来说，竹材的密度约为0.64g/cm^3。不同竹种的密度也不完全一样，甚至相差很大。如车筒竹的平均密度为0.370g/cm^3，巨竹为0.489g/cm^3，金竹为0.594g/cm^3。[19]

（2）竹材的各项力学性能

关于竹材的力学性能，南京林业大学周芳纯教授在其研究中认为："竹材力学强度大，劈裂性好，容易加工……竹材的抗拉强度约为木材的2倍，抗压强度比木材约高10%左右，钢材的抗拉强度虽为竹材的2.5~3倍，但一般竹材的容积量（比重）为0.6~0.8g/cm^3，而钢材的比重则为6~8g/cm^3。因此，如果按单位重量计算强度，则竹材单位重量的抗拉强度为钢材的3~4倍。"①

竹材的弹性这一问题可以说不言而喻，不但整根竹秆具有很好的弹性，被劈裂后的竹片、竹条也都有很好的弹性，这一点可以从传统的竹弓、竹编等器具中看出。

竹材的塑性性能一般，特别是在早期没有热弯成形技术的条件下，竹材的塑性空间很小。在现代加工工艺中，采用模压热弯成形工艺可以将竹片加工成固定的曲线形态。②这种加工技术可以加工弯曲度很高和复杂的部件，但只适合加工较小的部件。更大的竹材或者整个竹秆也可以采用热弯成形技术，但是弯曲程度相对有限。

竹材的韧性很好，基本上没有脆性的表现，这里不再阐述。另外，竹材的硬度和耐磨性能也相当不错。根据2000年1月发布的中国竹地板行业标准，竹地板的理化性指标中明确规定了竹地板的硬度≥55.0MPa，磨耗值≤0.08g/100r③，而实木复合地板的理化标准中则规定磨耗性能≤0.15g/100r为合格，只有优等和一等品的磨耗值才能达到≤0.08g/100r。④这充分说明了竹材具有较高的硬度和优良的磨耗性能。

（3）竹材的热学性能

竹材的热学性能主要体现在竹材的比热、导热系数等方面。竹材的耐燃性能比较差，属于可燃有机材料。

绝干竹材的比热基本上不受竹种和密度的影响，平均为1.3691kJ/kg·℃。竹材的比热随含水率的增加而增加。竹材导热系数很小，是热的不良导体，竹材的导热系数为1.0~1.4J/m·h·℃。随着含水率的增加，竹材的导热系数也增大。同时，竹材的导热系数随孔隙度的增加而减少，也就是随竹材密度的减小而减小。⑤

（4）竹材的电磁性能

竹材是一种自然材料，基本上没有任何电、磁的相关性能。

绝干竹材是良好的绝缘材料。竹材的电阻率因竹材的含水率、密度、竹种、纹理方向和温度等而不同，其中含水率的影响最大。

① 参考文献[20]第45页。
② 参考文献[5]第265~266页。
③ 参考文献[6]第260页。
④ 参考文献[7]第128页。
⑤ 参考文献[4]第372页。

（5）竹材的声学性质

同一竹种的竹材，顺纹方向传声最快，径向次之，弦向最慢。同时，用驻波管法测定的竹材断面板的吸声系数分别为：0.273（125Hz）；0.182（250Hz）；0.202（500Hz）；0.077（1kHz）；0.155（2kHz）。[①]

（6）竹材的化学性能

材料的化学性能主要是指耐腐蚀性、抗氧化性以及耐候性。

"竹材比木材含有更多的半纤维素、淀粉、蛋白质、糖分等营养物质，因而竹制品的耐虫、耐腐等能力不如木材制品……"[②]"竹材的腐烂主要由腐朽菌寄生所引起，在通气不良的湿热条件下，竹材容易腐朽。竹材虫蛀或病腐后，组织破损和腐烂，从而直接影响到竹材的强度和持久性。"[③]但是，如果对竹材使用得当，保护措施到位，竹材的耐久性还是很好的。"例如，湖南长沙市的左家公山、杨家湾和马王堆等三处所发掘的战国至西汉时代的古祠，距今已有二千余年，但是，随葬品的竹筐、竹弓、竹签、竹片、竹筒等，形状完整，尚未腐烂。"[④]

2）竹材的感觉物性

感觉物性，就是通过人的感觉器官对材料做出的综合印象，包括人的感觉系统因生理刺激对材料做出的反应，或者由人的知觉系统从材料表面得出的信息。这种感觉包括自然质感和人为质感。对材料的整体感觉会因人，因文化、传统、生活环境等的不同而不同。所以，对材料的感觉物性往往无法准确预测，只能相对比较。竹材的感觉物性没有很好的理论依据，张小开在近1年的材料喜好度调查中发现，目前年轻设计师对材料的喜好排列如图8.1.4所示。可以看到，调查对象对竹材的喜好程度仅次于木材，甚至超出了现代工业材料。所以，竹材的感觉物性在总体上有自然、亲和的特性，在年轻设计师中也有一定的认知基础。

3）竹材的主要缺陷

竹材的缺陷主要有虫蛀和病腐、吸水和干裂、弯曲和畸形等。竹材中的竹青、竹黄和竹肉等容易吸水，不仅使竹材变形，而且在吸、失水过程中，三者的缩水率不一致会影响竹材的各项性能，引起竹材的变形和干裂，裂口处又容易遭虫蛀和腐蚀。[⑤]

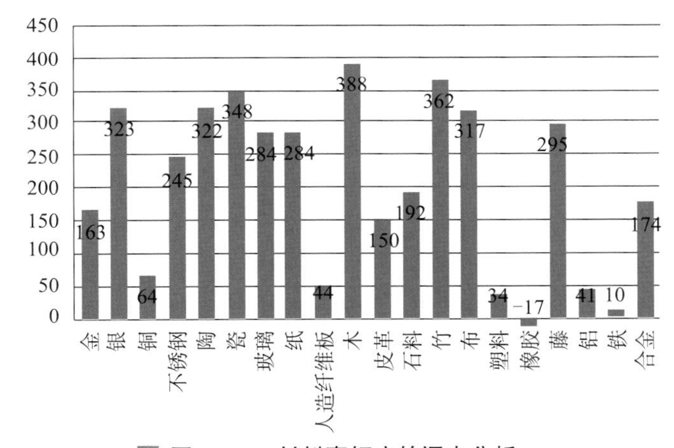

图8.1.4　材料喜好度的调查分析

（图中数值为根据五分法计算的相对数值总和，样本总数480份）

（张小开提供）

① 参考文献[4]第375页。

② 参考文献[5]第238页。

③ 参考文献[20]第72页。

④ 参考文献[20]第82页。

⑤ 参考文献[20]第72页。

8.2　中国传统竹家具概述

中国是世界竹子分布的中心，悠悠5000年，竹子与国人息息相关，几乎每件物品，无论实用或装饰，都会有竹制品（图8.2.1）。《吴越春秋》中记载："断竹、续竹、飞土、逐肉。"说明在上古时代就利用竹子做弓，射杀鸟兽。中国秦汉以前的书称为竹简，是用竹子做的；东汉发明纸张以后，又用竹子做毛笔，说明在中国古代竹子就与文化密不可分。

据有关史料记载，中国早在唐宋时期已有竹家具，如四出头官帽椅、脚凳、禅椅等，如图8.2.2和图8.2.3所示。

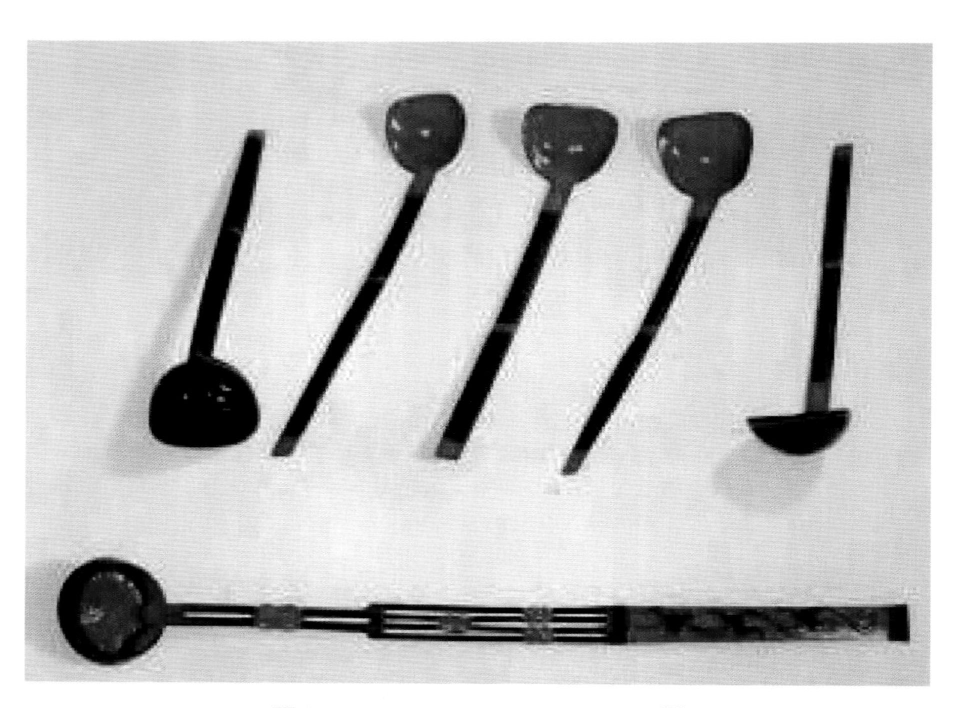

图8.2.1　汉·马王堆出土的竹勺[15]

图 8.2.2 唐·韩滉 文苑图
（现藏北京故宫博物院）

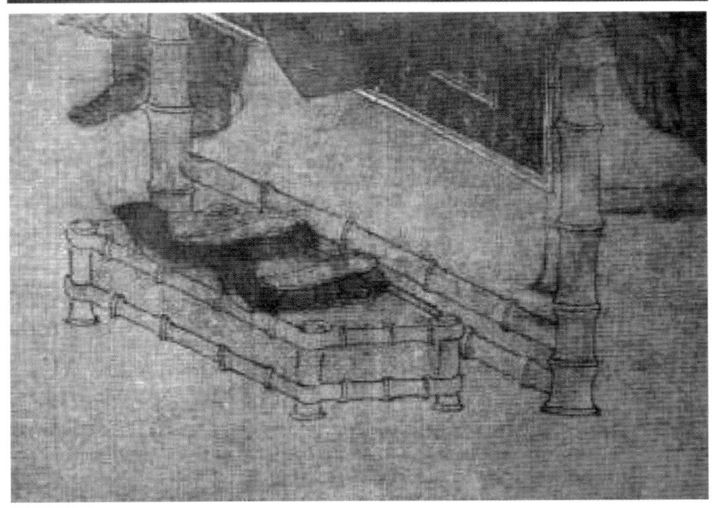

图 8.2.3 唐·卢楞伽 六尊者像册
（现藏北京故宫博物院）

传统竹家具，主要有竹床、竹榻、竹椅、竹凳、竹案、竹桌等，最先出现的是竹床、竹榻。先秦时将以竹片制成的床称为“笫”；汉朝以后，床既是卧具又是坐具（图 8.2.4）；隋唐时，由于桌子、椅凳的广泛使用，床成为专供睡卧的家具。竹床显示出加工便利、轻巧灵便、清爽致凉等优势，是很为人们喜爱的卧具。到了宋代，竹床使用得更加广泛，竹椅、竹凳、竹桌也大量出现。竹榻实质上是竹床的演变，下有 4 只矮足，榻面为长方形。古代竹榻有另一个雅号——梦友。《事物绀珠》载：“梦友，李建勋湘竹榻名。”足见其在人们生活中的普及程度了。

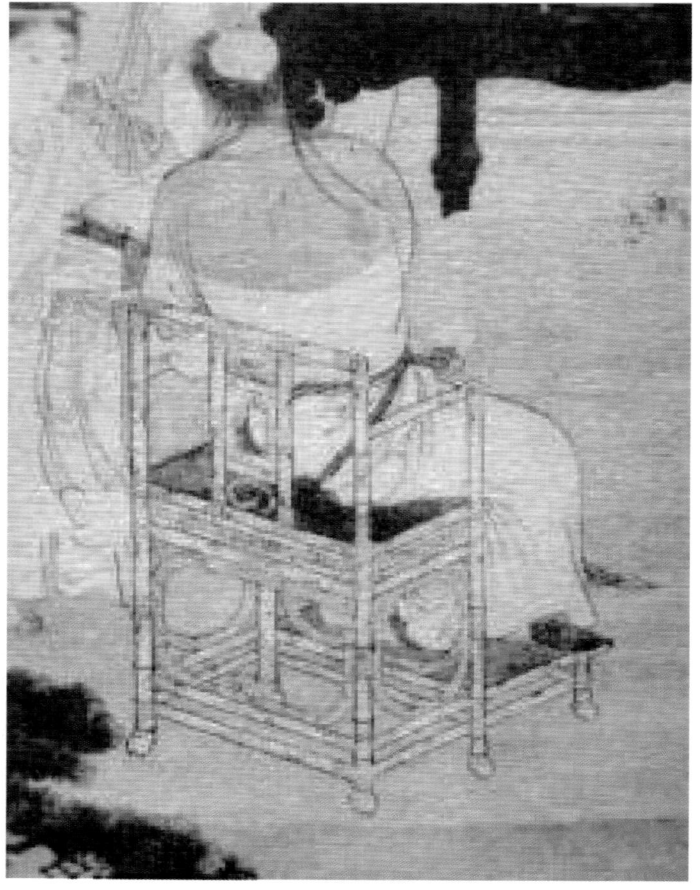

图 8.2.4　宋·宋人 十八学士图
（现藏北京故宫博物院）

传统竹家具的另外一种形式，主要有竹笥（sī）、竹箧（qiè）、竹帘等，是编织而成的。竹笥（图 8.2.5~图 8.2.7）是古代常用来盛衣物的竹箱，西周时主要用来盛衣服。春秋战国时，它的数量剧增，编织技术也有较大的提高，如楚墓出土的竹笥就达 100 多件，编织形式多种多样，有方形、圆形和长方形等。

图 8.2.5　汉・马王堆出土的竹笥 [15]

图 8.2.6　元・王蒙 莺稚川移居图（局部）
（现藏北京故宫博物院）

图 8.2.7　宋・李嵩 货郎图
（现藏北京故宫博物院）

竹箧（图 8.2.8）即为竹箱，只是大者称箱，小者称箧，也是盛物竹器；竹帘在古代有着广泛的用途，可作为门帘、窗帘，是障蔽门窗、装饰居室的重要家具。

竹家具轻巧、典雅、隽秀，价格低廉，在中国南方诸地使用非常普遍。一般选用材质坚韧的毛竹、刚竹、桂竹、茶杆竹、刺竹、紫竹、水竹等竹种，对竹秆进行卷节、火烤、弯曲、熏蒸、打穴、凿孔、开槽、榫合，并用竹条或竹片拼面后，制成桌、椅、床、橱、茶几、花架等多种家具。生活中的竹家具主要有竹凳、竹椅、竹桌、竹床、竹书架、竹花架、竹衣架、竹橱、竹箱、竹儿童小车等。

另外值得一提的是竹建筑。竹建筑多见于亭、台、楼、阁、水榭等。用竹制作建筑材料，在中国古籍中不乏记载。清《粤西琐记》便有“不瓦而盖，盖以竹；不墙而墙，墙以竹；不板而门，门以竹；其余若楞、若椽、若窗、若承壁，莫非竹者，吾署上房，亦竹屋”的记载。中国南方属热带、亚热带地区，炎热多雨，人们多搭建竹楼，清凉避湿。在西双版纳，更有风格独特的傣家竹楼（图 8.2.9），

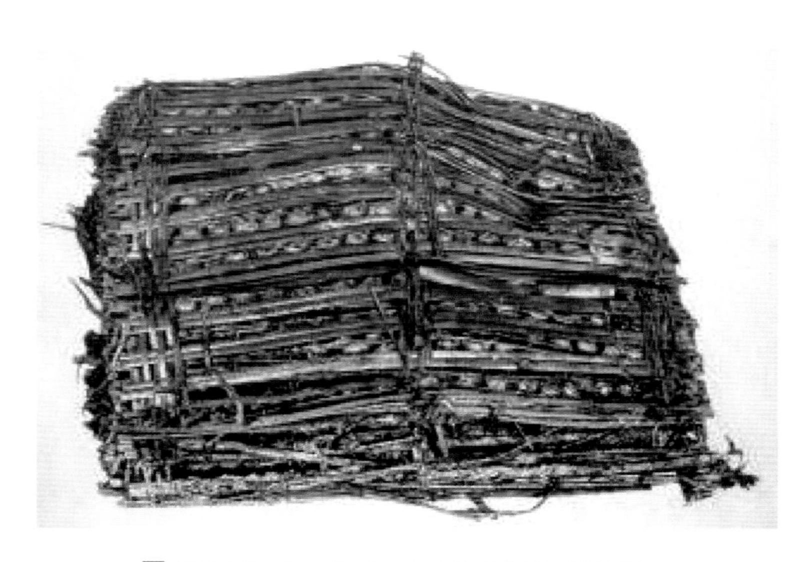

图 8.2.8　汉·马王堆出土的夹有梅子的竹箧
（引自：湖南省博物馆、中国科学院考古研究所 编《长沙马王堆一号汉墓（上、下）》）

图 8.2.9　云南西双版纳的傣家竹楼 [2]

其楼顶像诸葛亮的帽子，一座挨着一座。竹楼的墙用竹片排列编成，楼板用竹器镶接。中国的风景园林也往往以竹楼点缀其间，供游人休闲。杭州西湖的水榭式长廊（图 8.2.10），具顶、梁、柱、檐、栏杆等全用竹子制成，和湖光山色相映成趣。在南京玄武湖，一排竹亭立于水面之上，入夜灯光溢彩，别具情趣。各地宾馆、饭店、酒家、餐厅，很多采用竹子进行装潢，给人一种清新典雅、返璞归真的享受，如图 8.2.11 所示。

图 8.2.10 杭州西湖的竹廊 [2]

图 8.2.11 浙江安吉宾馆的五岳厅 [2]

8.3　竹家具的加工工艺

竹家具虽然种类很多，造型各异，但它们的加工制作工艺大致可分为竹材加工、骨架制作、面层加工、装配等几个工段。下面分工段介绍其工艺特征。

1. 竹材加工

为了合理使用竹材，充分利用竹材的特色，使竹家具富有色彩和式样的变化，必须在制作前对竹材进行截取、脱油、矫正、磨光、漂白、染色以及人工斑纹的制作等，这些被统称为竹材的加工处理。

1）竹段的截取

根据竹家具尺寸大小的需要，把原竹材截成适当长度的竹段叫竹段截取。截取时要注意根据竹家具的不同结构、不同部位，截取不同的长度和所带的节数。竹段截取的方法分手工锯竹和机械锯竹两种。

2）竹段的脱油

竹材中含有一定量的水分、糖分、淀粉等，这些物质统称为竹油。把竹段放在高温下加温使其中的竹油流出称为脱油。脱油的方法有两种，即火烤法和蒸煮法。

3）弯曲竹段的矫正

竹秆在生长过程中，受到各种外界因素的影响，往往出现弯曲现象。弯曲的竹材必须经过矫正后才适宜制作家具。其方法可采用调曲台、调曲棒等工具调曲。首先将干燥竹段的弯曲部分放在火上加温，当秆皮渗出汗珠状竹油时，竹段逐渐失去弹性，然后再把竹段的一端放入调曲棒槽中，缓缓调整弯曲度，而后用冷水或湿布降温冷却即可。

4）竹段的磨光

竹段表皮经过磨光可以增强光泽度。其方法是将加工好的竹段放在水中，用 2 份细沙和 1 份稻壳混合起来打磨竹段。刚采伐的竹秆用此法先打磨，经干操后再脱油，表皮特别光滑美观。竹秆表皮黑垢多的，可直接用沙打磨。

5）竹段的漂白

竹段的表皮原为黄绿色，经过脱油干燥后逐渐呈现嫩黄色，时间长了呈黄褐色。如果竹家具或竹器需要着其他颜色，必须将竹材进行漂白，否则不利于着色涂装。

6）竹段的染色

如果先将竹段染成适当的色彩或做出斑纹，然后再制成家具，则显得古朴典雅，更加美观。竹材着色多用碱性染料。其方法是选择经过漂白后的、表皮无损的竹段，放在 2% 的烧碱或碳酸钠溶液中，煮沸 3~5 分钟后取出，再放入碱性染料溶液中，煮沸半小时左右即可染上所需要的色彩。

7）人工墨竹、斑竹的制作

竹段的表皮经打磨后，涂上稀硫酸液，稍加火烤即呈墨色；如涂稀硝酸液，火烤后则呈褐色。色彩浓淡取决于酸液浓度的大小，也就是说酸的浓度愈大，色彩愈深；反之，酸的浓度愈稀，色彩也就愈淡。

2. 骨架制作

竹家具的骨架不仅能体现竹家具的大体造型，而且还是主要的承力部分。骨架制作有骨架竹段的弯曲和骨架的接合两个方面。

1）骨架竹段的弯曲

所谓骨架竹段的弯曲，就是把竹段弯曲成竹家具的骨架，常用以下 3 种方法。

（1）火烤弯曲法（图 8.3.1）。取一根待弯曲的竹段，左右手分别各握一端，或把一端卡入调曲棒槽中，另一端用手握紧，把要弯曲的部位的节间放在火上烤，加温的幅度要适当大一些，不断地来回转动竹段，竹壁厚的烤的时间长一些，薄的烤的时间短一些，当秆皮上烤出发亮的水珠竹油时，材质开始变软，这时两手再缓缓向内用力，顺势将竹材弯成所需要的曲度，然后用冷水或冷湿布擦弯曲部位促使降温定型。为了避免把竹段秆皮烧黑，最好不用有黑烟的燃料，一般习惯用炭火。高级工艺品骨架竹材的弯曲可用酒精灯、电炉等热源。竹段弯曲的温度最好在 120°C 左右。另外，还可以将竹段内部节隔打通，装进热沙，缓缓地加热弯曲、冷却定型。这种装热沙火烤弯曲法受热均匀，竹段弯曲的弧度也均匀，而且竹段不开裂。但因为内部竹隔被除掉了，会使竹材强度受到一定损失。

（2）开凹槽弯曲法（图 8.3.2）。取待弯曲的竹段，在待弯曲的部位锯出凹形槽口，再把凹槽的两头修成半圆形弧。凹槽的深度为竹段直径的 3/4，凹槽的长度为竹段或圆木芯直径的 1.5 倍。凹槽的内部要求平整，并要削去内部竹黄。将凹槽处加热弯曲，把预制好的竹段或圆木芯填入凹槽夹紧，冷却后即呈 90° 的弯曲。

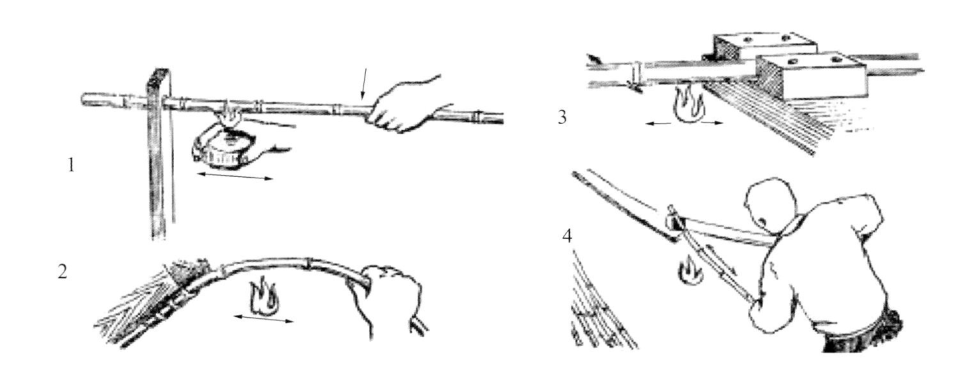

图 8.3.1　火烤弯曲法示意图 [3]

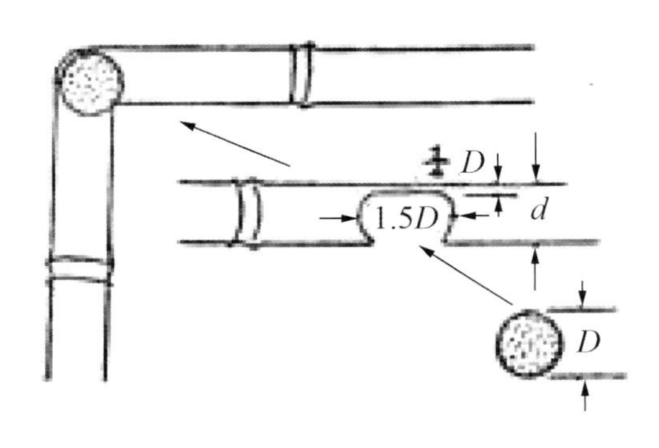

图 8.3.2　开凹槽弯曲法 [3]

（3）锯三角槽口弯曲法（图 8.3.3）。在竹段待弯曲部位的内方，均匀地锯上三角形槽口，再用火烤弯曲部位，两手把竹段向内方弯曲，冷却后即可定型。必须注意，锯的缺口愈大、愈多，竹段弯曲的弧度就愈大，曲率半径就愈小；反之亦然。一般缺口的深度为竹段直径的 2/3 左右。锯口一定要大小一致，间距相等或对称，缺口要在竹段的一条纵线上。否则制成的竹家具会扭曲变形或开裂。此种弯曲法适用于竹椅靠背骨架和竹沙发靠背骨架的加工。开凹槽弯曲法、锯三角槽口弯曲法，适用于不易弯曲的大径竹材，制成的骨架虽有一定特色，但是因锯伤了竹材，所以强度有所损失。

2）骨架的接合

竹段弯曲后，再和其他圆竹或竹片接合才能组成真正的竹家具骨架。接合方法有很多，常用的有棒接、丁字接、十字接、L 字接、拱接、并接、嵌接、缠接等。骨架的接合需要配合使用圆木芯、竹钉、铁钉、胶合剂等才能取得良好的效果。

（1）棒接：把一个预制好的圆木芯串在两根等粗的竹段空腔中，使这两根竹段相接合。

（2）丁字接：一竹段和另一竹段呈直角相接或呈某一角度相接。

（3）十字接：将两根竹段呈十字形相接，包括同径竹段相接和异径竹段相接两种形式。同径竹段相接是在横竹段上定点打出穿孔，再把预制好的圆木芯垂直插入孔中，在孔的两边露出一定长度，将露出的圆木芯涂上树脂胶，两边各插接一待接的竹段。（注意：圆木芯的外径要和插接的竹段内径相同。）异径竹段相接是在较粗的竹段上打孔，其孔径大小与被插入的较细竹段直径相同，再把这被插细竹段插入孔中。（注意：被插的细竹段的节要留在孔外，否则要把它削平才能穿过孔洞。）

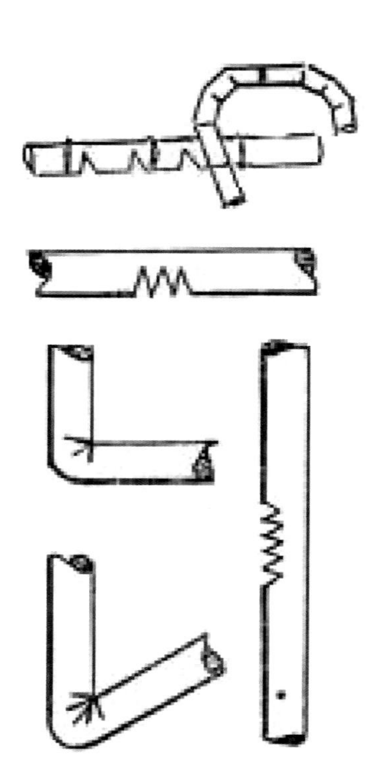

图 8.3.3　锯三角槽口弯曲法 [3]

（4）L 字接：把两根同径竹段的端头呈 90° 角相接。其方法是将待接的两根竹段的一端各插入预制好的圆木芯，并将其端头修成 45° 斜角，分别把斜面涂上树脂胶。然后呈 90° 角相胶接即成。

（5）拱接：也叫弯接，是将一根竹段弯成 90° 或大于 90° 的形式。与两根竹段间呈 90° 相接时类似。

（6）并接：把两根或两根以上的竹段平行接起来。方法是选两根以上同径竹段，削平一面的竹节，使其能相互紧密靠近，再打孔销钉即成。打孔销钉的方向不宜平行，以防止相并竹段互相错动。

（7）嵌接：将一根竹段弯曲环绕一圈之后，两个端头相嵌接。方法是选用一根上下直径相同的竹段，将两个端头纵向各相对应锯去或削去一半，当弯曲一段之后，再把保留的另一半相嵌而接。常见的有正劈 1/2 和斜削 1/2 两种形式。

（8）缠接：在竹家具骨架相连接的部位，用藤皮、塑料带等缠绕接合处使之加固。

3. 面层加工

竹家具的面层在使用和装潢上都很重要，因此必须精心加工才能达到设计要求。竹家具的面层一般采用竹片、竹排、藤条、竹篾穿编而成，也可用木板、胶合板、纤维板、塑料板、沙发垫等制成。下面介绍几种常用的面层和面层加工方法。

1）竹条面层

竹条面层是用一根根竹条平行相搭组成的。它是竹家具中最常见又简单的面层。

2）竹排面层

竹排面层是大型竹桌、竹床及普通竹家具中常用的面层。其制作方法是把竹秆一分为二纵劈成两半，除去节隔，再从它的两端进行多次反复的细劈，但要保持两端不对劈。被细劈的小竹条仍保持左右连续状态，这种片料称为“竹排”，用数块竹排可并联成竹排面层。

3）孔胶合面层

以竹薄片或竹席、木板，用胶料胶制而成的面层称为胶合面层。各种胶合面层的做法是：将编好的篾席截成所需要的尺寸，再用树脂胶浸制即成竹编织胶合面层；将竹薄片与各种板面在高温高压下胶合即成竹贴面板的面层。

4）穿结面层

穿结面层是指用藤条、绳带等互相穿结而成的面层，多用于竹藤家具面层上。具体做法是用藤条、竹篾、塑料带、尼龙绳等，在骨架面层部位先作经线排列，后作纬线穿结即成。在骨架接合处可进行多次缠结，沿着骨架还可以做出各种花式结。

5）编结面层

在竹家具的骨架上，用藤条、竹篾等编织而成的面层称为编结面层，常用于竹藤家具上。编织的花样很多，如十字花编、人字花编、井字花编、菱形花编等。

4. 装配

竹家具的装配是竹家具制作的最后阶段。一般包括从零部件的准备到整体装配，包括装配要素、部件装配、总装配 3 个方面的内容。

1）装配要素

无论是部件装配还是总装配，都必须进行打孔、打穴、销钉、胶合等作业，因此它们被统称为装配要素。

（1）打孔、打穴：由于竹材的竹青部分纤维密度大，如果把钉子直接从竹青表面钉入，秆皮容易破裂，因此必须在秆皮上按设计要求定点、打孔或打穴之后才能从中销钉。打孔是在竹材一定的位置上用钻头钻出对穿孔洞，以利销钉。打穴是在竹材表皮上用钻头钻出上宽下窄的孔穴，以利钉入铁钉和旋下木螺钉，将钉帽嵌在穴中。在打孔、打穴工作中要细心使用工具，防止钻头把竹皮纤维撕破。

（2）销钉：竹销钉的做法是将老竹的竹青部分劈成四方的篾棒，再削成前端尖细、后部稍粗的长形圆锥体，即成竹销钉。把竹销钉钉入孔洞中，再把多余部分削平，以保持秆皮平整。如果使用铁钉或木螺钉，也要在销钉的部位打穴。穴的大小要与钉帽相吻合，以免钉头、钉帽露出秆皮，影响美观和使用。铁钉的长度要根据竹壁内方圆木芯的软硬而定。一般情况下钉入圆木芯的深度为竹壁厚的3~5倍。软材可适当长一些，硬材应略短一些。

（3）胶合：这里指竹家具的骨架、面层或竹编织的缘口的胶合。常用的胶合剂有动物胶、聚醋酸乙烯树脂胶（也称乳白胶）、脲醛树脂胶、乙烯-醋酸乙烯共聚树脂胶。

2）部件装配

按照规定的技术要求，将若干加工好的竹家具的零件接合成部件称为竹家具的部件装配。它包括部件的尺寸固定、打孔、销钉和形状的修整加工等工艺过程。

3）总装配

各部件装配好后就可以进行总装配了。图 8.3.4 是竹沙发的总装配示意图。

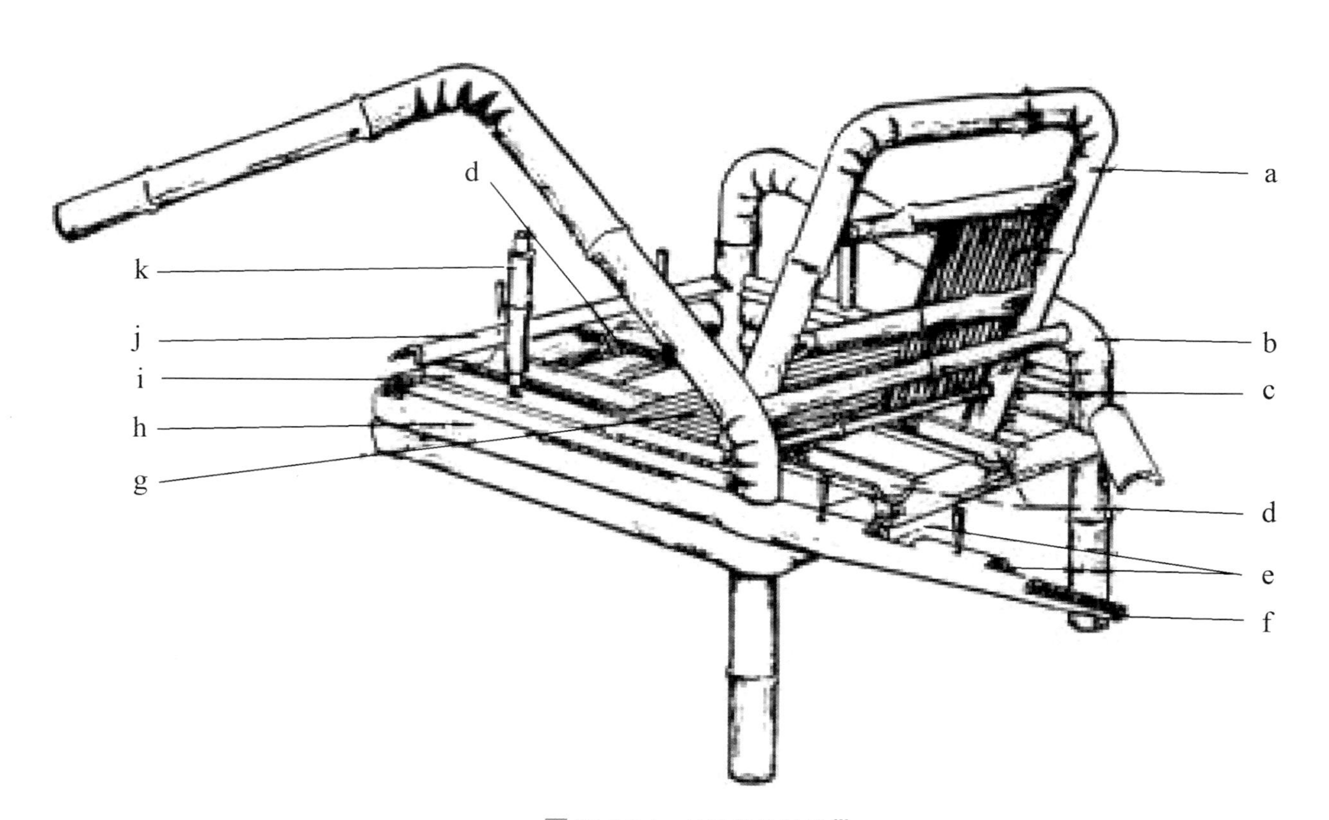

图 8.3.4　竹沙发总装配[3]

a—竹沙发靠背；b—竹沙发骨架；c—左右圆孔；d—托竹排面层的宽竹片；e—前后凹槽；f—面层水平框架端头；g—竹排面层；h—面层水平框架；i—左右压头竹片；j—前后压面竹片；k—扶手支撑

5. 竹集成材家具的加工工艺

近年来，人们运用先进的加工技术，将竹子经过水煮、刨削、干燥、弯曲成形、胶合、砂光等多种工序，制成直线形、曲线形的柱材及零件、板材。再按照现代家具的制作工艺，加工成各种造型别致、防虫蛀、防开裂、榫合紧密、坚固耐用的各型竹家具。

1）竹集成材家具的分类

竹集成材家具可分成三类：

（1）以榫接合为主的传统家具，造型和结构上类似于传统的硬木家具。

（2）现代板式结构的竹集成材家具，可实现标准型部件化的加工。

（3）弯曲家具，在传统的圆竹家具的基础上，主要发挥竹材在纵向上较好的柔韧性，通过高温烧制，把竹材弯曲成各种形状，使其看上去自然、美观。

竹家具可实现工业化生产以及家具的模数化，整体设计上崇尚天然、朴素、环保的特质。通过材料的选择和变化，使其在风格上呈多样化，以满足不同层次消费者的需求。

2）竹集成材及竹家具的生产工艺

板形、方形竹集成材的生产工艺流程见图 8.3.5；平拼弯曲竹材集成材的生产工艺流程见图 8.3.6；新型竹集成材家具的生产工艺流程见图 8.3.7。

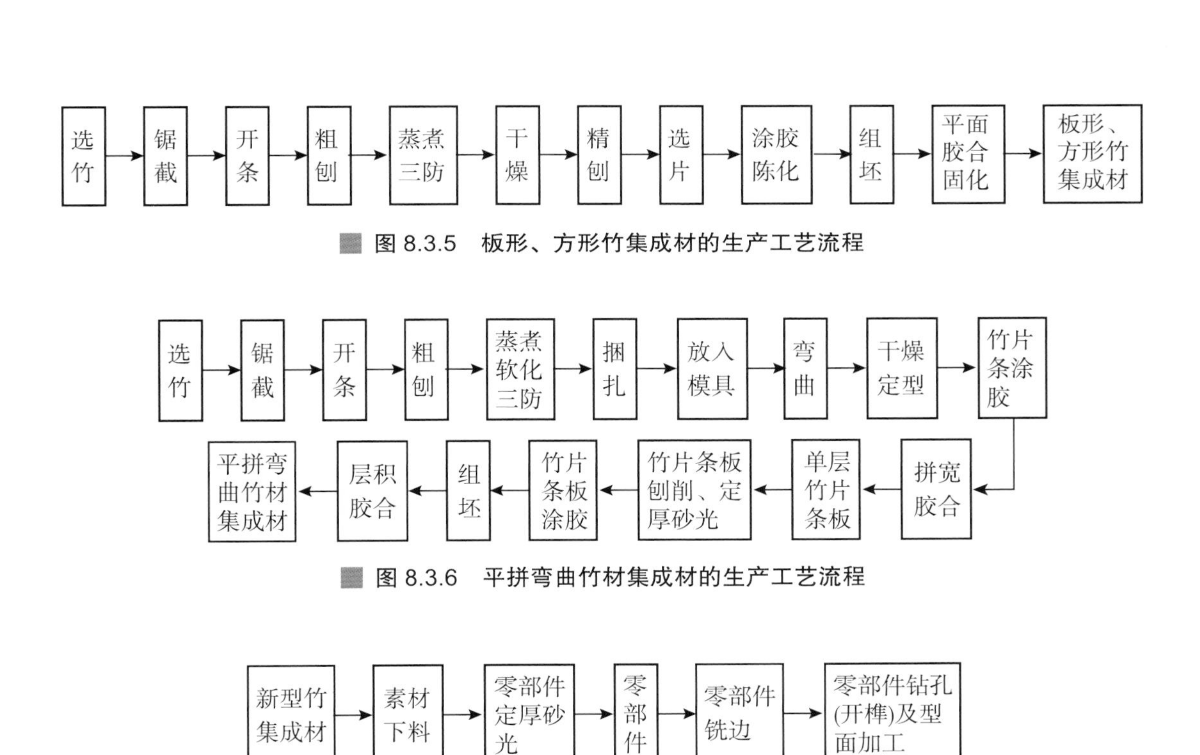

图 8.3.5　板形、方形竹集成材的生产工艺流程

图 8.3.6　平拼弯曲竹材集成材的生产工艺流程

图 8.3.7　新型竹集成材家具的生产工艺流程

3）竹家具构件主要技术问题及其对策

（1）选竹：杆形要直、圆且较粗，过弯的要人工校直，以提高出材率。竹龄过小（不足 4 年）的竹子，细胞内含物的积累尚少，纤维间的微孔隙较大，在干燥后易引起变形，制成品干缩湿胀系数大，几何变形也大，故不宜选用；如果竹龄过大（超过 7 年），竹子在干燥后硬度会很大（含硅量增加），强度开始降低，对刀具损伤也大，也不宜大量选用。因此对竹集成材或其他竹装饰板材而言，最好选用竹龄 5~6 年、眉径（离地 1.5m 处）在 10cm 以上的竹子。

（2）干燥：干燥工序对保证制成品的质量尤为重要。只有竹片达到干燥工艺标准要求，制成品才不易开裂、变形或脱胶。干燥后含水率以 7 %~9% 为宜。如果含水率低于 6 %，竹材的强度会降低。

（3）涂胶：一般采用脲醛树脂胶粘剂，要求其固含量 60 % 以上，黏度 30~50Pa · s，游离甲醛含量低于 0. 5 %。施胶量一般控制在 200g/ m^2 左右，视胶的黏度大小略作调整。也可对脲胶进行改性或使用其他胶种，以增加或提高某些性能。竹片在涂胶后应陈化，其时间应比木质材料的陈化时间长一些，这是因为竹材的弦向或径向吸水速率较低。

（4）竹条的软化：竹材组织致密，材质坚韧，抗拉强度和弯曲强度很高 [3]，因此应先对竹条进行软化处理才能使其易于弯曲定型。高温（160℃）快速加热、化学试剂润胀和叠捆微波加热等方法均能使竹条有效软化，易于实现弯曲成形。由于竹材中含有较丰富的抽提物，影响竹材的耐久性和易导致霉变，因此必须对竹材进行防霉处理。根据软化方法的不同，可在软化前或软化的同时去除抽提物，以提高竹材的耐久性和防霉变性。

（5）胶合固化：竹集成材用的胶压设备一般为蒸汽加热的双层压机，也可采用高频加热的双层压机。由于竹材的导热系数比木质材料略小，因此其热压时间应略长于木质材料。热压温度与木质胶合板相同，热压压力可视竹片的平整度而异，且与压机的操作顺序有关，一般比木质材料稍大。冷压胶合工艺与木质材料冷压工艺相近，只是前者采用的压力较大。在生产过程中要做好原料、工艺条件及产品质量检查工作，应经常检查单板含水率、胶液黏度、涂胶量及胶压条件等，还需定期检测坯件的尺寸大小、形状及外观质量，并按标准测试各项强度指标。

（6）竹条的弯曲成形：首先将软化后的竹条弦面层叠，再用细铁丝捆扎成捆；然后将竹条捆在高湿热状态下放入模具中；均匀缓慢加压到竹条捆与模具紧密贴合后与模具一起夹紧固定，之后连同模具放入干燥箱内高温（130~150℃）干燥。在干燥过程中随竹条干缩量的增加要及时紧固模具。贴合状态要保持紧密，以使竹条弯曲定型良好。模具的精度对弯曲成形质量的影响很大。加压时应保证各叠竹条厚度一致，受力均匀平衡，避免整叠竹条捆扭曲或倾斜。

（7）弯曲竹条的定型：由于弯曲的竹条存在弹性应力，故需在保持压力的条件下进行干燥定型，将紧固的模具一起放入干燥箱内干燥，在达到预定干燥程度（含水率小于 10%）之前保持压紧状态。干燥完毕后，将竹条捆连同模具取出，待竹条捆完全冷却后松开模具。此外，也可采用急剧冷却方式定型，但后续干燥易产生一定量的回弹，定型后的形状不十分准确，可用于对弯曲形状要求不高的场合。定型后取出弯曲的竹条捆，按层叠的顺序编号，以便层积胶合时按原序组坯。

（8）竹条板的组坯胶合：竹材胶合常用的胶粘剂有酚醛树脂胶和脲醛树脂胶。胶合完毕的弯曲竹条板还应进行刨削和定厚砂光加工，以备用。

（9）层积胶合：所谓层积胶合，是指以弯曲竹条板作为弯曲竹集成材的构成单元，通过对竹条板的胶合面涂胶、组坯，采用集成材专用胶以冷压胶合的方式制成一定规格尺寸的弯曲竹集成材。

（10）素板下料：素板锯裁时，操作人员应首先细阅开料图及相关配套的尺寸下料表格，然后再进行加工。素板零部件的加工余量按以下标准选取：长度方向取 10~12mm；宽度方向取 8~10mm。锯割后的板材应堆放于干燥处。

（11）板件定厚砂光：进行板件定厚砂光时，要求板块两面砂削量均衡，以保证基板表面和内在的质量。板件在砂光中，要求每次砂削量不得超过 1mm，砂光的板件厚度公差应控制在 ±0.1mm 范围内。板件铣边应先进行纵向加工，然后再进行横向边的加工。在进行横向边加工时，应适当减少切削量，降低切削速度及进给速度。加工完毕的零部件长、宽度的允许公差为 ±（0.1~0.3）mm。

（12）板件钻孔及型面加工：要严格按照 32mm 系列要求的指标进行钻孔加工。操作人员加工前应认真查阅设计图纸，了解各项技术要求，正确选择钻头，调整好相应的尺寸，确定好零部件钻孔的正反面。根据家具五金件的公差确定钻孔的允许公差，以保证零部件的互换性；同时考虑结构装配的紧密性，钻孔的允许误差不宜过大。钻孔公差为 ±0.15mm（极限偏差为 ±0.1mm），孔距公差为 ±0.15mm（极限偏差为 ±0.1mm）。型面加工时，要求样模有很好的精度，表面切削深度也宜小。

（13）装饰、专用五金件预装配：竹集成材家具是一种绿色产品，涂料的选择首先必须考虑环保，其次也要兼顾涂料和漆膜的性能、施工工艺性及经济性等方面的要求。目前常用 UV 漆和水性涂料，涂饰工艺的选择以淋涂为主。考虑竹集成材的握钉力较小，须采用牙距大、牙板宽而锐利的专用螺钉。

4）竹集成材的家具设计

通过对竹胶合板或集成材等竹板材料的二次设计，可以制作成现代竹家具。图 8.3.8 所示的竹制沙发就是其典型家具。这一加工手法是目前中国竹家具产业化的重要手段，可以将自然生长的不规则竹材转化为可以工业化、批量化生产的竹板材，使中国竹产品的加工进入工业化时代。但对竹材的工业化利用是否只有这一种手法，目前还有待新的探索，特别是对圆竹的工业化利用，这样才能实现竹材利用的优化。因为使用竹板材的手法在某种意义上是对竹材材料特性的破坏。

图 8.3.8　浙江安吉生产的竹制沙发（张小开提供）

8.4 竹家具的装饰手法

1. 原竹材料的装饰特性

原竹材料优良的装饰特征主要体现在表面光滑、轻质、柔性大、色泽自然柔和、纹理清晰美观等，制作的家具也保持材料原有的天然纹理，给人质朴、古典的感觉。原竹家具应充分利用材料的质感、色彩、表面光泽、肌理及受光特征，其中质感和色彩所占比例最大，更能反映竹材的本质。竹材的装饰色主要有竹绿、竹黄和碳化（深、中、浅）3类，不同的色彩能给人不同的心理感觉。竹绿色能给人以宁静、安详的感觉，使人联想到春天、青春和希望；竹黄色能给人以温暖、愉悦、提神、丰收的感觉，使人积极向上、进取和向往光明。而少数竹种有其自身的装饰特色，如方竹成材时竹秆呈四方形，青翠欲滴、华丽高雅，具有清幽脱俗的品质；斑竹竹秆具有紫褐色斑块或斑点，分枝也有紫褐色斑点，其表面光泽与纹理可体现出独特的装饰效果；紫竹成材时竹秆呈紫黑色，所制作的竹制品体现华贵，极具观赏性。

2. 原竹家具结构的装饰手法

家具结构的装饰设计从属于家具的装饰设计。家具的结构按家具制造方式不同可以分为工艺结构和连接结构，其中工艺结构是由家具的材料和制作工艺水平确定的，不同的材料具有不同的材性，其加工工艺也存在差异，那么制作出的家具就会具有不同的结构特征；家具的连接结构是指家具各个部件之间的连接方式所形成的结构形式。因此，家具的结构装饰设计就是探讨家具的工艺结构和连接结构或接点，在具有支撑家具重量使其坚固的同时收到装饰、美化家具的效果。好的结构装饰设计既可以降低家具的加工成本，又可以丰富家具的造型，增强家具的美感。结构装饰设计集结构设计、工艺设计、装饰设计于一体，设计的好坏取决于家具设计师对装饰元素的应用。原竹家具结构的装饰手法是以其独特的点、线、面元素为基础实现的。下面重点介绍面装饰手法，包括平面装饰和曲面装饰。

1）平面装饰（图 8.4.1）

传统的原竹家具多以平面装饰为主，屏风、桌面、几面、椅面等均以平面形式制作，并可根据原竹的装饰特性进行装饰设计。原竹家具平面构件的制作有多种方式。例如，利用中小径竹秆做家具的框架，再用竹条平行排列作为面板、座板或靠背等，最常见的有竹床、竹桌、竹椅、茶几、椅面和几面等。也可以将原竹剖开、软化、展开，拼接成面板，以原竹秆材制作框架，将原竹板嵌插或用竹钉等多种接合方式与框架接合。加工后的原竹板保持其原有的纹理、色泽。还可将小径级原竹秆或剖篾编织成平板，再与原竹框架通过不同的接合方式进行装配，编织的手法不同，编织出的纹路也不同，从而获得丰富的原竹家具的平面装饰效果。

2）曲面装饰（图 8.4.2）

原竹材料具有柔软性。竹家具的曲面装饰可以通过多种手段来实现：可以将小径级的原竹或原竹剖篾以原竹弯曲段为框架来进行编织，编织手法丰富多变，得到的曲面装饰效果也具有多样性；可以以弯曲原竹段为框架，竹片、小径级竹条以嵌插的接合方式构成具有装饰性的面；还可以将原竹纵剖、软化、展平，再加热弯曲得到所需要的曲面。当然，用于制作曲面的构件可在造型上进行设计，使其具有丰富的装饰性能，如形状上可为几何形和非几何形，嵌插所用的竹片、竹条在大小上可以做调整，同时在嵌插的排列中可以根据造型原理进行设计（如比例、尺度、变化、统一、均衡、稳定等的运用）。如选取具有两种径级的竹条进行嵌插，可以在中间部分插小径级竹条，两边部分插大径级竹条，或相反；还可以将竹条由一边向另一边按径级由小到大或由大到小进行排列来体现其韵律美。

江西贵竹公司竹制桌椅

中国民间竹椅

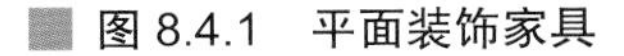

图 8.4.1　平面装饰家具

十竹九造公司竹灯系列

素生公司竹椅系列

图 8.4.2　曲面装饰家具

8.5 中国竹家具的种类

竹类产品品种丰富，“从摇篮到棺材，无一不包。”仔细观察一下就可以发现，这一句话同样可以理解为用竹材制作的产品也是“从摇篮到棺材”的。至于竹鞭类、竹根类、竹枝类等产品，只是对竹类产品作了一个很好的扩展和补充，体现了人类对于材料物尽其用的利用方式。在《中国竹文化研究》一书中，何明、廖国强两位先生对竹类产品作了一次很系统的总结，把中国的竹类产品分为竹制生活器具、竹制生产器具、竹制交通器具、竹制文房器具、竹制工艺品、竹制乐器等几大类，如图 8.5.1 所示。

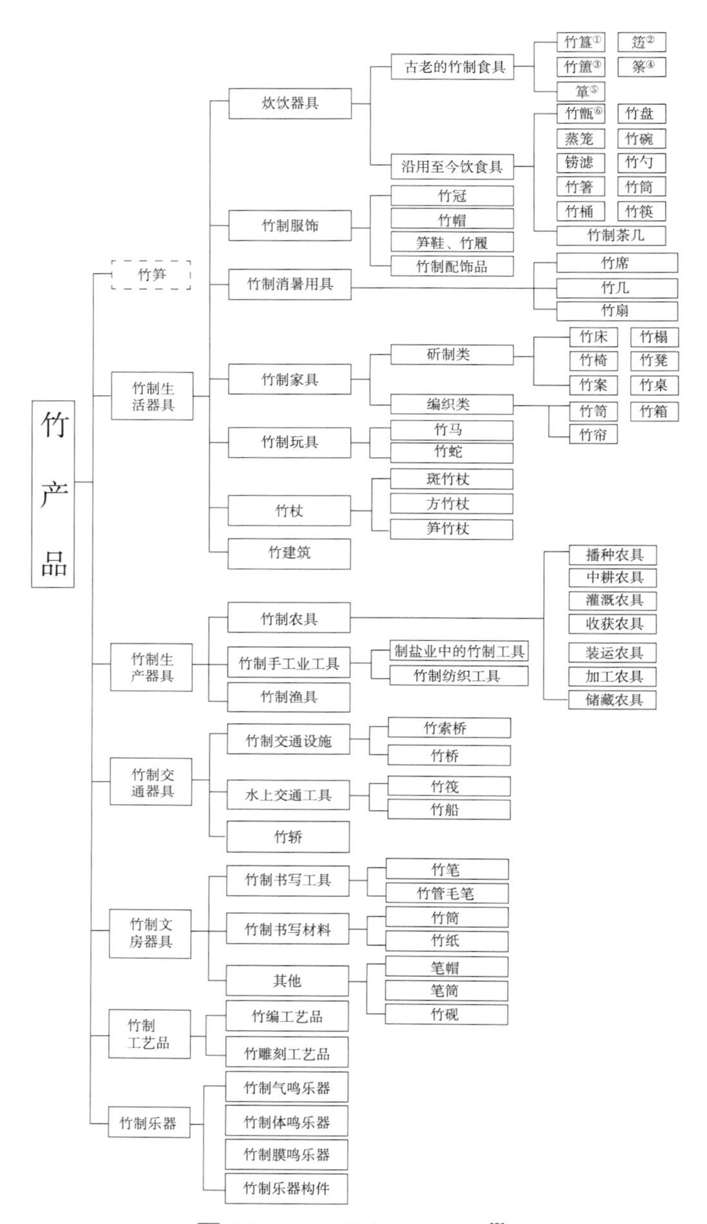

■ 图 8.5.1 竹产品的种类 [8]

---

① 音 guǐ，中国古代用于盛放煮熟饭食的器皿，也用作礼器，流行于商朝至东周，是中国青铜器时代标志性青铜器具之一。
② 音 biān，中国古代祭祀和宴会时盛果品等的竹器。
③ 音 fǔ，中国古代祭祀和宴飨时盛放黍、稷、粱、稻等饭食的器具。
④ 音 xiǎo，指细竹、竹器。
⑤ 音 dān，中国古代盛饭的圆形竹器。
⑥ 音 zèng，中国古代蒸饭的一种瓦器。其底部有许多透蒸气的孔格，置于鬲（lì）上蒸煮，如同现代的蒸锅。

中国竹家具可以参照本书前述的中国家具的种类来分类，即分为床榻类、椅凳类、桌案几类、框架类、箱柜橱类、屏风类、门窗格子类、综合类等。可以说只要是人们日常生活中需要的家具，几乎都可以用竹材制作出来。

也可以根据材料的加工手法将竹家具分为圆竹类、编织类、胶合板类、复合类等。圆竹类主要是指直接使用圆竹材料加工的竹家具；编织类指用编织的手法制作的竹家具，这一类家具既可以是手工编织，也可以是机器编织，或者二者兼用；胶合板类主要是指竹材被加工成胶合板后通过二次设计与加工形成的家具；复合类主要是指使用竹材和其他材料复合形成的材料所加工的家具。表 8.5.1 是各类竹家具的若干实例。

表 8.5.1　竹家具实例

种类	实　　例
床榻类家具	   
椅凳类家具	     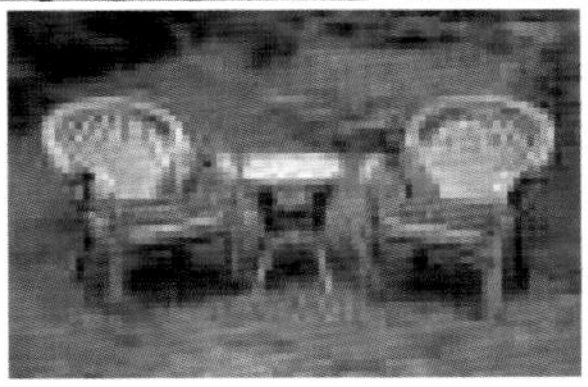 
桌案几类家具	     

续表

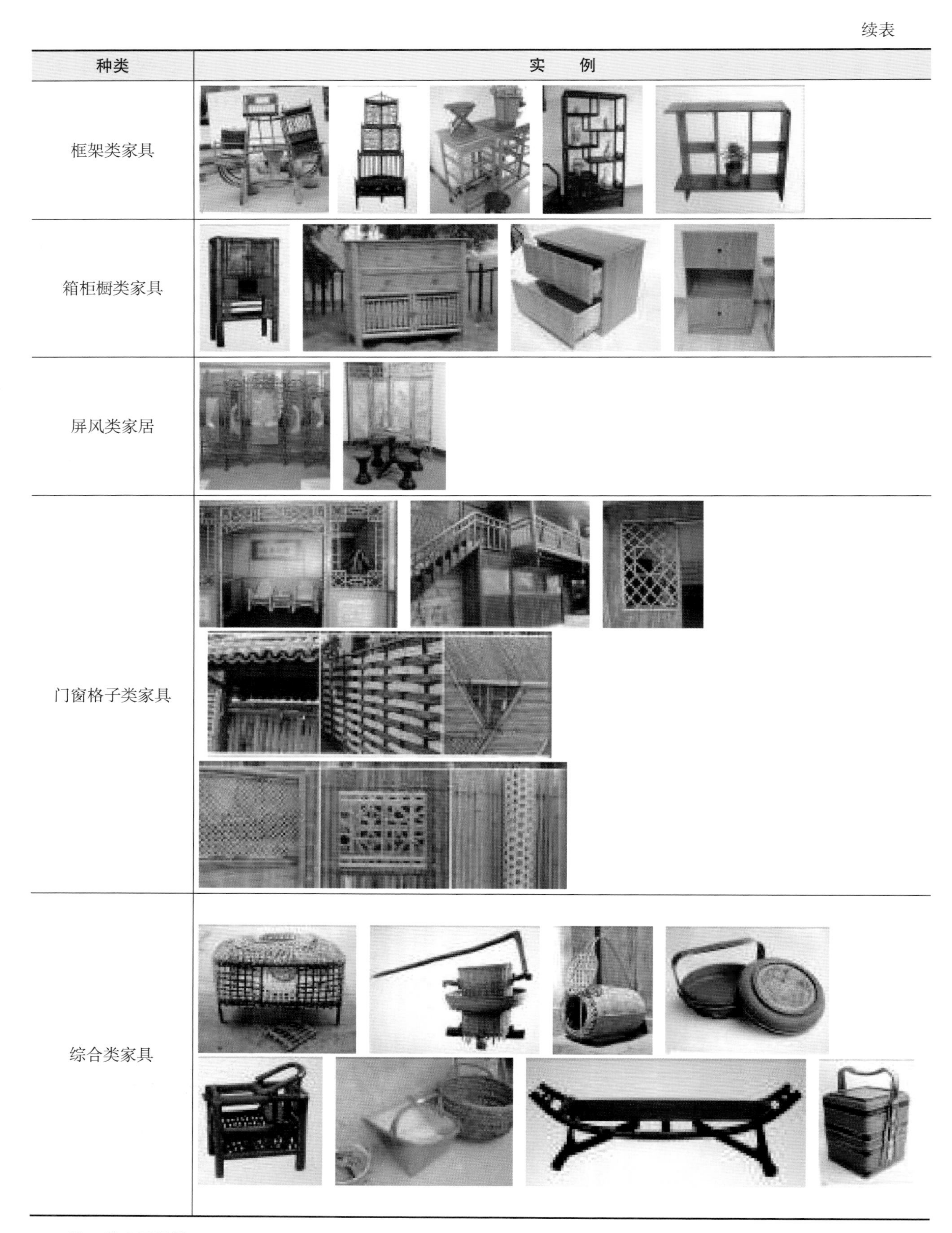

种类	实　例
框架类家具	
箱柜橱类家具	
屏风类家居	
门窗格子类家具	
综合类家具	

注：张小开提供。

下面介绍几种主要的竹家具。

1. 竹床

竹床（图 8.5.2）是中国较早出现的竹家具之一。据史料显示，先秦时期就有竹编制作的床了，其历史至少有 3000 多年。但汉朝之前，由于席地而坐的习惯，床既是卧具，又是坐具，人们写字、读书、饮宴均在床上进行，因此要求床有足够的承载力和坚固性。而竹床虽然取材、制作较木床简单许多，但承载力和坚固性却比不上木床。所以，那时竹床的使用还是比较少的。到了隋唐时期，由于人们生活方式的改变，即从席地而坐到垂足而坐的变化，使得桌、椅、凳等日用家具逐渐兴起，人们对床的坚固性要求有了明显的降低，这样，竹床便显示出了加工便利、轻巧灵便、清爽致冷等优势，成为一部分人喜爱的卧具。特别是在竹林地区的农村，更是盛行。如在浙江竹林地区，除了主人所用的架子床外，其余的床铺大都用竹制成。即使是架子床，也有部分是竹篾制的，比如，架子床上的盖子，在浙江农村多用竹编制成，下压床罩或帐子。

竹床多为下层民众使用。如白居易有一次夜宿乡野就睡于竹床上，并写下了《村居寄张殷衡》一诗："竹床寒取旧氈铺。"竹床不仅为乡民使用，在古代官宦之家也有竹床。如许浑曾病卧竹床达 3 年之久，在其《病中》一诗中便有"露井竹床寒"的感受。张籍家中也有竹床。在宋代，竹床的使用就更为广泛了。陆游昼寝竹床上，生出"向来万里心，尽付一竹床"的感叹。

竹床常为人们夏天睡床，有大、中、小等不同规格，常搬至户外乘凉。竹床不能做得太宽，一般中型竹床的规格为：长约 180cm，宽约 66cm，高约 45cm。竹床在中国沿用的时间很长，至今在中国广大的农村地区仍有很多家庭使用竹床。竹床也可分为家用竹床和儿童竹床等类型，不同地区样式略有不同。图 8.5.3 所示为某种竹摇篮。

图 8.5.2 竹床（张小开提供）

图 8.5.3 竹摇篮 [13]

2. 竹椅、竹凳

竹椅、竹凳是一般日常生活中很普及的竹制品，这里就不过多解释了。

竹躺椅的规格为：躺椅脚高约 45cm，前后脚距约 60cm，倚靠杆长约 120cm；脚蹬高约 20cm、长约 60cm、宽约 40cm。其他配件可根据前述尺寸相应安排。有直线型的，也有曲线型的，如图 8.5.4 所示。

竹制沙发主要有圆竹制作和竹板材制作两种，都是近年来国内竹家具产业发展中出现的新产品。这一类新产品改变了中国原有竹家具样式变化少的情况，比较符合现代人们生活、家居的需要，如图 8.5.5 所示。

竹摇椅 [2]

竹躺椅 [13]

图 8.5.4 竹椅

图 8.5.5 竹制沙发（张小开提供）

3. 竹书架

竹书架式样很多（见图 8.5.6），既可以是平行式的叠加，也可以是博物架式的错落，还可以做成截面是等腰直角三角形的叠加以便于放置于墙角处等。一般为 4~6 层，高 1~2m，宽约 60cm，深 30~35cm。

4. 竹橱、竹柜

这一类竹产品一般以矩形为截面，方平竖直，设计制作得比较规整以利于收纳东西。如图 8.5.7 中左图所示的竹菜柜，柜高 165cm，长 82cm，宽 40cm；一层为二门小柜，柜门一侧较长，与柜本身咬合，密封性强，二层拉门可拉伸，三层四周通透，可根据需要进行储存。右图为储物柜，高约 2m，长约 1m，宽约 50cm，是一件现代加工生产的竹柜。

很多碗柜的门上或两边均有一些装饰，主要有两种：装饰画和文字。装饰画多以民间传统的吉祥图案为主，如梅兰竹菊、山水风景等；文字则有“勤俭持家”、“勤俭节约”、“春夏秋冬”等，表现了乡民的美好祝愿和勤俭节约的优良传统。装饰工艺以漆画和刮刻为主，形态质朴。

图 8.5.6　竹书架（张小开提供）

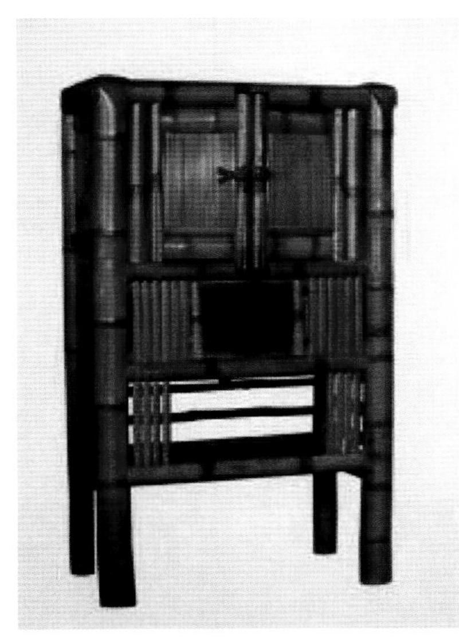
竹菜柜

储物柜

图 8.5.7　竹制橱柜 [13]

5. 竹桌、竹几

竹桌、竹几等也是常见的竹制品，但是在中国人的生活中并没有竹床那样普及。因为传统家具中木制桌子比竹制桌子更平整、更容易清洗等，因此，竹制桌子一直是一种雅趣的家具。但在现代生活中，由于竹板材的出现，出现了平整的竹制家具（见图 8.5.8），这将有利于竹制桌子的推广。

6. 竹篮

竹篮在中国民间的应用极多，种类和形制也不尽相同，形成了丰富多彩的民间竹篮文化。下面以浙江地区为例，对竹篮进行分类说明。

在浙江民间竹器物中，篮的形制是最多的，按照功能用途分类，包括饭篮、菜篮、针线篮、香篮、考篮、春篮等一些形状各异却有不同用途的竹篮；按照地域分类，则有杭州篮、遂昌篮、碧湖篮、龙游篮。尤其是杭州篮，在 20 世纪 70 年代，是杭州三大特色之一，深受浙江各地区甚至上海、江苏地区人们的欢迎。竹篮的制作工艺也不尽相同，有些竹篮在制作时，把竹篾染上不同的颜色，编织成的竹篮十分美观，有些小巧玲珑的还可以作为装饰品摆放，有些则比较粗犷。

1）考篮

考篮是科举制度时期，在“万般皆下品，唯有读书高”思想指导下的读书人专门用来盛放文房四宝的竹盛具，又称书篮或账篮，文人又称其为篾笈、篋格等，其四周和提柄镶有铜质图案。明清两代，江浙一带的书生赴京赶考时，就常用这类篮子，是古代学子上学和赶考时携用的器物，所以俗称“考篮”。其形状以长方体居多，分成重叠的数格，或篮内分叠数层拦隔成多格，于内分置纸砚笔墨、诗书册卷等文房用品及佐读之物。图 8.5.9 所示考篮通体暗红色，把手的两侧均有用毛笔写的黑字，一侧写的是“浙江乡试”，另一侧是“听琴书屋”。“浙江乡试”说明的是考场地点，而“听琴书屋”则是考生的自号。由于考篮是封建科举制度的产物，随着科举制度的覆灭，这样的考篮已经很少见到了。

图 8.5.8　竹桌 [2]

图 8.5.9　考篮（张小开提供）

2）食篮

食篮，亦称下饭篮或饼盒篮，用以盛食品、菜肴、点心等。通常为上下两格，也有重层多格。篮体用篾条编得密实无缝，有的还编织出各种纹饰和几何图案。篮体都漆成朱红或金黄色，做工十分考究。食篮内可依层摆放盛有菜肴点心的盆盘碗碟。直至解放初期，江浙沪一带的许多饭庄、酒楼、食府还常用它为客户送菜上门。

食篮在台湾地区亦称“谢篮”，平时除了盛装食物外，也是昔日民间喜庆常用的礼器，是敬神、婚庆、送礼时不可或缺的竹编或藤编容器，更考究的则涂上中国漆并绘以吉祥图案，代表了中国人浓郁的生活情感。食篮（谢篮）可分为大、中、小 3 种。大型谢篮主要在结婚、祭神时使用；中型谢篮常用于议婚、送礼的日子；小型谢篮在招待宾客时使用。编织精细、做工考究、形态华贵的食篮常用于较富裕人家，一般家庭的食篮则要简单得多。

3）香篮

香篮是旧社会专门用来盛放香烛之类物品的供佛用具，如图 8.5.10 所示。因香烛较长且细，所以香篮比食篮略长，一般在两层以上，形式有长方体和八角长方体等，篮深 24cm 左右，上有篮环，扁圆形，3 只环脚钉在篮腰，篮盖隆起。香篮一般漆上红褐色漆，有的还在环的两边写上黑漆字，一边是姓名，一边则是年月日。

旧时香篮的盛行与佛教信仰有关。众所周知，浙江是典型的佛教信仰之地，大小寺庙遍及全省各个角落。旧时，大部分民间老妪、老丈要修来生，他们吃素念佛，拜佛求经，上寺庙、下庵堂，往往手提香篮，内藏香烛，此举尤以绍兴地区为盛。因此，香篮是旧时较常用的器物之一。浙江香篮多以竹编为主，可简可繁。繁者，一般在富裕家庭中使用。

4）针线篮（笸箩）

针线篮，形如盘，无柄，是放针线、布头及其他缝纫用具的容器，如图 8.5.11 所示。针线篮多以细竹篾编成，形状有圆有方，像是一个较扁的无柄竹盘，为浙江地区家庭常备用品之一。

在宁波地区，针线篮亦称“家空篮”。“空”，财物（反语），如“房空”（家具）。例如，“你要的红布头，家空篮里寻寻看。”（宁波方言）也有的地区称之为鞋篮，因为旧时鞋子都是妇女自己动手做的，妇女的大部分工作是制鞋，故称鞋篮。针线篮也是旧时浙江地区的随嫁物品之一，因此，大多数针线篮制作考究，并在篮中央装饰与喜庆相关的各种图案。

图 8.5.10　香篮[2]

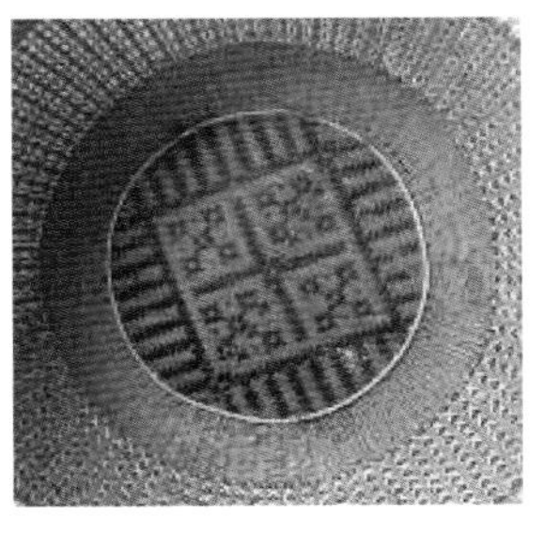

图 8.5.11　针线篮（张小开提供）

5）菜篮

菜篮的形制品种非常丰富，有大有小，有圆有椭圆，有编织精致的也有较简陋的，不一而足，是浙江民间乡民用于买菜、收获农作物的主要盛具，多为竹编。

浙江比较有名的菜篮则是衢州地区的挽篮（衢州方言，图 8.5.12）。挽篮形制为椭圆形，上有篮环，扁圆形，四只环脚钉在篮腰。使用时，用手臂挽着，因其是扁圆形，所以篮环之处刚好契合人的腰部，有一定的方向性，不像圆形篮，使用时会左右晃动，不易固定。

6）杭州篮

20 世纪 70 年代，杭州篮和西湖龙井、都锦生丝绸一样，是杭州的特产之一。图 8.5.13 所示为在杭州街头拍摄的卖杭州篮的小贩。

杭州篮之所以在江浙沪一带风靡开来，并有长达 200 多年的历史，据说还和乾隆皇帝有关。当年乾隆南巡至西湖区龙坞镇龙门坎村孙家里时，听见村民家里传出编制竹篮的声音，便随口吟道："手里窸窸窣窣，银子堆满楼角。"皇帝金口一开，地方官员便以此为契机大力发展竹篮经济，编竹篮的手艺人就更多了，杭州篮的名声也越传越远，在 20 世纪 80 年代之前，一度成为浙江、上海、江苏等地人们竞相购买的竹制品。

当然，杭州篮受欢迎的另一个原因，是这种竹篮子不是用毛竹做的，而是用淡竹，韧性较好。20 世纪 80 年代之前，在杭嘉湖一带的农村，乡民到镇上，几乎人手一只杭州篮。一进家门，小孩往往一哄而上，争先恐后翻拣篮子里的东西。

图 8.5.12　挽篮（张小开提供）

图 8.5.13　卖杭州篮的小贩（张小开提供）

7）宁海担篮

宁海担篮一般以 2~4 层居多，第一层较之其他几层浅，一般存放碗筷，其他几层则摆放食品。清明“加坟”时，担篮里一般放有鱼、肉、笋、豆芽、纸钱、香烛等。担篮除了在清明上坟时充当装食品的工具外，在婚嫁场面也能看到它的身影。此时的担篮两侧将贴上大红的喜字，里面放着鱼、肉、笋、蛋、馒头、面干等食品，俗称“送小担”，即新女婿送给女方长辈的礼物。

担篮的制作是一个十分繁杂的过程。制作时先将竹子剖削成粗细匀净的篾丝，经过丝、刮纹、打光和劈细等工序，运用各种编织方法编成，主要方法有十字编、人字编、圆面编、穿插等。制作时编织精细、耗工较大，常用来装食品、放花果等。盖面上编有喜字或其他图形，篮柄装饰异常工整别致，多刻有龙凤等图案。现在，在宁海的乡间依旧能看到担篮，不过，此时的担篮一般只放在家中存放物品，很少拿出来再充当竹篮的作用。

8）虾龙圩竹篮

虾龙圩竹篮是实用性竹篮，有丝篮、菜篮、腰子篮、毛土大 4 种。

丝篮比较大，中间有小孔，一般用二成篾制成，工艺比较粗糙。蚕农常用它来采摘桑叶，所以德清、嘉兴、嘉善等一些养蚕农户每年都需要大量丝篮。

菜篮比丝篮略小，中间没有孔，编织较稀。以前没有自来水，农家都用它来洗菜。塘栖运河边一些水乡地带还用它洗荸荠、慈姑，洗起来快、干净，所以需求量大，做得也最多。

腰子篮又名上街篮，工艺比较精美，而且要上好的全青篾编成。从前没有尼龙袋，所以上街卖菜、走亲戚都用这样的篮。

毛土大扁平、敞口，农家晒谷时用来筛谷。目前做得最多的毛土大，工厂、学校、饭店、宾馆常用它来洗菜、放菜。

7. 竹制儿童家具

1）摇篮

摇篮是较为普遍的竹制品，主要供婴儿睡觉（图 8.5.14）。篮体部分用竹篾编织，中间有几根篾条支起以作挂蚊帐之用。支撑、承重部分用木条搭建。摇的功能是通过底部两根弯曲的木条并列来实现的。当婴儿快睡觉时，妈妈们便把婴儿放在摇篮里，用脚有规律地踩着摇篮底部的木档子，手里织着毛衣，嘴里哼着小曲，慢慢地哄着小孩熟睡。

2）竹椅

竹椅也称竹坐车，在全国各地都能看到。虽然竹椅造型各异，但考虑到幼儿或者儿童的行为习惯，一般都设有固定和保护措施。如图 8.5.15 所示的坐车上部设有可以移动的挡板，不仅方便孩子的进出，又可固定幼儿起到保护作用。

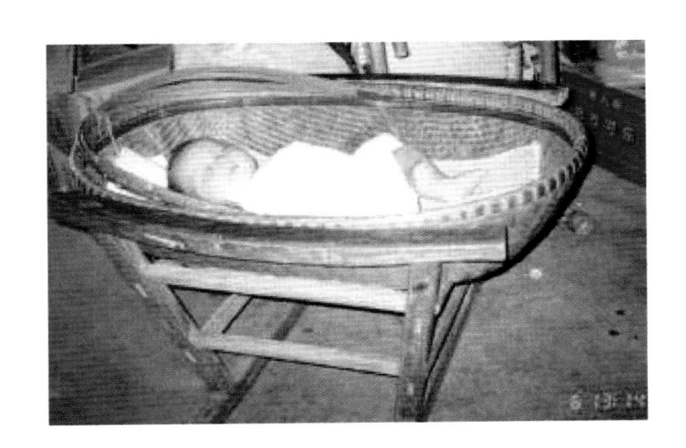

图 8.5.14　竹摇篮（张小开提供）

图 8.5.15　儿童竹椅 [13]

8. 竹笥、竹箧（箱）、竹帘

1）竹笥

竹笥的形制依所盛之物而各异。西周时，竹笥主要用来盛放衣物，《尚书·说命中》谓："惟衣裳在笥。"到了春秋战国时期，随着编织技术的提高和人们的广泛使用，竹笥的数量激增。据对楚墓的挖掘统计，出土的竹笥就达 100 多件，主要有方形、长方形和圆形 3 种，其中长方形居多，而且有一部分为彩漆竹笥。如江陵望山 1 号墓出土的一件彩漆竹笥，由两层篾片编织而成，外层篾片细而薄，宽仅 1mm，篾片分别涂红、黑漆，并编织成优美的矩形图案。为了使竹笥更加牢固，还在竹笥的周边内外用两周宽竹片夹住，并用藤条穿缠加固。上述这些竹笥均为放置衣物、装饰品等各类物品的，可见竹笥是当时广泛使用的家具。因其主要用于放置衣物，相当于现在的衣柜，故有"服笥"、"衣笥"、"锦笥"、"彩笥"等称谓。当然，竹笥也多用于盛书籍，如唐代诗人鲍照《临川盈王服竟还田里》诗云："道经盈竹笥，农书满尘阁。"因竹笥是古代家庭必备家具，故有"家笥"之称，并沿用至今。

2）竹箧

西周时，装头冠的竹箱称为匴（suǎn），《仪礼·士冠礼》谓："爵弁、皮弁、缁布冠各一匴。"《广韵》谓："匴，冠箱也。"后又用以盛衣物、扇子等物，故有箧服、箧锦、箧扇等称呼。又因为笥与箧形制和用途极为相似，故常用"箧笥"连称。

3）竹帘

竹帘（图 8.5.16）在古代有着广泛的用途，是障蔽门窗、装饰居室的重要家具。《西京杂记》载："汉诸陵寝，皆以竹为帘，皆为水纹及龙凤之象。"说明汉代竹帘的编织技术就已经十分高超，用以装饰皇陵。汉代以后，因竹帘具有雅洁、空灵的优点，为文人学士所喜爱。大诗人白居易在庐山筑的草堂就挂有竹帘，宋人田锡还专作一篇《斑竹帘赋》加以颂咏。竹帘不仅是一种实用品，而且还是一种具有审美价值的工艺品。到了近代，竹帘也是家庭居室、酒店等场所常用之物，且还根据竹条着色的不同编织成各种图案，用以观赏。

在中国的竹家具中还有诸如竹轿、竹制隔挡、竹窗挡，就不一一介绍了。

■ 图 8.5.16 竹帘（张小开提供）

8.6　中国各地竹家具赏析

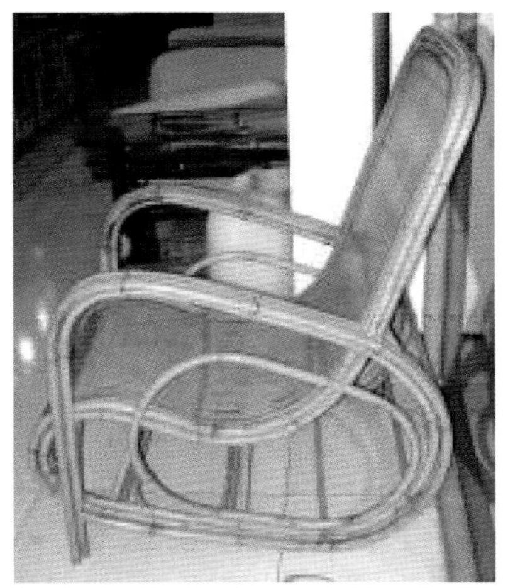

竹椅（安吉）

竹椅及竹几（安吉）

竹床（安吉）

图 8.6.1　浙江竹家具（张小开提供）

竹沙发（安吉）

竹几（安吉）

竹架（安吉）

竹凳、竹蒸笼、竹簸箕、竹架等（安吉）

竹笥（安吉）

竹椅（宁波）

竹桌椅（绍兴）

图 8.6.1（续）

竹椅（湖州）

图 8.6.1（续）

竹几（湖州）

竹凳（湖州）

竹沙发（湖州）

竹床（湖州）

■ 图 8.6.1（续）

竹桌（湖州）

竹躺椅（杭州）

竹几（杭州）

竹床（杭州）

图 8.6.1（续）

竹桌

竹木复合桌

竹筛及竹筐

■ 图 8.6.2 云南丽江竹家具（蒋兰提供）

竹座车

竹座椅和竹座车一体的座椅

竹菜罩

竹椅

图 8.6.3 福建建瓯竹家具（张小开提供）

竹桌

竹篮

图 8.6.4　**山西竹家具**（张小开提供）

竹筛（湘西南）

团箕（湘西南）

箩箕（piǎo jī）（湘西南）

箩筐（湘西南）

鸭笼（上）、猪笼（下）（湘西南）

鸡笼（湘西南）

图 8.6.5　湖南竹家具（张宗登提供）

背篓（湘西南）

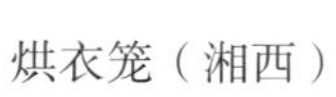
烘衣笼（湘西）

针线篮（湘西）

鱼篓（湘西）

竹兜（捕鱼工具，湘西）

竹筐（湘西）

竹仓（湘西）

图 8.6.5（续）

箩筐（湘西）

提篮（湘西）

团箕与米筛（湘西）

竹摇篮（湘西）

背篓（湘西）

图 8.6.5（续）

编有“福”、“囍”文字的团箕（湘中梅山）

小竹椅

竹背篓（凤凰镇）（王安霞提供）

图 8.6.5（续）

图 8.6.6　重庆竹背篓（孙嫒嫒提供）

灯具（广州）

竹桌（深圳）

竹柜（深圳）

图 8.6.7　**广东竹家具**（张小开提供）

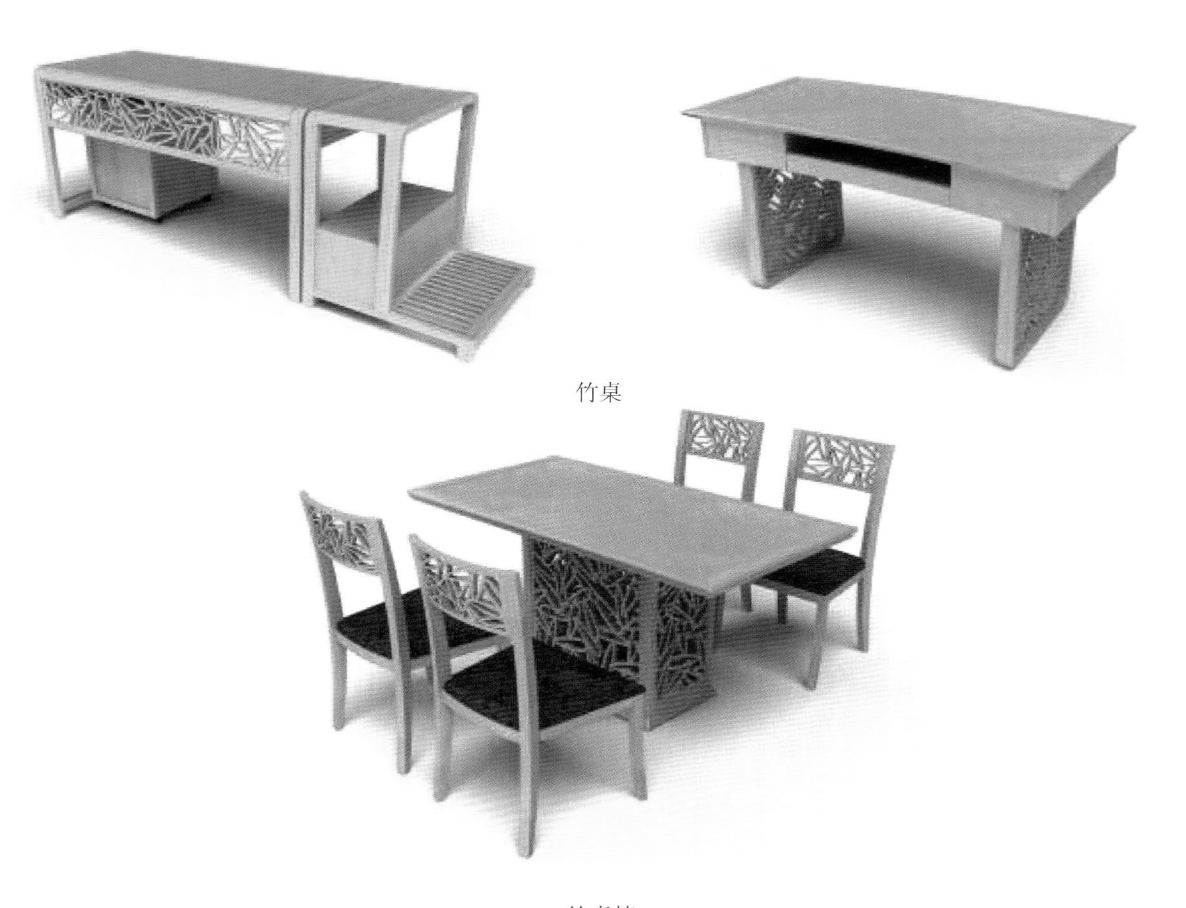

竹桌

竹桌椅

组合家具（江西省贵竹发展有限公司制造）

图 8.6.8　**江西竹家具**（张小开提供）

组合家具（江西省贵竹发展有限公司制造）

组合家具（江西省贵竹发展有限公司制造）

图 8.6.8（续）

竹柜

竹屏风

竹镜框

竹筐

竹凳

小竹桌

竹箱

图 8.6.9　2006 上海竹博会上展出的竹家具（张小开提供）

竹椅

■ 图 8.6.10 2008 北京竹博会上展出的竹家具（张小开提供）

组合竹椅

竹柜

竹架

图 8.6.10（续）

竹圈背椅（四川峨眉）

竹圈枕头椅（四川阆中）

竹椅（四川阆中）

竹制骆驼担（江苏苏州）

竹盒（江苏扬州）

图 8.6.11 《中国民间美术全集·起居编·陈设卷》中的若干竹家具 [10]

各式竹篮、竹盒等（江苏、浙江、四川等地）

图 8.6.12 《中国民间美术全集·器用编·工具卷》中的若干竹家具[9]

竹制鸡笼（海南通什地区）

竹制药篓（海南文昌）

竹背篓（云南丽江）

竹制鸡笼（江西婺源）

图 8.6.12（续）

竹柜（江苏南京）

竹制桌椅（江苏南京）

竹柜（江苏南京）

竹制桌子（江苏南京）

竹制屏风（江苏南京）

图 8.6.13 《中国竹工艺》中的若干竹家具 [2]

竹制摇椅（四川成都）

竹制桌椅（四川成都）

竹制桌椅（四川成都）

竹制桌椅（四川成都）

图 8.6.13（续）

参考文献

[1] 江泽慧 . 世界竹藤 [M]. 沈阳：辽宁科学技术出版社，2002.
[2] 张齐生，程渭山 . 中国竹工艺 [M]. 北京：中国林业出版社，1997.
[3] 胡长龙 . 竹家具制作与竹器编织 [M]. 南京：江苏科学技术出版社，1980.
[4] 周芳纯 . 竹林培育学 [M]. 北京：中国林业出版社，1998.
[5] 程瑞香 . 木材与竹材的粘结技术 [M]. 北京：化学工业出版社，2006.
[6] 张锡 . 设计材料与加工工艺 [M]. 北京：化学工业出版社，2004.
[7] 王琥 . 中国传统器具设计研究 [M]. 南京：江苏美术出版社，2004.
[8] 何明，廖国强 . 中国竹文化研究 [M]. 昆明：云南教育出版社，1994.
[9] 徐艺乙 . 中国民间美术全集・器用编・工具卷 [M]. 济南：山东教育出版社，山东友谊出版社，1994.
[10] 陈绶祥 . 中国民间美术全集・起居编・陈设卷 [M]. 济南：山东教育出版社，山东友谊出版社，1995.
[11] 何明，廖国强 . 竹与云南民族文化 [M]. 昆明：云南人民出版社，1999.
[12] 于雄略 . 中国传统竹雕 [M]. 北京：人民美术出版社，2006.
[13] 张福昌 . 中国民俗家具 [M]. 杭州：浙江摄影出版社，2005.
[14] 张夫也，孙建君 . 传统工艺之旅 [M]. 沈阳：辽宁美术出版社，2001.
[15] 湖南省博物馆，中国科学院考古研究所 . 长沙马王堆一号汉墓（上、下）[M]. 北京：文物出版社，1973.
[16] 王荔 . 中国设计思想发展简史 [M]. 长沙：湖南科学技术出版社，2003.
[17] 刘力，俞友明，郭建忠 . 竹材化学与利用 [M]. 杭州：浙江大学出版社，2006.
[18] 熊文愈 .Prospects for Bamboo Development in the World[J]. 竹类研究，1993（1）：1-8.
[19] 周芳纯 . 竹材的物理性质 [J]. 竹类研究，1991（1）：43.
[20] 周芳纯 . 竹材的缺陷及其处理 [J]. 竹类研究，1991（4）：45，72，82.
[21] 汪奎宏，李琴，高小辉 . 竹类资源的利用现状及深度利用 [J]. 竹子研究汇刊，2000（4）：74.
[22] 刘志坤，胡娜娜 . 竹木复和集成材生产工艺研究 [J]. 林产工业，2007（5）：26-29.
[23] 蓝晓光 . 从马王堆看中国汉代的“竹子文明”[J]. 竹子研究汇刊，2003（1）：70.
[24] 关传友 . 论竹的崇拜 [J]. 竹子研究汇刊，1998（4）：64-70.
[25] 张小开，张福昌 . 徽州民间竹资源的综合利用研究 [J]. 竹子研究汇刊，2007，26（3）：1-5，11.
[26] 关传友 . 论先秦时期我国的竹资源及利用 [J]. 竹子研究汇刊，2003，23（2）：9-64.
[27] 沈法，张福昌 . 民间竹器物的形式特征及本原思想研究 [J]. 竹子研究汇刊，2005，24（4）：1-8，23.
[28] 杨淑敏，江泽慧，任海青 . 青皮竹研究进展及展望 [J]. 竹子研究汇，2007，26（1）：15-19，26.
[29] 张齐生 . 我国竹材加工利用要重视“科学”和“创新”[J]. 竹子研究汇刊，2002，21（4）：12-15.
[30] 钟懋功 . 我国竹业现状与发展探讨 [J]. 竹子研究汇刊，2002，21（4）：22-27.
[31] 雷达，吴良如，陈斗斗 . 现代原竹家具：传统形式意味与现代审美方式之融合 [J]. 世界竹藤通讯，2004，2（4）：41-43.
[32] 李琴，汪奎宏，华锡奇 . 小径杂竹制造重组竹的试验研究 [J]. 竹子研究汇刊，2002，21（3）：33-36.
[33] 胡敏君，赵月 . 再设计对提高竹产品市场竞争力的作用 [J]. 世界竹藤通讯，2006，4（1）：24-28.
[34] 何晓琴 . 中国传统竹家具的文化特征 [J]. 世界竹藤通讯，2006，4（2）：42-45.
[35] 陈勇 . 中国竹产品市场现状及发展趋势 [J]. 世界竹藤通讯，2003，1（4）：10-15.
[36] 王树东 . 中国竹业的回顾、展望与思考 [J]. 竹子研究汇刊，2002，21（4）：5-11.
[37] 虞华强 . 竹材材性研究概述 [J]. 世界竹藤通讯，2003，1（4）：5-9.
[38] 刘志坤 . 竹材加工剩余物综合利用研究（一）[J]. 竹子研究汇刊，2003，22（1）：55-59.
[39] 刘志坤，邵千钧，余养伦 . 竹材加工剩余物综合利用研究（二）[J]. 竹子研究汇刊，2003，22（3）：44-61.
[40] 江泽慧，王朝晖，费本华 . 竹材利用标准及其国际标准化的需要 [J]. 木材工业，2002（11）：3-9.
[41] 郑凯，陈绪和 . 竹材人造板在预制房屋建造中的应用前景 [J]. 世界竹藤通讯，2006，4（1）：1-5.
[42] 林举媚，关明杰，朱一辛 . 竹集成材明式家具的探讨 [J]. 竹子研究汇刊，2007，26（2）：40-42，55.
[43] 董文渊，赵敏燕 . 竹林生态旅游环境解译系统的构建研究 [J]. 竹子研究汇刊，2004，23（4）：51-55.
[44] 赵仁杰，张建辉 . 竹林资源加工利用的科技创新 [J]. 竹子研究汇刊，2002，21（4）：16-21.
[45] 叶东蕾，朱友君 . 竹资源在发展生态旅游中的文化价值 [J]. 竹子研究汇刊，2005，24（4）：60-62.
[46] 国立台湾工艺研究所 . 竹篱笆创造，编织梦想家园 [J]. 台湾工艺竹工艺特辑，2006，20：28-38.
[47] 李吉庆 . 新型竹集成材竹家具的研究 [D]. 南京：南京林业大学，2004.
[48] 何灿群 . 地方传统产业振兴研究：益阳地区竹资源的综合开发 [D]. 无锡：江南大学，2001.
[49] 朱宁嘉 . 竹的研究之嵊州竹编产业及其产品的研究与开发 [D]. 无锡：江南大学，2002.
[50] 沈法 . 民间竹器物的生态“设计”研究——基于象山县民间竹器物的调查研究 [D]. 无锡：江南大学，2003.
[51] 张玲 . 解析竹建构：竹材在室内设计中的应用 [D]. 南京：南京林业大学，2005.
[52] 刘彤扬 . 竹的研究之中国竹制品区域性比较研究 [D]. 无锡：江南大学，2002.

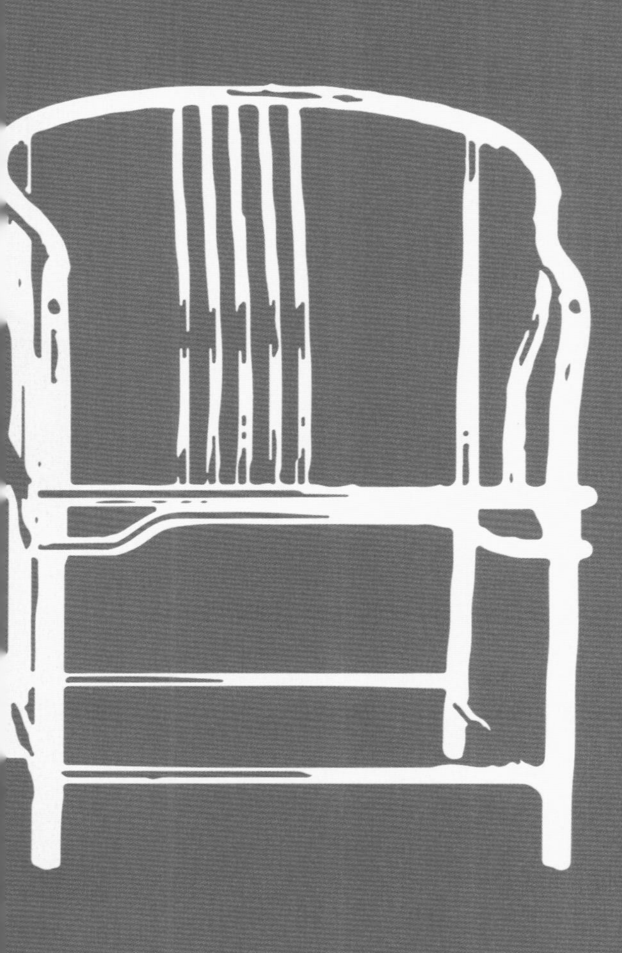

9

中国传统家具的探索与展望

本章介绍了中国传统家具的历史沿革和各时期的家具风格文化特征，探讨了在20世纪形成中国传统家具断流的社会文化根源，以及新时期现代风格的构建，研究了中国传统家具现代化的研究路线和发展方向，对新中式家具在现代的表现进行了分析，并从企业层面和设计师层面对传统家具的继承与创新的现状进行了分析和记录，对构建新时代有中国传统家具精髓的家具设计提出了展望。

9.1 新中式——传统家具的现代表现

传统是被历史所选择和确认的人类生活方式、过程、产品及其价值的客观存在。现今的中国传统风格家具是包括京作宫廷家具、苏州红木家具、上海海派家具、广东酸枝木家具、山西榆木家具、云南镶嵌大理石家具、宁波骨嵌家具等做法和式样的一类产品。它们各具地域文化特色,但又拥有用材、结构和装饰手法上的相同或相似的特点，这就是中华民族文化在家具造物领域的共同表现。

现代家具相对于传统而言，既包含了世界各国现代风格的家具，也包含了在现代化进程中产生的新品种与新功能等含义的家具。现代家具是传统家具的传承与发展，即使是知名的世界现代家具的经典之作，不少案例都可以从中国的传统家具中找到它的原型。因而现代家具是在功能、形式、材料、结构、工艺、装饰等方面对传统家具持续的变革与发展的结果，是源于传统又超越传统的一类家具，或者说是源于自然而又高于自然的一类家具。

1. 传统家具的传承方式

传统家具的传承方式有高仿、改良与新中式等主要途径。

1）高仿

所谓高仿，就是指真实地复制传统家具精品，即尽可能选用与被复制对象相同的树种木材，采用相同的榫卯结构和相同的工艺，按相同的规格尺寸和装饰纹样进行复制。北京紫檀博物馆馆长陈丽华女士严格按形制和规范复制的故宫博物院的经典作品是高仿型家具的范例。业内也有一批企业进行高仿型家具的生产。

高仿就是复制古董，再造文物，其价值就是它的历史性、稀有性与珍贵性。在形制、尺度、用材、结构、装饰、图案等方面的一成不变是它的优势与特点，但同样也是它不可能在市场上广为流行的致命弱点，它永远只能是一个文化的符号，而不是现代生活的必需品。

2）改良

改良的前提是保持深色名贵硬木家具的基本制式与神韵，以迎合现代生活方式的需要，在传统的外壳中蕴含更多的现代设计理念和现代生活内涵。

改良的途径是简约与赋新。简约可以理解为对传统做“减法”，如简化复杂的结构，简略繁缛的装饰……而赋新则指赋予传统家具以新的材料、新的功能、新的装饰纹样、新的文化内涵与民族特征。

对于改良型的传统家具，不管作何种方式的改良，都存在着两道不可逾越的门槛：一是用材苛刻的红木情结；二是雕琢繁缛的装饰情结。所以只能称之为改良型，传统家具延伸的惯性仍十分明显。

3）新中式

新中式家具有两个重要的内涵：一是“新”；二是“中”。既有新的形式与功能，又具有中国传统家具的可识别性。新中式泛指在用材、结构、工艺、装饰、用途等方面对传统家具进行了较大变革的现代家具。

2. 新中式家具

上述3类传承方式中，唯有新中式才可以称为传统家具的现代化途径，它与现代家具有着较为密切的关联度。因此新中式就是传统家具的现代化和时尚化，是给传统家具赋予新的内容和新的形式，以便更能适应现代生活方式的需要；同时新中式又是对中国传统家具的传承，在赋新的同时，它又必须通过对传统形式要素、结构要素、文化要素、艺术要素的简略、重组和传承，保留中国传统家具的基因和可以识别的中式家具符号，使其具有中国“血统”而区别于欧美等其他民族和地区的家具。

新中式家具的研发思路一是在现代家具上做“加法”，如增加一些传统的结构要素和装饰符号；二是对传统家具做“减法”，以简略的方法删繁去累赘，以达到传统与现代的融合。木材品种的取代和现代工业材料的综合应用；结构的简化和拆装结构的应用；功能的扩展和新品类的研发；尺度的调整和人体工程学的应用；装饰图案的简略与装饰部位的调整；雕刻工艺的机械化与数码化；涂饰工艺的现代化与自动化；产品定制化与市场网络化等都是新中式产品开发的新思路。

3. 新中式家具的多元化表现

同一概念下的不同表现是新中式产品多样化的手段。

“联邦”家私的“新明式”系列家具，开发目的是追求一种禅意的东方生活，寻求一个安顿心灵的所在，目标市场是中国的中产阶级，形式以斑马木为基材，采用淡雅的素色、木本色以及竹藤棉麻等天然材料进行装饰，造型简约现代，品质尽显高贵。传统家具要素甚少，是现代家具上做“加法”的手法，主要是文化要素的传承。

深圳“嘉豪何室”的“中国红”系列产品，其设计理念也是基于对中国传统文化的深刻理解，以家具为载体，表达一种内心的安宁与平和，倡导一种“灵性”家居。产品形态简约，但有节制地采用了汉代等历代家具的形式要素，以吉祥云纹为装饰主题，配以传统色彩的坐垫等布艺，以及传统的铜饰件等形成了一种禅意十足的家居氛围。相对于“联邦”的“新明式”更具传统家具的识别性。

苏州“新宏基”的“翰墨轩”系列，以东吴文化为背景，以非洲的核桃木为基材，产品形态较多地采用了海派家具的形式要素，中西交汇融合，产品沉稳尊贵，古韵优雅又不失现代家具的简约大方，也是新中式家具的另类表现。

广东顺德的“三有”家具，在造型上汲取了明式家具的造型元素、结构要素和文化符号，在尺度上又与现代人体工程学的要求相吻合，同时又与现代中国的居住环境与生活方式相协调，在保持明式家具清秀典雅的艺术风格的同时，又有现代家具的功能与简约，在材料上采用国产的榆木，在结构上采用了板式家具的32mm系统拆装结构，是出现在世纪之交时期并取得成功的新中式家具。它用低成本的榆木在市场上获得了红木家具的价值，而且在不断地改进中扩大了市场占有率。

广东中山的“红古轩”公司则采用传统红木的形式语言来诠释新中式，它是红木家具行业最早倡导新中式，并且大力开发新中式红木家具的领头羊，其主要表现手法是对传统做“减法”，并且在功能性、舒适性、时尚性、装饰性等方面赋予新的形式和内容。他们的创新获得了市场的广泛认可，“红古轩”的产品在消费者的心目中是具有收藏价值的新中式。

9.2 传统家具在产业中的传承与创新

中国传统红木家具，是高档名贵的硬木和传统国粹文化相融合的产物。它历史悠久，技艺精湛，品类齐全，自成体系，具有强烈的民族风格和东方特点。红木家具静穆沉古、庄重典雅，集神韵、内涵、文化、气质于一体，成为高品位和高价位的代名词，是中国家具发展史上的一件瑰宝。

人们站在明清时期的红木家具艺术品面前，透过明清传统红木家具的文化，能领略到中国古典家具文化的丰富内涵，会由衷地感叹中华民族传统文化的博大精深，回味出中华民族灿烂而又厚实的家具历史。

一个民族的存在，必须有自己的文化。中国传统红木家具代表的是一种情趣、一种生活理念、一种具有独特魅力的文化，是历史文物很重要的一部分。从红木家具散发出来的细腻感与艺术感染力中，可以明显感受到那个时期独特的历史文化特征，以及人们的日常生活及家具使用情况。通过古代家具的种类、造型、纹饰的变化，又可以认识家具的发展过程、使用习俗和社会风尚，如当时的思想观念、伦理道德观念、等级观念、审美观念以及各种风俗习惯等。

当前人们的生活节奏越来越快，将红木家具置于现代空间，可以营造出一份休闲自然，同时也可以引发思古之情。传统家具简朴、古雅的“容颜”里，有着无法复制的气质与内涵。而今，传统红木家具成为一种热门收藏品、一种时尚，它的魅力与神韵已被人们认知，而且被赋予一种审美理念，进入鉴赏领域，成为一种经典的艺术品。我们理应用心研究、探讨和借鉴前人走过的路，在发掘传统红木家具精华的基础上，将它进行传承和创新，再上一个新的台阶。

1. 传统红木家具的发展

创新是发展的动力。任何一件艺术作品都要有时代的风格和气息。在现代文明与传统文化，西方外来文化与中国传统文化相互激烈碰撞、相互融合的时期，红木家具的出路在于改革创新。作为中华文明的继承者，我们的使命不是去模仿、重复历史，而应从红木家具文化的角度来理解传统的文化内涵，创造新的更辉煌的历史。

发展就是全方位地进步，有传承，有发扬，也有创新。红木家具未来发展的趋向有如下 3 个方面。

1）保留明清时期传统红木家具风格的高仿家具

传统的“原汁原味”的红木家具，在国内和国际市场上仍有很大需求。定位高端、立足传统工艺、走精品路线的传统红木家具，仍然是红木家具消费者所期待的，但要仿制得很像，要从红木家具的造型、款式、用料、结构到制造工艺，完全保持传统，保持“原汁原味”。

保留明清时期传统红木家具风格的高仿家具，

能使一些有购买收藏实力、对高仿古典传统家具有清醒认识的有识之士得其所求，让数百年后的人们还能一睹中国传统红木家具的迷人风采。

2）在明清传统红木家具的基础上加上现代的符号，继承传统红木家具精致的加工工艺，形成现代的红木家具

随着人们生活水平的提高，红木家具已进入普通百姓家。传统家具应在艺术风格和使用方向上积极开拓，一味地仿古只会带来退化。

红木家具的关键在于要跟上时代的节奏，时代发展了，对家具文化的需求也会变化。红木家具这一古老的艺术要紧跟时代的潮流，在保持传统家具文化内涵的基础上注入现代元素：以前只有龙凤图案，如今出现了富有现代特色的图案，抽屉也装上了导轨，睡床由高变低，更符合现代人的生活习惯，甚至饰有真皮的沙发——“红木软体家具”也摆进了酒店的大堂。这样既增加了红木家具的舒适性，又能受到传统消费者的青睐，更赢得了年轻时尚一族的喜爱，使红木家具进入了新的鼎盛时期。

家具文化与住宅建筑文化是与时俱进的，也是与社会的繁荣和进步与时俱进的。这种精神仿古、妙艺推今，以明清红木家具式样为基础，兼顾当代人使用要求与审美趣味改良设计仿作的现代红木家具已受到越来越多人的欢迎和喜爱；同时，它更需要不断创新，加以提炼，使红木家具集文化性、时代性、创造性于一体，真正成为中国传统红木家具发展史上灿烂辉煌的亮点。

3）打破传统概念，在用材和工艺上大胆创新设计，合理运用新材料、新技术、新工艺

科技在发展，社会在前进。中国的经济发展为红木家具业的发展提供了难得的机遇。在保留传统红木家具外形和内涵的基础上，利用材料的多样性、实用性，利用技术设备的科学性、先进性，对红木家具文化进行创新，做到“古为今用”、“新木新用”、“形似神似”，是我们这代人义不容辞的责任。

2. 工艺与技术的创新

历史发展到今天，科学技术日新月异，随之而来的应该是与现代生产力相适应的新型红木家具艺术品。但是现有的红木家具，科学技术转化为生产力的问题仍很突出。如漆器是中国的传统产品，后来才传入日本，日本人用现代科学技术研究“大漆”的化学成分，研究干燥方法，使产品的功能和质量等都超过了我们。

在加工技术方面，中国家具业仍具有很大的潜力。我们要充分利用现代科技对木材的干燥处理和木材含水率的控制，在材性处理上使开裂、膨胀、变形等降至最低程度；同时，把新的生产工艺、自动数控加工技术等引进到家具设计与生产上来，优化与创新更能满足实际生产需要的生产机械设备，以达到不断提高现场生产效率、提升产品质量标准的目的。

由于社会的进步、生活的改善，影响着人们的审美取向，因此如何使传统艺术特征与现代加工技术相结合，如何使红木家具在使用功能上更贴近现代生活的需要，无疑是对当代红木家具从业人员提出的又一重大挑战。

3. 材料资源的创新与推广

如果明、清两代没有那么多深色名贵木材供家具匠人们使用，很难说在世界家具史上会有值得我们骄傲的辉煌一页。现在已经进入了21世纪，我们不得不面对人类生存环境的实际问题。森林资源的保护和合理利用，已经受到各个国家的高度重视。中国是一个森林资源匮乏的国家，人均森林占有率在全世界排在100多位。而美国的森林资源比我们丰富许多倍，人口却只有我们的1/10，但美国人十分懂得珍惜森林资源。美国著名家具设计师菲利普·库曼，长期以来倡导硬木家具，但鉴于美国的森林资源中软枫树种的存量巨大而且增长迅速，有抑制其他树种生长、破坏生态平衡的趋势，因而他与美国的家具设计师们一起积极倡导软枫木在家具

中的使用。

中国是一个提倡环保、重视生态平衡的国家，国家相关林业部门应科学考虑森林培植上的合理性、循环性、周期性，从源头上减缓森林资源的稀缺。同时，中国红木家具产业更要把眼光放开点，不能在“红木”两个字上转不开，因为当一种木材不够用时，产品设计和制造工艺就要完全顺应资源，走可持续性发展的道路。

塑料，在 20 世纪六七十年代的家具设计中已经得到了使用，这是因为塑料可以使设计师们创造出任何一种形状，以及使用任何一种他们想要的颜色。因此，如果能利用现代科技，把香精、色素等原料加入到塑料的成型工艺中，生产一种既有紫檀、花梨木纹路又含紫檀、花梨木香味的新型塑料，那么我们是否就能放弃使用紫檀、花梨木等野生珍贵树种来制作家具呢？

新材料的开发与利用应得到政府、家具科教界与原材料开发投资商的大力支持和重视，国家应从政策、技术和资金上大力支持整个行业的技术、材料开发。在这个瞬息万变的年代，作为具有深厚文化内涵的家具产业，有别于通信、电子等现代科技行业，不会因为闪电式更新和淘汰“弃品”，留给社会太多的困惑和后患。家具本身具有的文化性、传承性，已经注定了它有相当长的寿命周期并可以延续。

在大力倡导发展循环经济、共创和谐社会的今天，红木家具业应大胆尝试科学开发与利用再生资源，按照“资源—产品—再生资源—产品”的循环模式，鼓励采用资源利用率高、污染物产生量少以及有利于产品废弃后回收利用的技术和工艺，把地方的农副产品、合成树脂等使用潜力巨大的材料应用到红木家具的生产上来；同时，通过科学化的手段，把同树种的树枝、余料等压合利用起来，这样既倡导了绿色生产理念，又可带动循环经济的发展。

制作各类红木家具的用材应合理利用具有地方特色的有用资源，在新材料使用上呈现多元化、多树种化。试想：在保留传统红木家具外形和内涵的基础上，如果利用椰树制作各类仿古家具，利用带纹理、通过色泽处理的金属材料制作圈椅扶手，利用玻璃、藤木等材料进行家具装饰（图 9.2.1、图 9.2.2），难道还用担忧红木家具材料资源的短缺吗？

图 9.2.1　绣花禅椅（扶手与靠背中间为西番莲纹玻璃）
（戴爱国拍摄）

图 9.2.2　现代禅风椅（座面使用象牙色藤面）
（戴爱国拍摄）

4. 家具设计思想的创新与突破

设计是家具产品最核心的技术。作为直接影响人们生活方式的家具，其审美价值是首要的。因此，在红木家具的造型设计上，既要深刻把握其文化内涵、生活习俗和艺术品位，又要紧跟时代的节奏和潮流，敢于在红木家具的造型设计上进行突破与创新；在功能设计方面，更要适合现代人们的生活需求。

我们应大胆吸取意大利、德国等欧洲先进国家的设计思想，研究他们的成功之路，从源头上启发和带动家具产业的发展与创新。明清时期中国红木家具的顶峰年代已经过去，我们要在科技的指引下有效地进行材料创新、工艺创新，努力发展与提高地域经济，为继承和弘扬中华民族优秀的传统文化，把一个新的具有华夏文化特色的产业家具推向世界。

5. 创新——传统红木家具的现代出路

传统红木家具集历史、文化、艺术于一体，是中华民族传统文化的重要组成部分。然而，西方设计理念的冲撞，现代人生活起居的变化以及红木资源的日益稀缺，使红木家具发展困难重重。红木家具要在传承历史文化的同时，打破传统、实现突破，出路就在于改革创新。

1）设计："仿古"与"独创"

红木家具作为中国传统的经典家具，在明清时代达到了艺术与制作上的顶峰，为后人留下了珍贵的文化遗产。然而也因其高峰难越，现代红木家具在设计上常常陷入仿古的窠臼，或是直接抄袭，或是一味仿照，最后造成现代红木家具在设计上千篇一律，难有创新之作。甚至不同品牌间的红木家具产品，也常常千人一面、风格雷同，少有各自的设计创新和品牌个性，这对于红木家具的长远发展来说是极其不利的。

对于红木家具设计上的创新，最重要的是先解决"仿"与"创"的矛盾。"仿"即传承经典，"创"则需考虑现代各种风格的混搭。经典流派需传承，这不仅是继承文化工艺的需要，也是市场的需求。然而仿古的同时也可以有所"创"，例如在不改变经典款式的造型及结构的前提下对家具尺寸或线条按需求作相应修改，而非一成不变。

除了继承经典流派，现代红木家具更重要的一个课题是中西结合。时代不同，人们的审美也会发生相应变化，尤其是西方家居实用性、个性化的设计理念对中国传统家具冲击极大。这时红木家具如果只有仿古而无创新，最终极有可能走向曲高和寡，沦为纯粹的收藏或古董，甚至没落。只有将现代家居设计理念与传统红木家具的文化工艺进行有效结合，红木家具才能实现不断创新发展，迎接下一个辉煌。

2）功能："改良"与"多样化"

家具往往是一个时代人们生活起居的载体，正如文物常常能够更直接地反映某个时期人们的文化与生活习性。红木家具既然是中国古代的传统家具，那么，毫无疑问其功能更多是为满足古代人的生活需求所设，如果现代红木家具在功能上不进行改革和创新，依旧闭门造车，很难满足现代人的生活需求。

例如龙椅，虽然造型精美、设计华丽，具有极高的欣赏价值及艺术价值，但那是供古代皇帝坐的，并不适用于当下，而且龙椅过宽、过大，坐上去并不舒适。再如官帽椅，古代常用于厅堂，旧时讲究正襟危坐，这与现代人追求的放松舒服也是相反的。这就需要对部分家具进行尺寸上的改良以适应现代人的家居生活。

另外，还需要开发和丰富红木家具的品种。古代红木家具常常局限在家庭居室，品种和功能较单一，随着现代生活的多样化，红木家具可以开发例如卫浴、办公、公共空间等不同品种的家具，以满足人们不同场合所需。

3）材料："重组"与"创新"

红木家具因其材料珍贵，当前正面临越来越严重的材料危机。中国原本就是一个森林资源匮乏的国家，人口的增加更是进一步加大了中国的环境压力。目前国产红木资源已面临枯竭，红木基本上依赖从缅甸、印度尼西亚、印度及非洲和南美洲等国家和地区进口。随着各国政府环境保护意识的增强，现在不少国家也开始限制出口，因此更加重了红木资源的紧缺。

红木家具要实现可持续发展，材料应用的创新尤为重要并且迫在眉睫。一方面可以利用现代科学技术提高现有木材利用率，减少资源浪费。另外，合理布置家具结构也有利于节省木料，实现资源优化。除此之外，也可以考虑与其他材料的结合，例如玻璃、金属、陶瓷，这样不仅可以节省珍贵木料，也为家具设计注入了更多新元素。

图 9.2.3 所示为友联家具公司对传统家具进行创新所设计的产品。

成套木雕会客椅 / 茶几

曲尺大布艺成套会客沙发椅 / 茶几

西番莲布艺沙发

草龙围子沙发

禅座沙发

■ 图 9.2.3　友联家具公司的传统家具创新产品

明式马蹄脚草龙纹沙发

博古龙布艺沙发

明家沙发

片子床和床头柜

图 9.2.3（续）

梳妆台／凳／镜

大衣柜

五斗柜

图 9.2.3（续）

经典扶手椅／茶几

官帽型高背椅／茶几

皇宫椅／茶几

龙川椅／茶几

万博餐台

东方风情木面餐台

图 9.2.3（续）

清式梳子休闲凳 / 清式梳子休闲台

锦地梅花休闲台 / 锦地梅花休闲凳

龙台 / 龙台椅

百子茶台 / 仿古古凳

图 9.2.3（续）

西番莲五斗写字台 / 西番莲玫瑰扶手椅

藏寿顶箱书柜

清式水龙纹酒柜

明极二门书柜

图 9.2.3（续）

清式仿古古董柜

明式如意双门置物柜

大茶棚

仿古三斗二门餐边柜

凤凰柜

皇宫电视柜

清式虎爪精雕皇宫电视柜

图 9.2.3（续）

9.3 当代设计师的思考与实践

新中国成立以后至20世纪80年代，中国传统家具的生产被归入到工艺品的行业，大量现代高仿或是改良的中国传统家具被用于出口和国内高档场所。

在这一时期，改良版的中国传统家具比较典型的设计是为人民大会堂、钓鱼台等国家领导人接见中外来宾的场所里使用的。明式家具的研究者杨耀先生、陈增弼先生等，以及著名的室内设计师曾坚先生等，都做过这方面的设计。将明式家具简约的结构体系和装饰细部，与西式家具中的沙发等品类结合，创作出满足当时国家层级的审美需求的家具。

20世纪80年代至21世纪初，随着改革开放和中国经济的增长，设计师对本民族的文化认同感日益加强。尤其是在王世襄先生关于明式家具研究的一批书籍出版之后，对传统家具尤其是明式家具的重视日渐增加。但在那个时期，除了研究者和一些艺术家之外，对中国传统家具在新时期再设计的研究并不多见。家具企业的"新中式"家具设计，基本是按照将传统家具中的一些装饰符号用于现代家具的结构之上。同时，家具市场被西式家具大量充斥，中国传统家具只占了很少的市场份额。同一时期，在建筑和室内设计中，也存在着同样的现象。

21世纪初至今，随着中国消费者购买力的增加，一些传统家具企业趁此时机炒作名贵木材的保值增值效应，将传统家具产业带向了一个注重材种、注重装饰的误区，而忽视了传统家具在新时期应该体现出更加符合使用者生活形态变化和对环境可持续发展的需求。

但可喜的是，年青一代设计师对中国传统家具在新时期的设计又有了更新的认识和实践，他们开始打破传统的束缚，出现了一批崭新的作品，这些作品不仅展现出了设计手法的创新，也展现出了他们对社会和环境的思考。

1. 传统设计价值观的当代解读

有学者认为：因势利导、因材致用、因地制宜、因时而做、新陈代谢、因人而异是中国文化的传统精神。以下将这几点作为分析传统设计价值观在当代家具设计中的基础。

1）因势利导

因势利导即随着事物的发展趋势加以引导推动。对于中国当代家具设计来说，当国家经济发展到一定阶段时，必然会伴随着文化的回归和寻根。当发现照抄西方已经迷失方向时，当大环境中对传统文化又开始重视发掘时，在设计上重新回归本土价值观和文化是一种必然的选择。在这种情况下，传统价值观中道法自然的设计哲学、对环境的尊重、对物质资料的爱惜、对产品所寄托的情感诉求（物以载道）等，都能和当代国际主流的设计价值观相吻合。当代中国设计对传统的选择性回归，也是中国设计能够走向世界设计舞台，代表中国当代设计价值观的一种方式。

2）因材致用

在中国古代，由于材料得之不易，所以匠人对材料的利用很珍惜，也在制作上突出材质的自然属性。比如，花梨木色泽和纹理都很优美，因此花梨家具基本以展现材质的自然色泽和纹理为主，雕刻精练；紫檀材质坚硬细腻适宜雕刻，紫檀家具则大多雕刻精美，以雕刻为主要装饰。在材料的利用上，工匠们尽量不浪费任何细小的材料或稍有缺陷的材料，将其用在可以用的部件上。

在当代设计中，设计师开发新材料的设计特质，用不同的手法表现新材料的特有质感。如朱小杰利用非洲材斑马木粗犷的纹理和强烈的色彩对比，设计了一系列现代中式家具（图 9.3.1）；顾永琪将卢氏黑黄檀进行了现代工艺的处理，克服了材料湿涨干缩的物理缺陷，开发了顺光细腻雕刻和打磨的工艺，雕刻出的鸟的翎毛熠熠生辉（图 9.3.2）；张雷利用中国传统宣纸制作的"飘"椅，将柔软的宣纸粘合压制成符合椅子承重要求的部件，而部件边缘的宣纸仍旧保留原有的形态，提醒观者材质的来源并记录岁月在产品上留下的痕迹（图 9.3.3）；广州美术学院家具设计专业 2012 年毕业设计中，有不少同学都选用了竹集成材作为主要材质，用不同的手法表现竹集成材和竹材之间的关系（图 9.3.4）；拓璞设计则尝试用多种现代材料诠释传统家具（图 9.3.5）……

■ 图 9.3.1　朱小杰用斑马木设计的系列家具

（王黎摄于 2006 年"源自中国"展览"澳珀"品牌区域）

■ 图 9.3.2　永琪紫檀的精细雕刻
（设计师：顾永琪，“永琪紫檀”品牌提供）

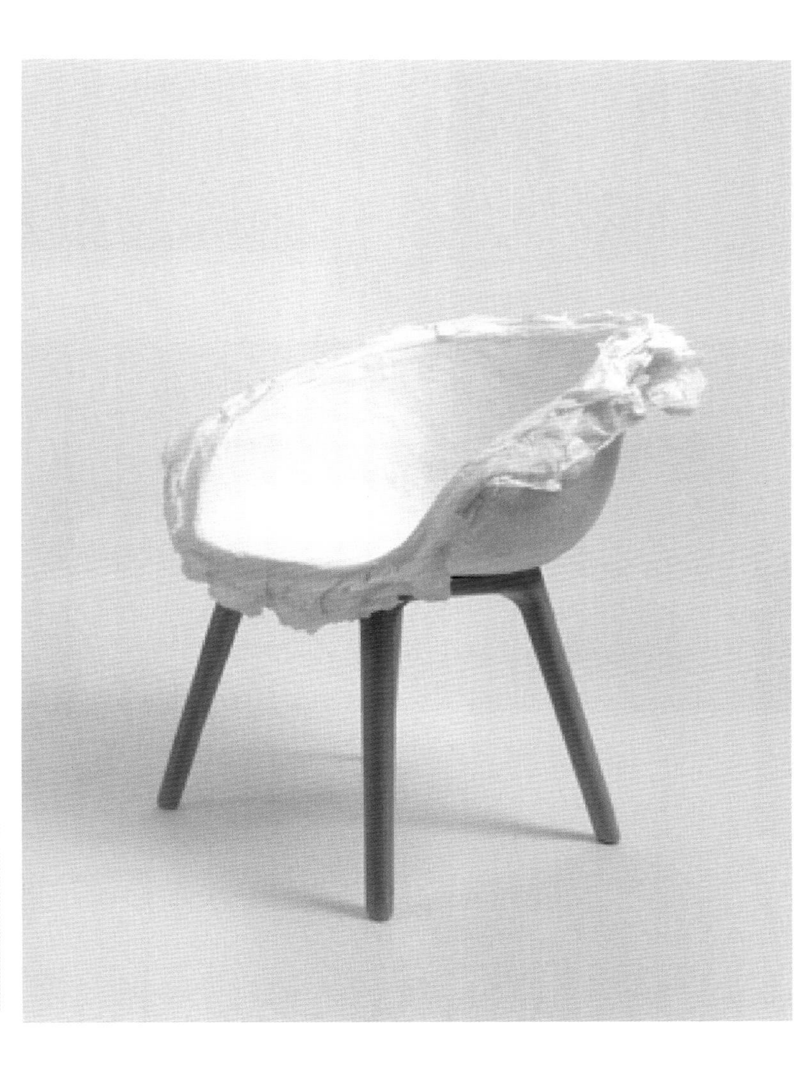

■ 图 9.3.3　宣纸做的“飘”椅
（设计师：张雷，“品物流行”提供）

（设计师：张伊婷）

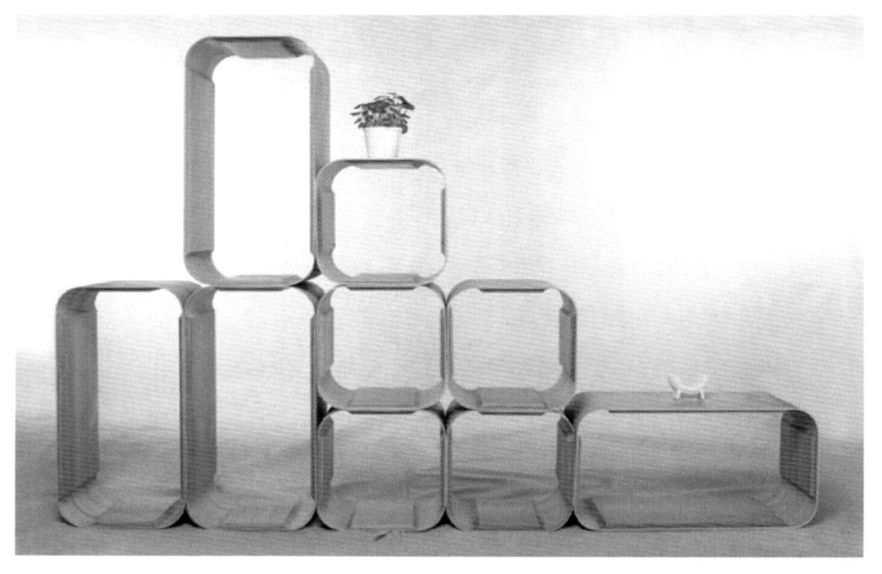

（设计师：周安彬）

（设计师：邹景明）

（设计师：魏伟连）

■ 图 9.3.4　**用竹集成材做的家具设计**（广州美术学院提供）

■ 图 9.3.5　**钢与皮革和传统的结合**
（设计：深圳市拓璞家具设计有限公司，“自在工坊”品牌提供）

3）因地制宜

不同的区域，出产不同的木材，有不同的气候条件和生活习惯。在北方，传统上制作家具常用榆木、柞木等当地常见树种，木材纹理较为粗疏，民风也相对粗犷，相应制作的家具在比例、雕饰上都比南方要夸张；在江南地区，榉木是民间制作好家具的上等材料，榉木优美的纹理和江南工匠受到的文人影响，也使该地区的家具制作更加倾向于精细和自然气质的表达；广东自元代以来就是全国重要的通商口岸，来自东南亚的名贵木材首先送到这里，同时出口到海外的漆家具也是从这里上船，因此，广式家具的中西荟萃是个传统。

由于信息技术的发展和人员流动的加大，当代家具设计的地域特点不如以前鲜明，但各地还是能够显现出对不同设计价值的偏好，以及在加工时对细节处理的不同之处。

4）因时而做

在家具制作上的因时而做可以体现在民用家具的用途上，比如传统上添置家具主要有以下几种时机：婚嫁、更换宅第、祝寿。宁波的红妆家具就是非常有特色的一种家具品类。在流传下来的老家具上也可以看到不同的雕刻题材，对家具的用途有着不同的寓意：寓意祝寿的如寿字或寿字纹、蝙蝠纹、松鹤纹等；祝福婚姻的如龙凤纹；寓意多子多福的如葡萄纹、石榴纹等。

现代卧房家具中，也有企业开发出现代的红妆家具，如允典的“百年好合”系列（图 9.3.6）就采用了红妆家具的设计元素和某些髹饰工艺，但在整体造型上又符合现代审美。

图 9.3.6　新时代的红妆家具（“允典”品牌提供）

5）新陈代谢

虽然中国传统家具在形制上的变化不算太大，但也经历了从席地而坐到垂足而坐的使用形态的转变，在使用功能上也随着时代出现了各种不同的发展，在装饰纹样、审美趣味上更是和地域性、时代性紧密相连。

一些原来常见的家具，由于功能性上被其他家具超越而渐渐退出了人们的视线，但人们对这类从小见惯的家具的情感依然还在，一些当代设计师就将这些家具进行了现代版的演绎。比如原来家里和公共场合常见的杌凳，现在逐渐被沙发和椅子替代了，只是象征性地还会出现在一些中式装修的餐厅里。设计师将其作为设计母题，演绎出了不同的版本。比如王善祥的“悟（杌）凳”（图 9.3.7）幽默地将凳面卷了个麻花；而“多少”品牌推出的“叠罗汉架”（图 9.3.8）则是将原本用来坐的凳子叠成了富于装饰性的架子；设计师肖天宇则将传统圈椅、官帽椅的设计元素移植到沙发设计上（图 9.3.9），打破了传统家具让人“正襟危坐”的仪式感，更加符合现代人追求舒适的功能需求。

而这些被演绎成现代版的传统家具的原型还将存在于我们的生活中，只不过原来主要的功能是使用，而当代的功能更偏向于寄托一种对旧物的情感。

图 9.3.7　悟（杌）凳（设计师：王善祥）

图 9.3.8　叠罗汉架（“多少”品牌设计并供图）

图 9.3.9　[简] 沙发（设计师：肖天宇）

6）因人而异

家具设计的使用对象是人，而人的生理条件和使用及审美要求是各不相同的。在中国古代，家具一般都是由木匠上门制作的，或是由客户定做的，制作者要满足客户的一些个性化需求，如祝寿用的家具要刻上寿字或松鹤的图案。到了工业时代，工业品的大规模生产抹杀了客户需求的差异性。但到了供过于求的时代，人与人之间的差异性的需求又被设计师开始重视起来。

对于当代的家具设计来说，"因人而异"可以有两方面的意思，即"以人为本"和"顾客化定制"。目前，"顾客化定制"在板式家具和高档家具中体现得比较多，而"以人为本"则更多见于口号而不是产品。

在设计上，"因人而异"还可以有更多的可能性，比如青木堂品牌的"琴瑟和鸣椅"（图 9.3.10）在貌似相同的设计上从细节里区分了男人与女人的气质，强调了"和而不同"的设计原则。

图 9.3.10　琴瑟和鸣椅（"青木堂"品牌提供）

2. 形似与神似

形似与神似一直以来是中国传统艺术的评价体系中重要的评价标准。在当代的中国家具设计中，脱离传统家具的原型而创作出来的“神似”的设计还不多见，更多的是将传统设计元素转化成当代设计形象。不少设计师研究明式家具的线条与造型结构，并将其转化，如图 9.3.11~图 9.3.14 所示。

图 9.3.11 **大天地系列家具**（“上下”品牌提供）

图 9.3.12 **宽椅**（设计师：沈宝宏，“U+”品牌提供）

图 9.3.13 **夫子椅**（设计师：温浩，“高尚生活”品牌提供）

图 9.3.14 **明式文椅**（设计师：石振宇 & 宋玥昀）

也有设计师从传统中寻找设计灵感，并将其应用在当代设计中。比如陈仁毅为台北故宫宋代大展设计的“宋椅”(图 9.3.15)，取材宋代皇帝和官员帽子上的横向长直线条的帽翅作为长椅设计中的最重要的线条元素，椅子背棱的设计则像音乐节奏的变化。卢圆华设计的“榫接桌”(图 9.3.16)借鉴中国传统木构中的榫接形式，表现了结构之美。郭锡恩 & 胡如珊设计的 [突兀] 凳（图 9.3.17)，隐约能找到传统灯笼和鼓的原型，但又不是那么直接而明显。设计师吕永中为意大利品牌设计的“牡丹亭”沙发（图 9.3.18)，能找到中国书法和印章的痕迹；而为自己的品牌设计的“清风禅椅”(图 9.3.19)，则将“满袖清风”的词语意境用物质形态表达了出来。

图 9.3.15 宋椅
（设计师：陈仁毅，“春在”品牌提供）

图 9.3.16 榫接桌
（设计师：卢圆华，“青木堂”品牌提供）

图 9.3.17 [突兀]凳

（设计师：郭锡恩 & 胡如珊，“设计共和”品牌提供）

图 9.3.18 “牡丹亭”沙发

（设计师：吕永中，“Natuzzi”品牌提供）

图 9.3.19 清风禅椅

（设计师：吕永中，“半木”品牌提供）

3. 艺术品还是日用品

当代设计师的作品可以分为两类：一类是作品承载了更多的设计师的个人表达，探索某种艺术形式，以艺术品的形式出现在展览中。如图 9.3.20 所示的 1995 作品一号，设计师邵帆用解构主义的手法将新老家具穿插，作品可以被认为是雕塑或装置艺术。另一类是和市场接轨的作品，除了满足艺术性外，还能够被消费者认同，并可以批量生产。如图 9.3.21 所示的苏州椅，设计师吕永中将中国书法线条的韵味和建筑结构中的形式感引入到家具设计中，这件非常实用的作品同时也承载了艺术的美感。

家具作为一种日常用品，其载体形式决定了其对使用功能的重视。设计的目的是为了解决某种问题，高明的设计在解决问题的同时能够表明某种态度。设计如果沦为一种自我表达，则成为艺术。在流传至今的家具中，无论是至高无上的宝座还是农人自制的杌凳，都有其物质上的功能，在物质功能之上，才是其艺术表达功能。家具设计的源头，还是解决生活形态上的某种需求，如宝座是让皇帝坐出威严感和仪式感，而杌凳是让人在日常生活中搬动方便，并且结实耐用。

4. 今天就是明天的历史

形成新时代的一种“式”，是一批设计师用类似的设计价值观、有共性的设计表现手法进行创作的结果。作品创作出来相对来讲是容易的，而作品是否能流传下去则不是设计师本人能够最终掌控的。那些具有普世价值观、具有鲜明时代特点、在某些方面具有原创性并且设计考虑周详的作品，才可能被社会接受并能流传下去成为经典。

厚古而薄今不是设计师或设计评论家应该采取的态度。能够流传至今的古典家具，必然有其历史价值和设计价值，不然早就被淹没在历史的长河之中了。从古典中汲取某些设计价值观，是今天的设计师需要研究的。但时代和人的生活状态在不停地变化，传统家具中的某些形态已经不能满足现代的需求，今天的家具应该解决今天的问题。

将对今天的研究应用在家具设计上，并用一些传统的设计文化精神将其演绎，解决今天的问题，其中成功的案例就会流传下来，成为后人研究这个时代设计精神的标本。今天就是明天的历史。

图 9.3.20　1995 作品一号
（设计师：邵帆）

图 9.3.21　苏州椅
（设计师：吕永中，“半木”品牌提供）

9.4　当代新中式家具赏析

为了更好地展示当代新中式家具的特点，下面展示几个经典品牌产品，如图 9.4.1～图 9.4.14 所示。

图 9.4.1 “忆东方”品牌产品示例

图 9.4.1（续）

图 9.4.1（续）

图 9.4.2 “阅梨”品牌产品示例

图 9.4.3 “联邦”品牌产品示例

图 9.4.3（续）

图 9.4.4 “世纪木歌”品牌产品示例

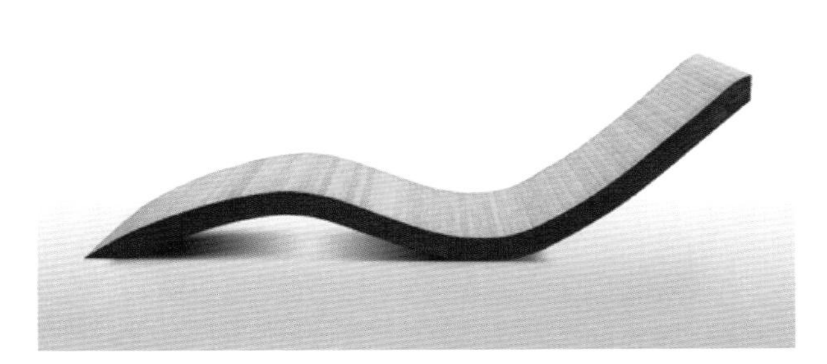

图 9.4.5 “春在中国”品牌产品示例

图 9.4.5（续）

图 9.4.5（续）

图 9.4.6 “璞素”品牌产品示例

图 9.4.7 “豪典工坊”品牌产品示例

图 9.4.8 “半木”品牌产品示例

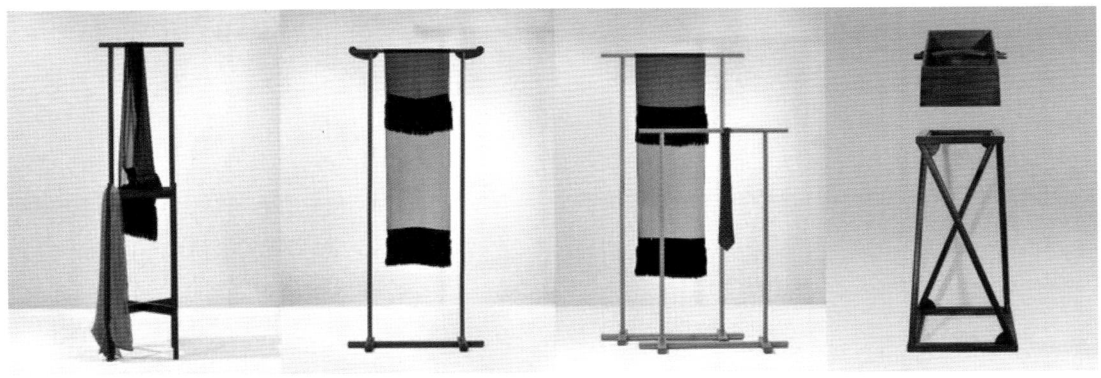

图 9.4.8（续）

图 9.4.9 “青岛一木”品牌产品示例

图 9.4.9（续）

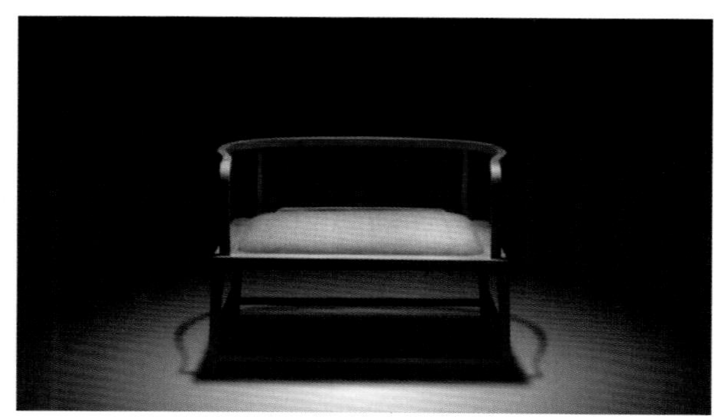

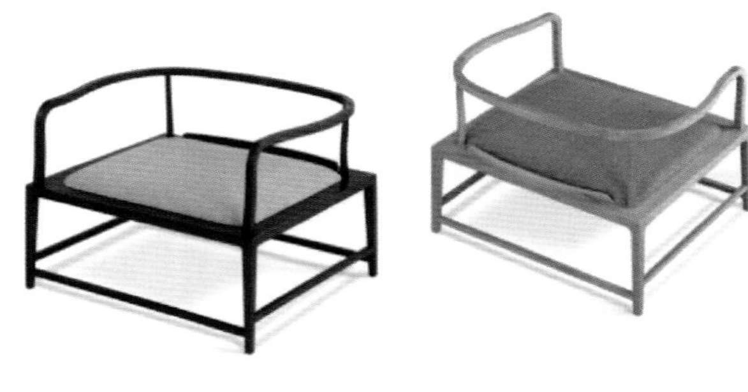

图 9.4.10 “U^{+}”品牌产品示例

■ 图 9.4.10（续）

图 9.4.11 “梵几”品牌产品示例

图 9.4.11（续）

图 9.4.12 “琴楼观雪”品牌产品示例

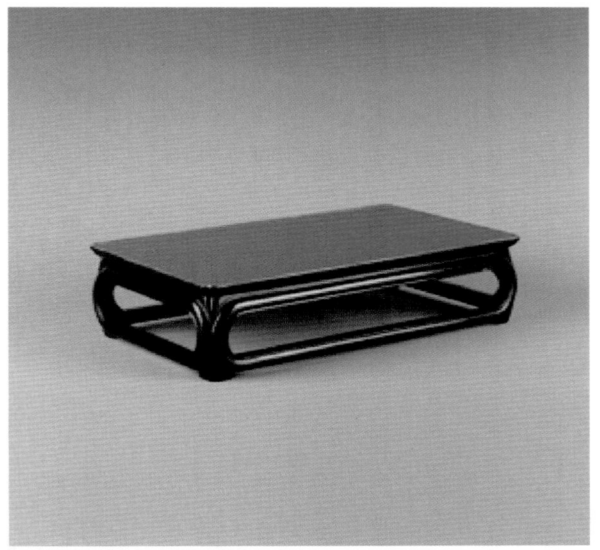

图 9.4.12（续）

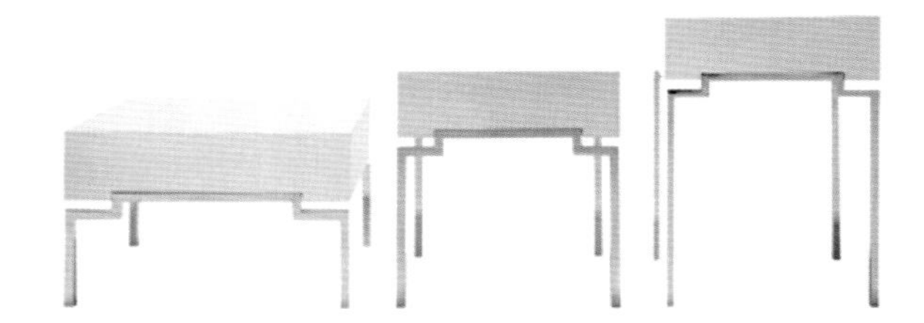

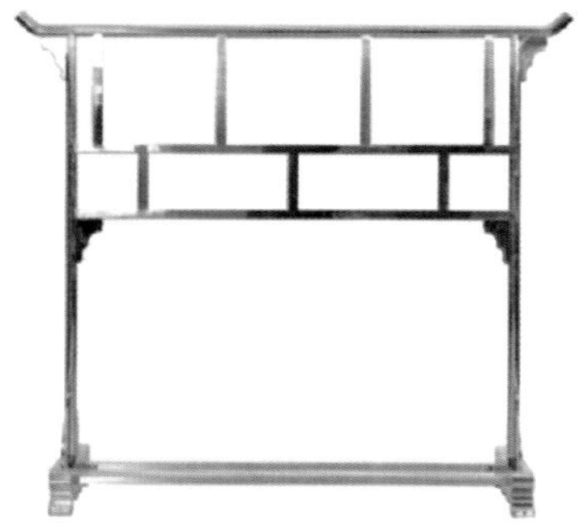

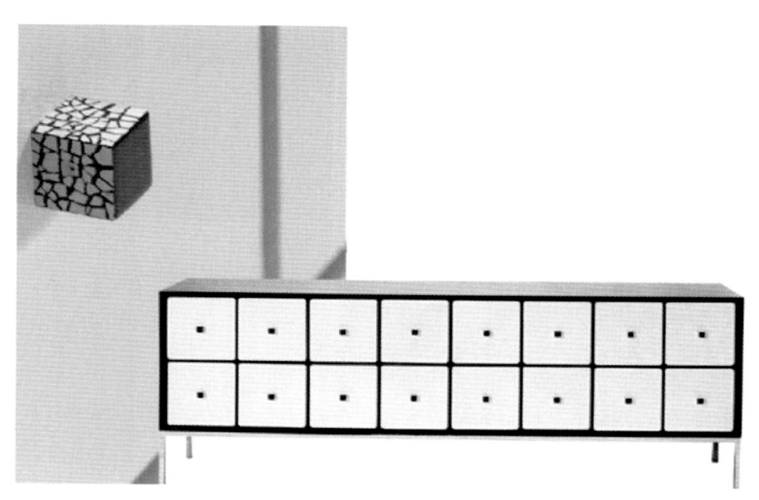

图 9.4.13 “DOMO Nature”品牌产品示例

图 9.4.13（续）

图 9.4.14 “曲美如是家”品牌产品示例

参考文献

[1] 王靖 . 中国传统装饰符号在现代家具设计中的体现 [D]. 济南：山东轻工业学院，2012.
[2] 时新 . “虚”与“实”在现代家具设计中的应用探析 [J]. 包装工程，2010（22）.
[3] 杨志红 . 浅析对中国传统图案的传承与应用 [J]. 美术大观，2008（08）.
[4] 胡中艳，曹阳 . 中国古代家具设计的继承与发展 [J]. 包装工程，2009（01）.
[5] 李晶 . 中国元素与中国当代设计艺术 [J]. 艺术探索，2010（04）.
[6] 牛笑一，牛晓楠 . 新中式家具探析 [J]. 家具与室内装饰，2007（11）.
[7] 王蓉 . 基于文人生活方式的明式家具传承初探 [D]. 杭州：中国美术学院，2012.
[8] 胡镇延 . 明式家具设计理念及其对现代中式家具设计的启示与思考 [D]. 哈尔滨：东北林业大学，2012.
[9] 肖瑱 . 明式家具的造型艺术在现代书房家具设计中的应用 [D]. 南京：南京艺术学院，2012.
[10] 魏海利 . 明式家具设计理念在现代木质家居用品设计中的应用研究 [D]. 齐齐哈尔：齐齐哈尔大学，2012.
[11] 关锦锦，吴智慧 . 中国明式家具的结构美学与文化意象 [J]. 家具与室内装饰，2012（09）：16-19.

附录A

中国传统家具工艺图片解析

A.1 家具结构名称

1. 椅凳类

（1）黄花梨无束腰裹腿罗锅枨加卡子花方凳（图 A.1.1）

落塘面 明清家具工艺术语。采取攒边做法，即板心四周出斜边嵌入边抹槽口中，板面低于边抹平面的做法，苏州木工称之为落塘面。座面四周有木框，中间镶板或嵌藤屉。这种座面都呈下凹状。

软屉 指凳面、椅面和榻面等采用藤篾编织成的面子。明清家具软屉工艺细如丝织、紧密坚实，有的还织成各种花纹，是既美观又实用的家具构件。

裹腿枨 凳腿的横枨在腿外部并包住腿足，称为裹腿枨。

腿足 呈圆材，与凳面直接榫卯相接。

图 A.1.1 明·黄花梨无束腰裹腿罗锅枨加卡子花方凳
（长 50.5cm，宽 50.4cm，高 51cm）

（2）黄花梨有束腰罗锅枨二人凳（图 A.1.2）

边抹 凡用攒边的方法做成的方框，如桌面、凳面和床面等，两根长而出飨的叫大边，两根短而凿有榫眼的叫抹头。大边和抹头合起来称为边抹。

凳面 有席面、木面等。

牙子 指中部高、两头低的一种枨子。是明清家具的常用装饰手法。

罗锅枨 指凳或其他家具面框下设置的连接两腿的部件。有束腰的家具则指束腰以下部位的主要连接部件。设在其他部位的一般改称牙条。

束腰 原是须弥座上枭之间部分，在家具上是指面板和牙条之间缩进的部分，是凳或其他家具常用的制作手法。有束腰的家具是中国明清家具造型的典型式样之一。

马蹄 是一条从腿部延伸到脚头变化微妙的线，自然流畅，光挺有力，具有雄健明快的走势。足端向外的称外翻马蹄，足端向内的称内翻马蹄，具有明式家具典型的风格特征。

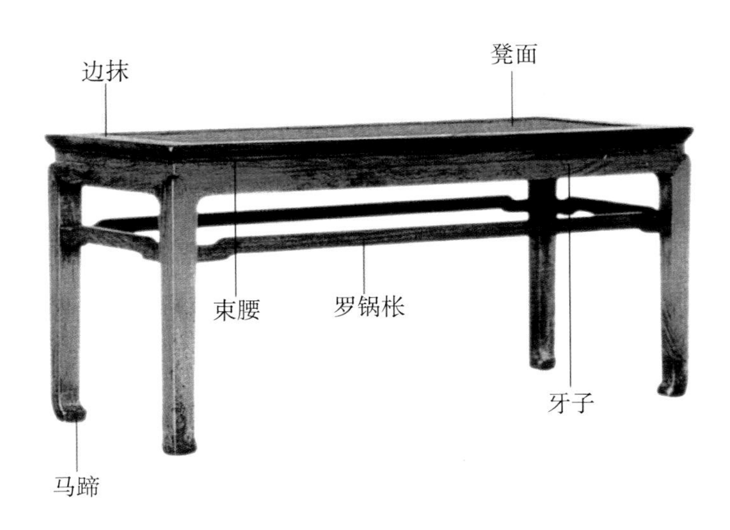

图 A.1.2 明·黄花梨有束腰罗锅枨二人凳
（长 102cm，宽 42cm，高 49cm）

（3）紫檀五开光坐墩（图 A.1.3）

墩面 面心平镶木板。

弦纹线脚 开光边缘和上下鼓钉之间各起弦纹线脚一道。

五开光 开光是指将墩身做成不同形状的亮洞。此墩为五开光，开光作四瓣海棠式。

墩底 为了保证墩圈的牢度和能够承受更大的重量，墩底一般为一木连做，底座用圆形料整圈挖出连接墩体，有的下面还接 4 只小龟足。

墩身 用多块木料拼接，制作精良。墩身形体瘦长，为清式坐墩常见的样式。

鼓钉 用铲地技法制作的鼓钉微微高起，非常圆润。

（4）黄花梨四开光墩（图 A.1.4）

墩面 为藤编软屉座面。

四开光 为四开光式，开光作圆角长方形式样。

墩身 墩身四面开光，雕满云纹，雕工细腻。

弦纹 开光边缘和上下彭牙之间做有两道弦纹。

图 A.1.4 明末清初・黄花梨四开光墩
（面径 58 cm，高 47cm）

图 A.1.3 清・紫檀五开光坐墩
（面径 28cm，高 52cm）

（5）紫檀卷草纹圈椅（图 A.1.5）

椅圈　椅圈是由塔脑向两侧下方延伸顺势与扶手融合成一条独具特点的多圆心的优美曲线，具有浓厚的中国味。圈椅的椅圈在宋明时代称为“栲栳样”。

背板　呈 S 形，上面浮雕螭纹等图案。

角牙　家具横、竖材连接处为了起到加固和装饰美化作用，常制成各种各样的短木条、短木片、角花板等安装在交角的部位，形成一种三角形或带转角的部分，又叫牙子。

鳝鱼头　扶手椅或圈椅的扶手，常因露断面而制成向外侧曲的各种头形，“鳝鱼头”为其一种式样。

托角牙子　在家具直角相交处安置的扁木小牙子，一般称“托角牙子”，搭脑和扶手与鹅脖的交接，常运用这种牙子作装饰，既加强了牢固性，又显得美观。

束腰　椅屉下有束腰。

托泥　椅腿下有托泥。

亮脚　一般雕刻有纹饰。

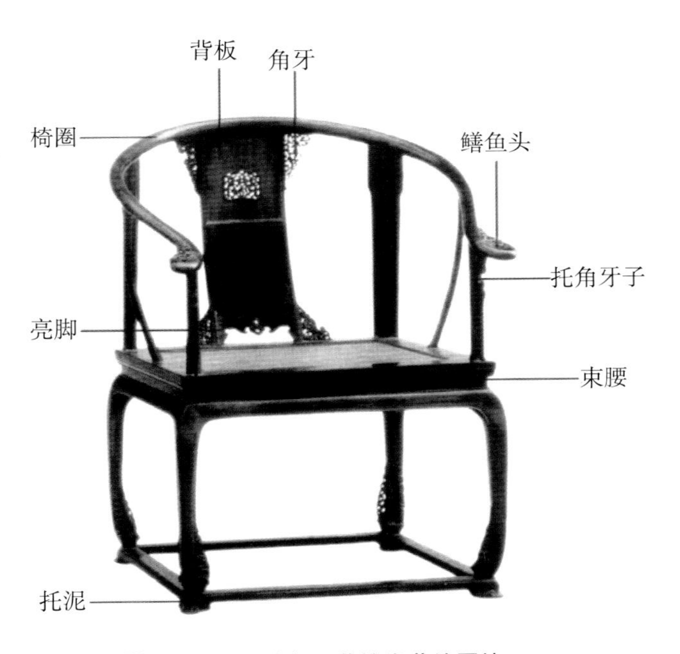

图 A.1.5　清初・紫檀卷草纹圈椅
（通高 99cm，座宽 50 cm，座深 65 cm）

（6）黄花梨透雕靠背玫瑰椅（图 A.1.6）

椅背　低于一般椅背，背高度与扶手高度相差无几，为典型的玫瑰椅。此椅因其靠背较矮，在居室中陈设较灵活，在靠窗台陈设时不致高出窗台而阻挡视线。

透雕花饰　明清家具的雕刻手法主要有浮雕、透雕和圆雕。透雕是留出纹样，将底子镂空，使纹样突出，留出的图案还要做成立体的效果。透雕可以两面雕，也可以只作一面雕。

卡子花　明清家具部件名称，为家具上的雕花饰件，是卡在两条横枨之间的花饰。多用在“矮老”的位置，实际是装饰化的矮老。多数是用木材镂雕的纹样。

腿足　明式玫瑰椅多圆腿或方腿，而清式常有腿面用剑脊线，即指中间高、两旁斜仄犹如宝剑剑背的线脚。

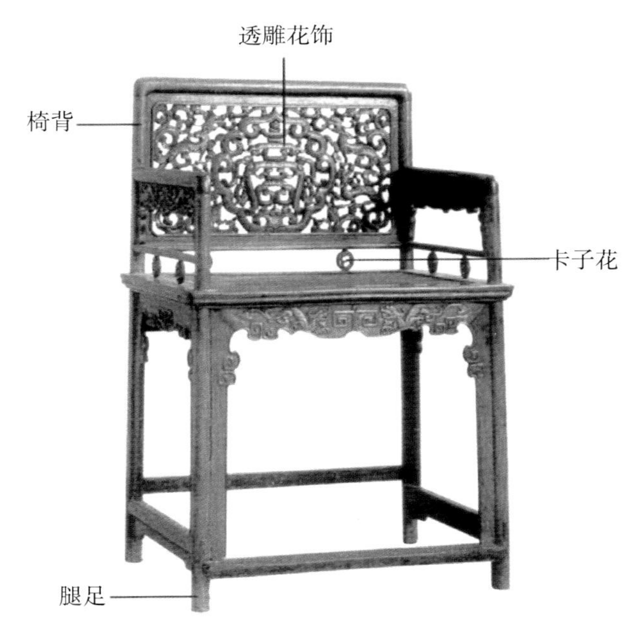

图 A.1.6　明・黄花梨透雕靠背玫瑰椅
（座面长 61cm，宽 46cm，高 87cm）

（7）黄花梨有踏床交杌（图 A.1.7）

横材　杌面及杌足之下的横材共 4 根，用方材制成。杌面横材的立面上有浮雕卷草纹。

杌足　共 4 根，都用圆材制成。但用来穿铆轴钉的断面则是方形，故意留而不削以增其坚实。

踏床　设于正面两足之间。踏床面板钉铜饰件，两端有探出的圆轴，插入足端的卯眼中，使踏床可以被折起。

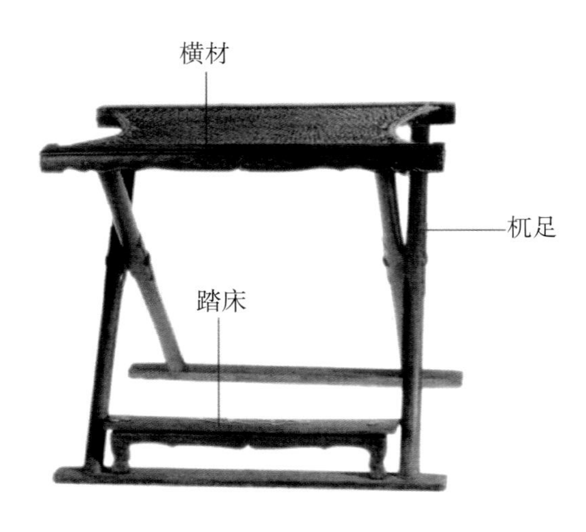

图 A.1.7　明・黄花梨有踏床交杌
（杌面支平时长 55.7cm，宽 41.4cm，高 49.5cm）

（8）黄花梨上折式交杌（图 A.1.8）

支架　设于木框中缝处，用铜环与木框连接。当木框放平可以就座时，支架正好落在杌腿交接处，使杌面得以保持平正并承载重量。

杌面　用两方可以折叠、中间安有直棂的木框制成。

铜饰件　一般位于交杌正面杌足底端部分。

踏床　上面配有铜饰件。

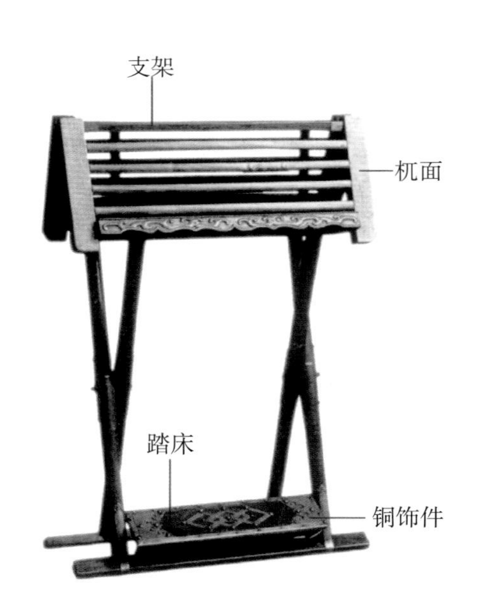

图 A.1.8　清・黄花梨上折式交杌
（杌面支平时长 56cm，宽 49cm，高 49cm）

2. 桌案类

（1）黄花梨一腿三牙方桌（图 A.1.9）

桌面 呈方形。明清时期桌面有大小之分。桌面有的用较厚的木板拼成，四边垛边只为使桌子四周平整；有的桌面攒框打槽，面心板镶于槽框中，面心板反面榫接两根托带，以增加桌面承重能力。

一腿三牙 在明式家具中有一种桌子，其 4 条腿中的任何一条都和 3 个牙子相接，就是除了腿子的左右有牙子以外，还在与台面呈 45° 角的腿子上加一牙子，这 3 个桌牙和一腿同时接触，故名谓“一腿 3 牙”。一腿三牙是明式家具造型的一个独特形式。清式家具也有此样式。

甜瓜棱 明式家具常用的线脚之一。指桌、柜等腿足，做成起棱分瓣一类线脚的统称。通常用于较粗的直材，如一腿三牙式桌、圆角式柜等家具的腿子上。

罗锅枨 枨子是家具造型的一部分，至明代已经完全摆脱了直枨的基本形式，着意于结构功能和装饰作用。明式家具的枨子式样很多，其中就有罗锅枨。罗锅枨是指中部高、两头低的一种枨子。家具造型中大量运用罗锅枨仍在明清时期。此罗锅枨为圆混面，其中部拱起很高，形成很独特的高拱形罗锅枨，罗锅枨高拱部和牙条贴紧安装。

四腿 一般为圆料制作，也有的用方料制作。侧脚，收分明显，腿足部无任何装饰。有的起棱分瓣类线脚。

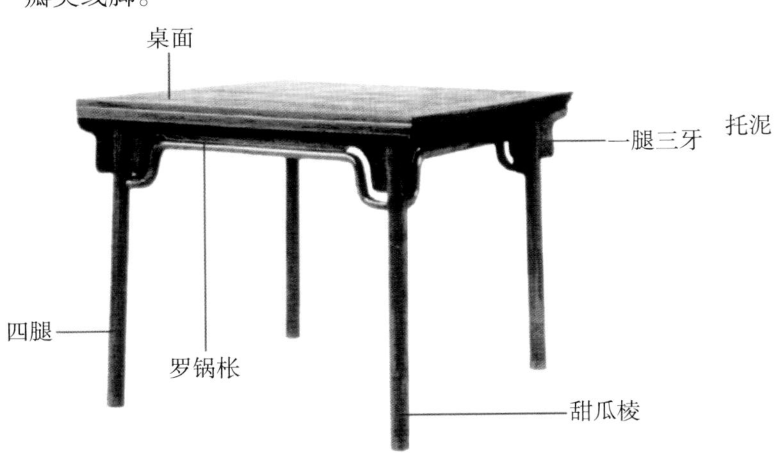

图 A.1.9 明·黄花梨一腿三牙方桌
（长 106cm，宽 106cm，高 88cm）

（2）核桃木带托泥半圆桌（图 A.1.10）

此半圆桌用核桃木制成，造型简洁大方，是典型的晋式家具。

桌面 为半圆形。圆桌的桌面有的呈规整的圆形，有的呈荷叶边等其他圆形状，一般攒框打槽，镶装面心。后用漆灰填缝，上漆灰经过精心打磨，上色漆，髹漆多层，成平滑的桌面。

腿足 多为大挖三弯腿形，有 4 条腿。腿从肩部到足部收分很大，腿中部挖缺成双卷云头形状，四腿足外翻，雕刻纹饰，整个腿形似带柄弯曲形，上粗下细，遒劲有力，为清代半圆桌中上乘之作。

托泥 清式托泥承明式托泥，常见的有圆形和方形，在制作中已经简化到最少结构达到最佳效果，这样对工匠的制作技艺要求更高。合理的结构和优美的造型，使托泥和腿足的结合达到了体现家具曲线美的最高境界。

牙条 裹腿做法。清式家具上裹腿做法的牙条一般为一圈牙条，并相间透雕纹饰和浮雕装饰，但整个雕饰繁缛。

图 A.1.10 清·核桃木带托泥半圆桌

（3）黄花梨夹头榫翘头案（图 A.1.11）

夹头榫　夹头榫腿子高出牙条和牙头的表面，把紧贴在案面下的长牙条嵌夹在四足上端的开口之内。由于直材（腿子）和横材（牙条）的合理嵌夹，加大了两者的接触面，搭起了牢稳的底架，再由四足顶端的榫头和案面结合，构成了结构合理的条案。夹头榫约在晚唐、五代之际开始使用于高桌，是匠师们受到大木梁架柱头开口、中夹绰幕的启发而运用到桌案上来的。至今仍在广泛适用。

案面　中部平整，两端微微起翘，为翘头案。

牙子　案面下为天云盘牙子，是牙子装饰的一种纹饰。

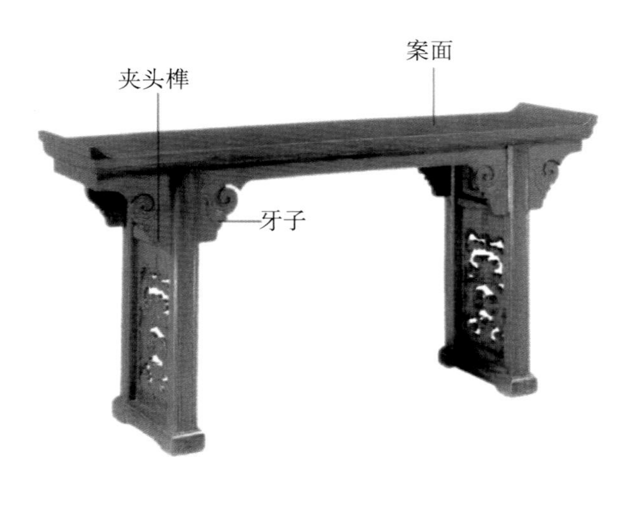

■ 图 A.1.11　清晚期・黄花梨夹头榫翘头案
（长 116.4cm，宽 30.2cm，高 86.4cm）

（4）鸡翅木雕蜂窝纹平头案（图 A.1.12）

案面　案面平整，两端无饰，为平头案。案边抹攒框，案面板平镶，与边抹攒合时不留缝隙，并处同一水平面。这种“镶平面”做法，要求木材干燥，否则木材伸缩会造成边抹榫卯松脱，所以这种攒边做法的构造计算相当精巧，制作工艺水平较高。

牙头　皱挖成卷云纹，牙子上浮雕六角形蜂窝纹。

四脚　四脚直下，两侧腿间镶挡板，形成透空券口。

托子　指条案足端着地的横木。案四腿足直落在两横木托子上，托子下面剜出亮脚。

亮脚　家具牙条或有镂空雕饰的部分，取脚部明亮透光之意。

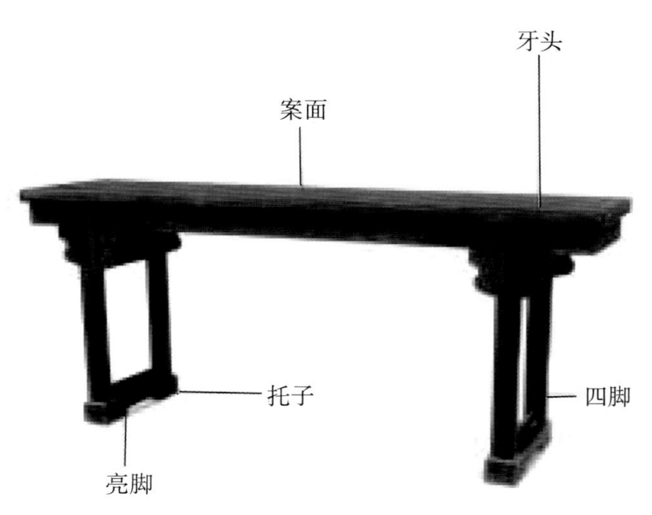

■ 图 A.1.12　清・鸡翅木雕蜂窝纹平头案
（长 194cm，宽 45cm，高 86cm）

（5）黄花梨联三橱（图 A.1.13）

橱面 中部平整，两端微微起翘，为翘头案面。

闷仓 抽屉下设有闷仓。因橱的抽屉下还有可供储藏的空间箱体，仓内可存放物品，不打开抽屉，仓内物品无法取出，故此称为“闷仓”。

牛鼻环 家具金属饰件，是由金属环制成的一种拉手，因其像穿在牛鼻中的环扣而得名。

屈戌 家具铜饰件。是一根两头稍尖的扁形铜条，将中间弯曲后形成孔眼。两头尖端同时穿过家具物件，弯脚后，将面叶、面条固定在一定的部位。还可套上吊牌、吊环组成家具的拉手等。

抽屉 即占用家具内部空间，安装后可以推入抽出的容具。一般设于橱的上层，以短柱间隔，抽屉下面装板与下层间隔。

吊头 明清家具工艺术语。指无束腰的桌面、案面、橱面、凳面等伸出腿足的部分，北京工匠称之为“吊头”，南方工匠称之为“抛头”。

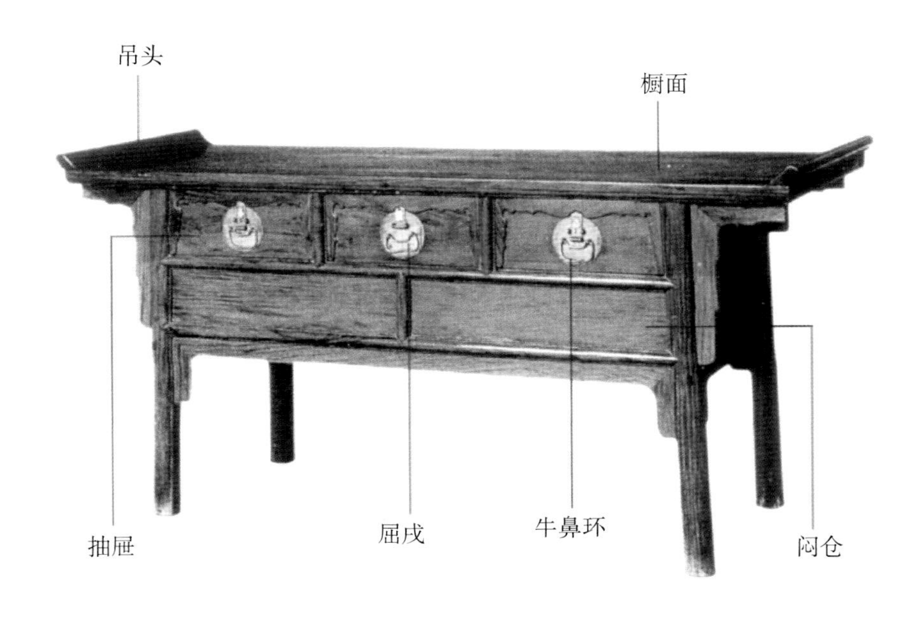

图 A.1.13 明·黄花梨联三橱

（长 177.5cm，宽 56.8cm，高 90.5cm）

（6）黄花梨联三橱（图 A.1.14）

背板 明清家具部件名称。指位于家具背面使用的板材。

橱面 为翘头案面。

面叶 即金属构件的一部分，钉在箱、柜正面或抽屉脸上的叶片。此为橱面上的铜饰件，亦饶有古趣。

角牙 即安装在两构件相交成角处的牙子。

橱门 下层设橱门四扇，橱门分左右两边，每边两扇中间用合叶连接，平时可以开启一扇，亦可两扇一齐打开。

底枨 橱柜等家具底部与腿部相交的横枨。此橱四腿用方材制作。两侧底枨与腿以丁字榫相接，前后底枨用格角榫与腿相接。

旁板 明清家具部件名称。位于家具左右两侧，呈垂直面的板材统称旁板或墙板。此橱两侧装旁板。

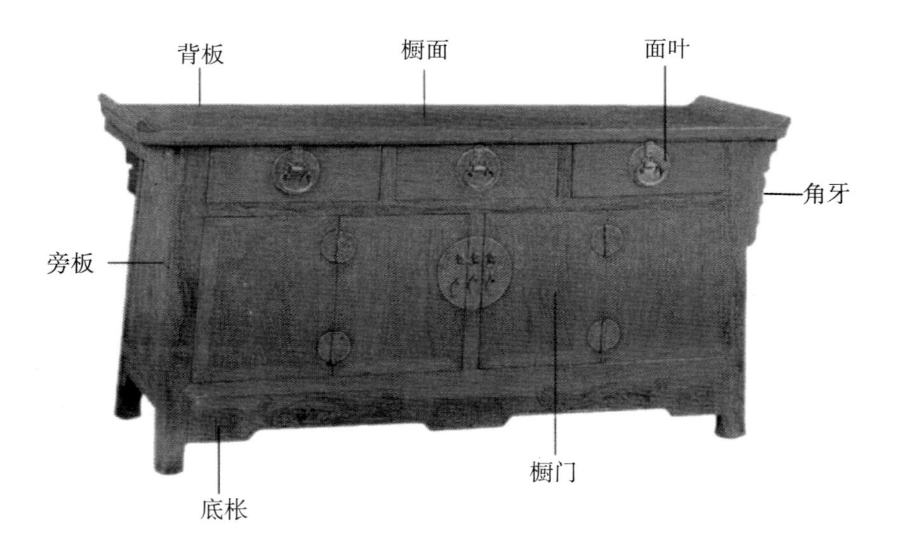

图 A.1.14 清·黄花梨联三橱

（长 167.6cm，宽 47.6 cm，高 86.4 cm）

3. 床榻类

（1）紫檀昼床（图 A.1.15）

榻屉 有的用藤编制作成软屉，有的为独板制作的硬屉。

一木连做 即为一块整木连制的家具构件。此束腰和牙条为一木连做，为明清家具制作中所常见。

围屏 一般为攒边做法。明式罗汉榻（床）的围屏制作十分精美。清式罗汉榻（床）承明式在形制上有很大的变化，出现了大面积繁缛雕饰和装饰。围屏有“三屏风式”、“五屏风式”甚至“七屏风式”。有攒接各种繁复图案的，有镶嵌玉石、大理石和螺钿等的，亦有金漆彩画的罗汉床。装饰题材广泛，有山水花鸟、人物故事和吉祥纹样等。从而形成了独特的清式罗汉床形式。

鼓腿膨牙 指家具的腿部从束腰处膨出，然后向后内收，顺势做成弧形，足部多作内翻马蹄形。

（2）榉木架子床（图 A.1.16）

立柱 立柱设于床的四角。有些较金贵的架子床在前面两柱间增设两柱，称六柱架子床。

顶盖 安在床立柱之上的顶盖，由汉代的承尘演变而来。承尘是平张于床上的小幕。魏晋以后床四角加了立柱，上承天棚，加帐幔和坠饰。

围栏 明清时期的床一般用攒接法做成十字连方的围栏，用以透雕组成的方形纹、万字纹、双环卡子花等装饰。

床座 由纵、横的方木制作成长方形框。方木上有时凿有深槽，以卡住和容纳增添的横枨或竖枨。

床屉 床的主要部位，由托撑组成方框。明清时期的床屉多用棕绳做底，上面敷以藤席。

腿足 明清时期床腿有直足、内翻马蹄、外翻等造型。其中内翻马蹄钩裹有力，具有代表性。

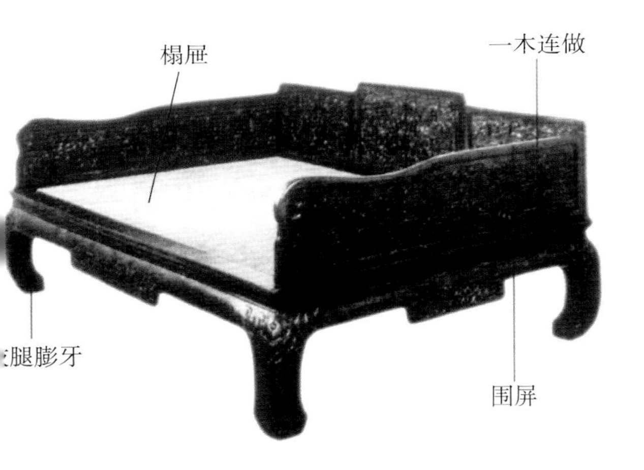

■ 图 A.1.15 清·紫檀昼床
（长 250cm，宽 160.5cm，高 99cm）

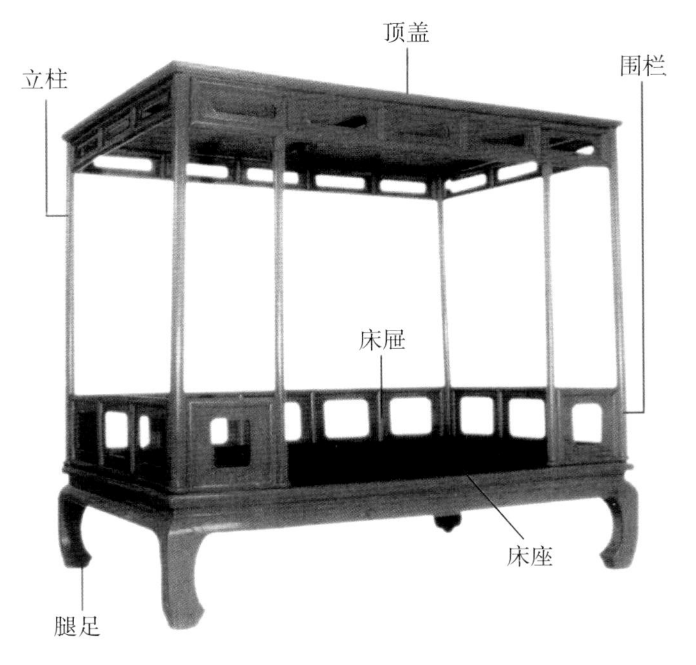

■ 图 A.1.16 明·榉木架子床
（长 216cm，宽 144 cm，高 205 cm）

（3）黄花梨六足折叠式榻（图 A.1.17）

大边　大边在中间断开，用合叶连接，可以在此对折。

榻屉　铺有木板，两端各留有三个矩形空格。为平面，四周不起沿。

插肩榫　腿子在肩部开口并将外皮削出八字斜肩，用以和牙子相交。它可以用在鼓腿膨牙式的家具上，也可以用在一般式样的家具上。

浮雕　牙子与腿足上有浮雕卷草、花鸟、走兽纹。

腿足　腿足为三弯腿外翻马蹄式，共 6 根。

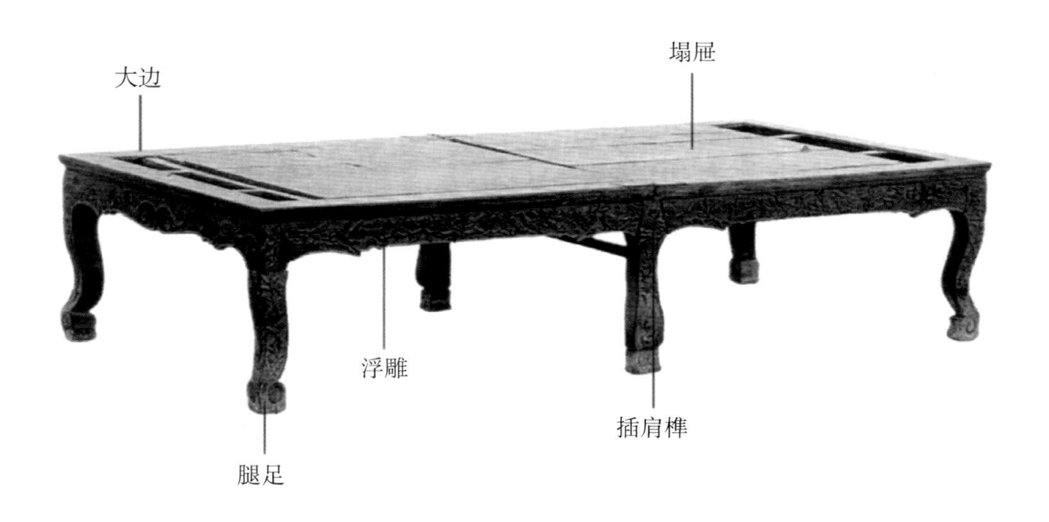

图 A.1.17　明·黄花梨六足折叠式榻
（长 208cm，宽 155cm，高 49cm）

4. 橱柜类

（1）黄花梨方角四件柜（图 A.1.18）

顶柜 顶柜分开制作。顶柜两侧和后面装旁板和背板，前面两扇门攒框打槽装板。由两组顶箱组成，并与下面的两组立柜联体，此称为四件柜。明清时期流行。

立柜 上下柜以扎榫拍合，搬动时可随时分离和安上。无闩杆，硬挤门形式。上下柜都用粽角榫结构。此柜各处装的板都低于框架，榫卯用透榫露出看面，古趣盎然。

柜膛 位于柜体下部的封闭式空间，柜膛装面板，其实立柜和柜膛为一整体。

牙条 牙子的一种，外形长而直。此柜在立柜两侧和前面底枨下均设牙条。

足 用铜饰件套脚。套脚为明清时期常见的一种家具铜饰，套在家具足端上，既可防止腿足受潮腐朽避免开裂，又具有装饰作用。

合叶 即铰链，用来连接柜门和两侧柜的立木枨。

面叶 中间安圆形铜质面叶。铜面叶和合叶与柜体木质颜色相互映衬，颇有装饰意趣。

钮头 清时期的铜饰件。一般面叶是由钮头和屈戌穿结固定在家具表面的。

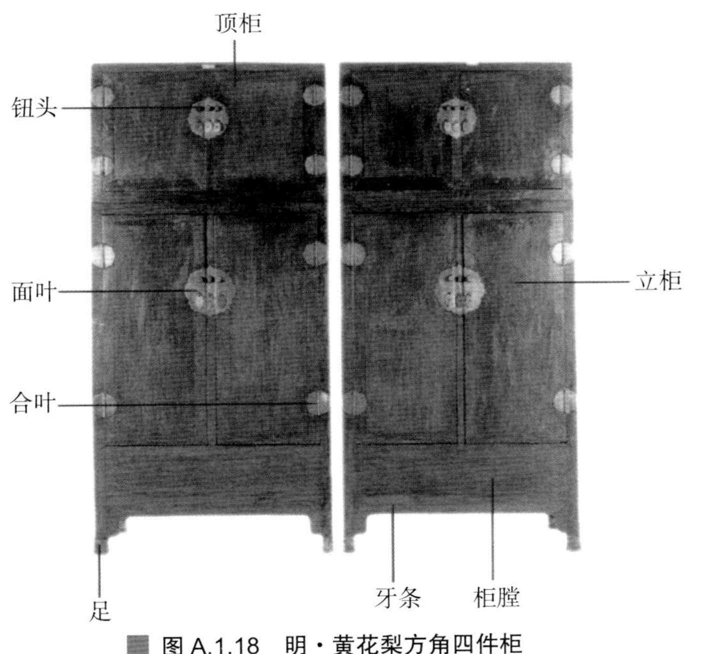

图 A.1.18　明・黄花梨方角四件柜
（长 118cm，宽 53cm，高 256cm）

（2）榉木小圆角柜（图 A.1.19）

闩竿 明清时各种柜常在两扇柜门之间设一立柱，上端用出榫插入柜顶横挡的卯口，下端有一豁口嵌于下部横挡的桩头上，可装可拆，便于门扇装置锁件。

柜膛 柜膛装面板。此面板用整板制作，有搁板使立柜上下隔开，搁板可以灵活启闭。

横枨 泛指连接任何两根立材的横木，其上一根为立柜门底枨，另一根为柜膛底枨。

门扇 左右门扇，用整板制作，装入门框槽中。其上装有吊头面叶。

面条 家具铜饰。长条形面叶称为“面条”。

柜帽 柜顶向外喷出的部分边缘起冰盘沿线脚。

图 A.1.19　清中早期・榉木小圆角柜
（长 88cm，宽 44 cm，高 144 cm）

（3）黄花梨小多宝格（一对）（图 A.1.20）

隔板 明清家具部件名称。即框体内分隔左、右空间的板材。

旁板 位于柜左右两侧呈垂直面的板材，有的用落堂踩鼓做法，有的用落塘面做法。此柜旁板是用落塘面做法制成的。

柜体 上部为亮格可放置书籍等，下部为二抽屉可放置杂件。底枨下有壶门牙条。为明式二屉立字形书格。

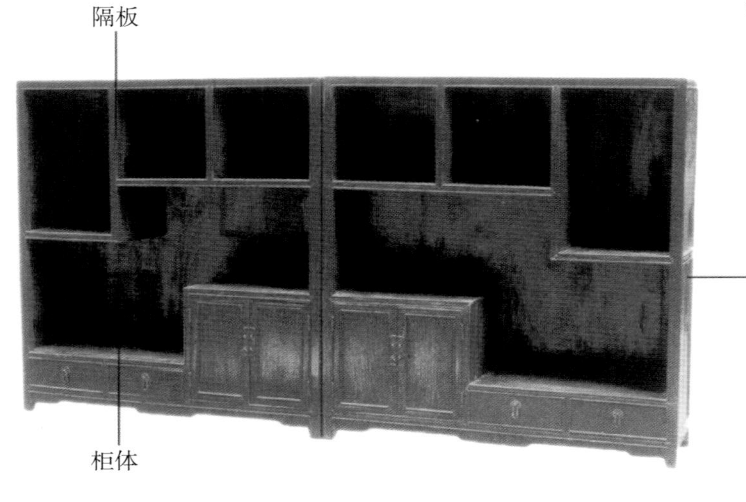

图 A.1.20 清·黄花梨小多宝格（一对）
（长 88cm，宽 26cm，高 100cm）

（4）紫檀书格（图 A.1.21）

书隔 亦称书架。其基本形式是立木为较粗的四腿，用层板将空间分割成若干层放置书籍。为明清常见的家具样式。

围栏 此围栏用短材攒门成十字和空心十字相间的纹样，并用打洼做法，线脚起阳线而又在其中做出凹面。

壶门牙条 牙子的一种，以柔婉弧线为特征。这少许曲线的存在给以直线为主设计风格的书格锦上添花。

抽屉 一般设于书架中间。

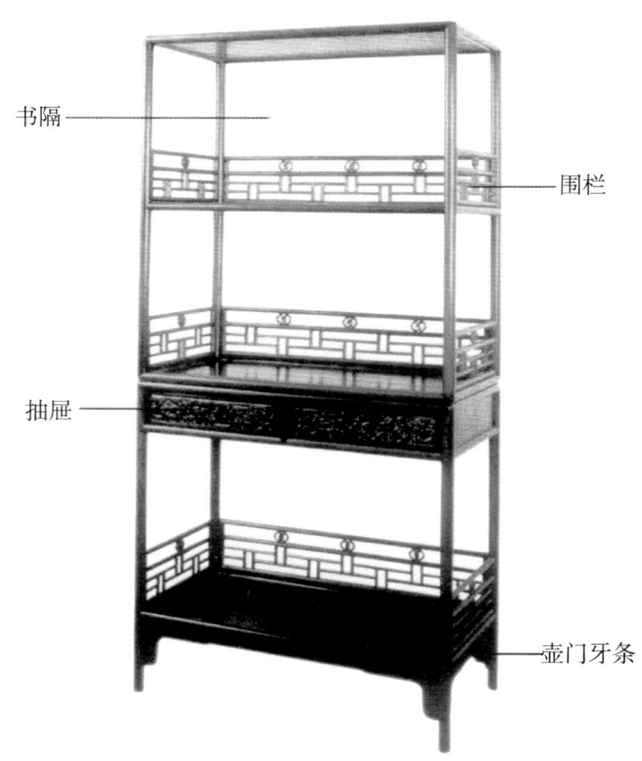

图 A.1.21 清·紫檀书格
（长 80.5cm，宽 40.5cm，高 175cm）

5. 其他类

（1）铁力板足开光条几（图 A.1.22）

几面 几面是一块厚木整板，它与几足以直角相交。

闷榫 即暗榫。平板角接合用燕尾榫而不外露的称为暗榫。一般考究的硬木家具均采用暗榫而不用明榫。

书卷足 书卷头为明清家具屏背椅的一种搭脑式样，此方法同样运用于几足。其形制指其如书本，打开后，一半转向背面时形成线圈状，民间匠师称之为“书卷头”。

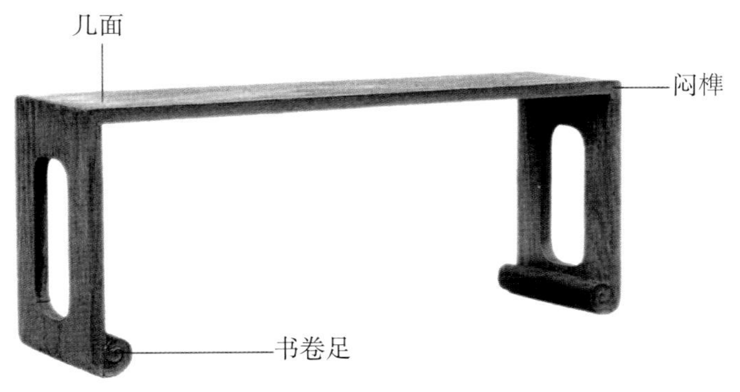

图 A.1.22 明·铁力板足开光条几
（长 191.5cm，宽 50cm，高 87cm）

（2）铁力高束腰五足香几（图 A.1.23）

几面 圆形。因为香几的使用特点之一是独立摆形，其造型不应具有方向性，无论从哪个角度看都应很完整，圆的造型符合这种设计要求。明代的香炉多小巧并略显扁圆形，圆形的几面容易与之协调，至于焚香祷祝时，缭绕游移、冉冉升起的香烟，更是与其取得呼应。

膨牙板 高束腰下连接几腿的部分，一般雕饰为各种形状。雕饰的膨牙板一般以插肩榫与几腿相连，是明式家具常见的样式。

蜻蜓腿 腿足上粗下细呈 S 形，至脚头带弯外翻，形式柔媚而富有弹性。因其形如细长的蜻蜓足而得名，也称为“螳螂腿”。

圆珠 几腿下端踩的部分，即圆珠雕饰，并与托泥相连。

龟足 从南宋以来，托泥之下还常置有小足，真正着地的是小足而不是木框。在整体呆板的木框托泥下长出的可爱四足，如同小巧的海龟，既活泼，又起到通风的作用。

束腰 原指须弥座上枭腰与下枭腰之间部分，在家具上是指面框和牙条之间缩进的部分。

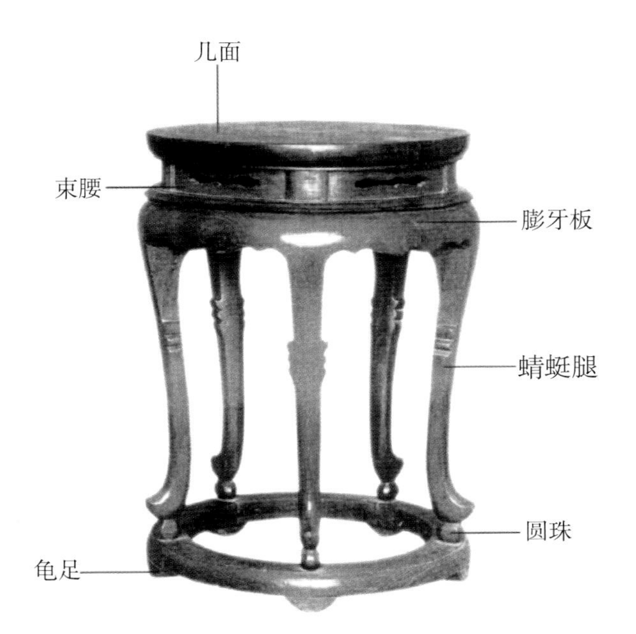

图 A.1.23 明·铁力高束腰五足香几
（面径 61cm，高 89cm）

（3）黄花梨凤纹衣架（图 A.1.24）

横梁 椅子、衣架等位于家具最上的顶枨叫横梁，也叫搭脑。一般两头超过立柱，向上高翘，用立体圆雕方法雕刻纹饰，有莲蓬头形状，也有翻卷花叶纹等。

中牌子 明清家具部件名称。衣架等立柱中部与档构成扁长方开框档，框档常有镂空花纹，北京匠师称这一构件为“中牌子”。

站牙 明清家具部件名称。用来固定的牙子，北京匠师称其为“站牙”，即清代匠师所谓的“壶门券口牙子”。此衣架立柱前后用凤纹站牙抵夹，既美观又稳重。

棂格 讲究的衣架在两墩子间安装由纵横直材组成的棂格，也就是底板，将整个衣架下部连成一体，借以支撑上面的柱架及衣衫的重量，同时棂格有一定的宽度，上面可摆放鞋履等物。

横枨 用以固定立柱。

角牙 精致的衣架凡横枨与立柱作丁字相交处，常采用左右堆成的角牙形式作为支托。

（4）柞木可升降灯架（图 A.1.25）

灯罩 灯杆顶端的托盘上设有灯罩，灯罩用竹或木材制成架子，外糊丝织物。因灯罩颜色不同，光色亦不同。

托盘 灯杆顶端设托盘面放蜡烛或油灯，盘上设有灯罩。

灯杆 屏框式底座上横梁钻一圆孔，圆形灯杆插入孔内，孔旁设有木楔，下端与活动横木相连，横木和灯杆可以顺屏框内槽口上下升降，当灯杆升降到需要高度时用木楔固定。

站牙 灯架座屏式底座两边有站牙抵夹。

底座 此灯架底座如插屏的底座，只是较窄。底座有两个亮脚的木墩，用横枨相连。木墩上设立柱，两立柱与横枨出榫卯相接，形成很牢靠的屏框式底座。一般屏框里侧开出槽口，用一横木两头做榫插入槽口，榫头可沿槽口上下活动。

挂牙 托盘下面安装倒挂花牙，一方面增加了灯杆的牢固性，另一方面又增加了灯架的艺术性。

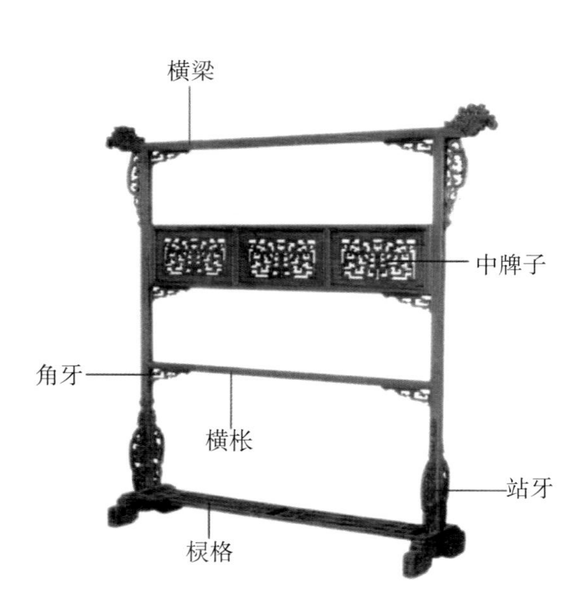

图 A.1.24 明・黄花梨凤纹衣架
（底座长 176cm，宽 47.5cm，高 168.5cm）

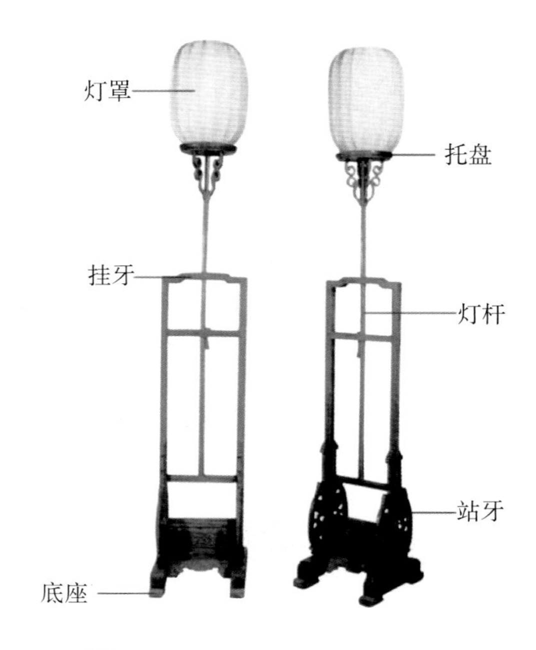

图 A.1.25 清・柞木可升降灯架
（底座 54cm，宽 28cm，高 186cm）

（5）榆木雕龙纹曲屏风（图 A.1.26）

屏框　曲屏风属于活动性家具，无固定陈设位置，用时打开，不用时则折叠收藏起来，其特点是轻巧灵便，所以其屏框多用较轻质的木材做成。

销钩　每扇屏风之间装有销钩，一般用金属器制成，起连接曲屏作用。因曲屏无屏座，只用销钩连接，所以放置时分折曲或锯齿形，故曲屏的别名为“折屏”。

屏心　由多扇屏面组成，一般由 4，6，8，12 片单扇配置连成。屏心多用较轻质的材料做成：或用轻质木材雕漆描色彩绘宫殿庭院，寓意荣华富贵；或用纸绢裱糊图绘各种山水风景、名人书法，以示清高脱俗；或丝绢刺绣花卉鸟兽，象征生活安逸。

图 A.1.26　清・榆木雕龙纹曲屏风
（每扇宽 57.5cm，高 244cm）

（6）紫檀嵌云石小座屏风（图 A.1.27）

屏框　一般由髹漆的木框组成。

立柱　底座两侧安立柱，两柱间有横枨连接。在两根立柱的上截，留出一定长度，在里侧挖出凹形沟槽，将屏框对准沟槽插下去，使屏框下边落在横枨上，屏框便与底座连成一体。

披水牙子　为明清家具术语，牙条的一种。指屏风等设于两脚与屏座横档之间带斜坡的长条花牙，北京匠师称之为“披水牙子”，言其像墙头上斜面砌砖的披水。

屏心　有的用玉石镶嵌佛手、如意、灵芝、双鸾等，象征子孙万代，永结同心；有的用朱漆堆刻庭园、山石、龙舟和人物等，其色彩灿烂，极富立体感；有的用纸绢绘制出高山峻岭、潺潺流水、朦胧月色和水波粼光，画面委婉多姿，形象生动。

底座　独扇座屏是把单独屏框插在一个特制的底座上，底座用两块纵向的木方做成。有的底座做成梯形，一般均留出亮脚。

站牙　两侧有站牙抵夹。

图 A.1.27　清・紫檀嵌云石小座屏风
（长 56.8cm，宽 29.2cm，高 59.7cm）

（7）镶白铜黄花梨提箱（图 A.1.28）

箱顶　呈长方形，平顶，四角接缝处用铜叶镶包，为明清时期箱型家具的常见样式。

包角　用来保护家具外轮廓边角的三角形铜饰件，3 个面呈等腰直角三角形。一般匣、箱等上下四角都有包角作装饰，使箱类家具形式别具一格。包角采用各种纹样，如意头形等是明清家具常见的铜包角。

灯草线　属家具中部件截面边缘线的一种造型线式，也称“线脚”，即指中部隆起略带弧形的一种线脚。

提手　椭圆形，一般装在箱子两侧，以便人搬动箱子。

拍子　家具铜饰件，附着在半面叶上可开启和关合的部分，关合时有两个孔眼套入屈戌可供上锁，是箱子上使用的主要铜饰件之一。箱子正面铜质拍子造型各异，有的为牛鼻形拍子，上有锁钮可装锁。

（8）紫檀双层提梁方盒（图 A.1.29）

提梁　由一根横梁和两根立柱构成，横梁与立柱用格角榫相接，接头处用铜叶包裹。

箱盖　为平顶。

灯草线　每格间都开有子口衔扣，上下子口外面都起灯草线加厚。灯草线既可弥补箱口料薄的缺点，又可起装饰作用。

底座　箱下设有底座，使提箱不直接着地，以免箱中所置放物品受潮。又称“车脚”。

铜叶包裹　铜叶为家具的一种饰件。提梁、立柱和两侧亮脚及底座四角亦用铜叶包裹。

站牙　明清家具部件名称。用来固定立柱的牙子，北京匠师称其为“站牙”，即清代匠作所谓的“壶瓶牙子”。

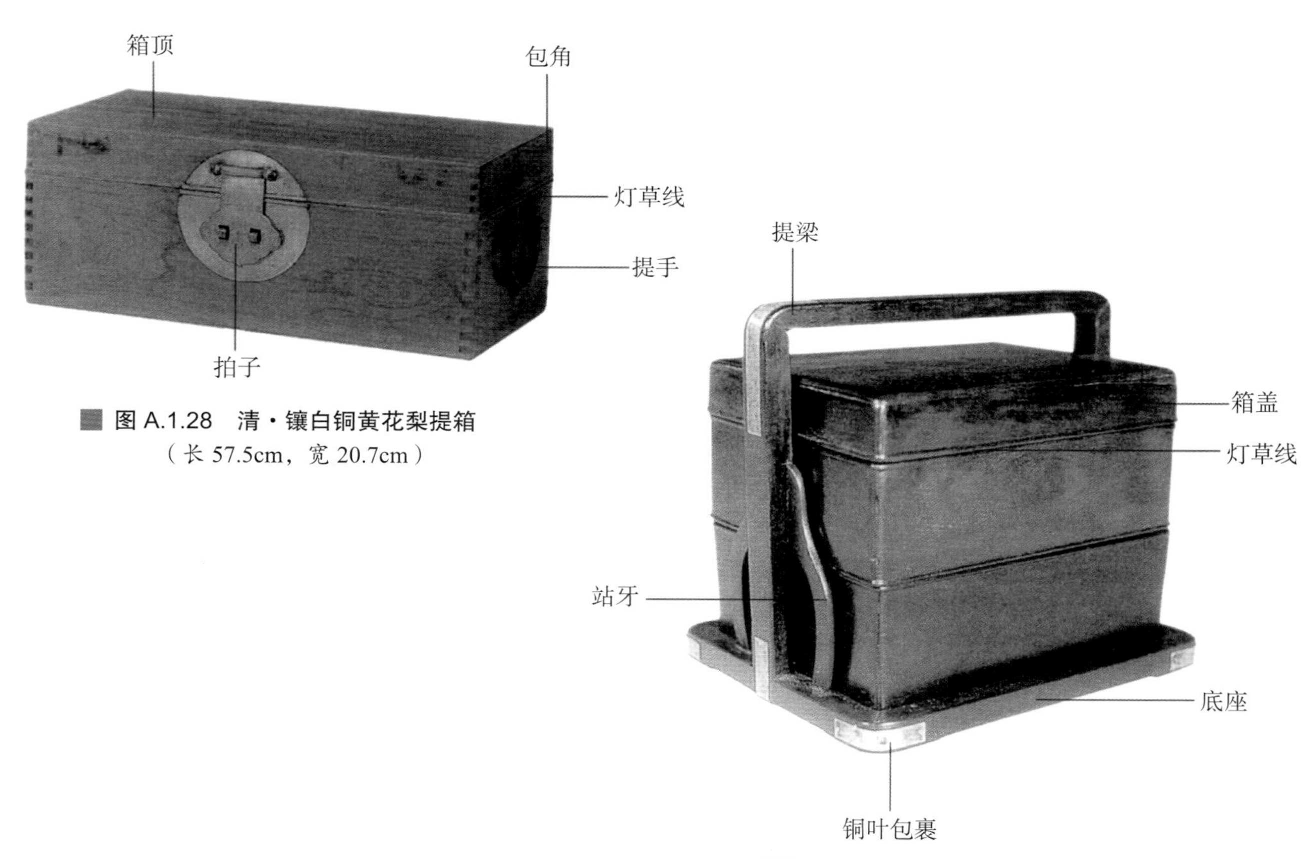

图 A.1.28　清·镶白铜黄花梨提箱
（长 57.5cm，宽 20.7cm）

图 A.1.29　清·紫檀双层提梁方盒
（高 15cm）

A.2　家具细部名称

1. 腿足线脚举例（图 A.2.1）

家具腿足有各种各样的线脚，其线与面的处理各不相同，是家具装饰的一种重要手法而已。圆、方、扁圆、扁方这四类腿足形状，只是一个大致的分类。有的家具腿足变化丰富，整条腿足的线条、轮廓、弧度、粗细几乎无一处相同，线脚就更加复杂了。

2. 边抹线脚举例（图 A.2.2）

在凳、椅、桌、案、床、柜等家具上都有线脚，线脚有上下对称或不对称之分，不对称者俗称“冰盘沿”，就如同某种盘子的边缘。传统家具的线脚看似简单，不外乎平面或混面及凹面，线条也不外乎阴线与阳线。但仔细分析其深浅宽窄、舒敛紧缓、平扁高立，相当复杂，稍有改变，就会影响到整个家具的精神面貌。

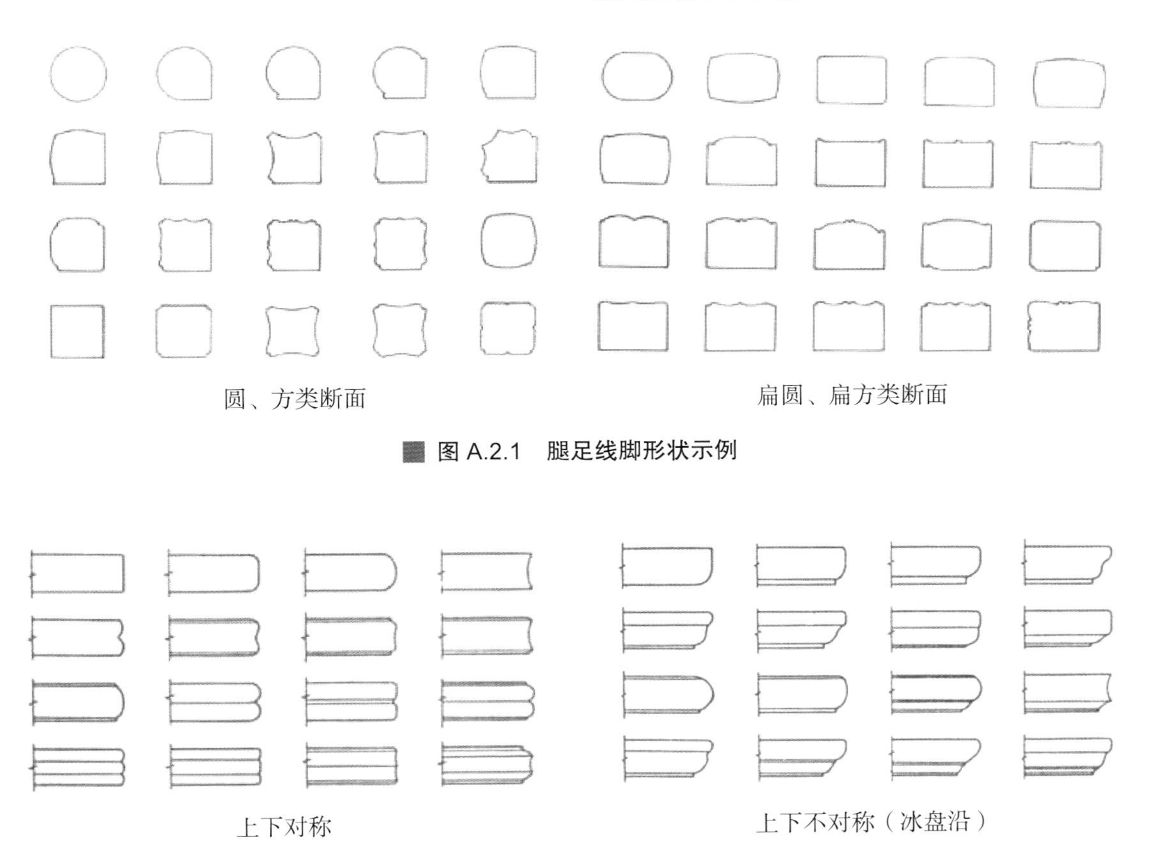

圆、方类断面　　扁圆、扁方类断面

图 A.2.1　腿足线脚形状示例

上下对称　　上下不对称（冰盘沿）

图 A.2.2　边抹线脚形状示例

3. 明式官帽椅上的管门钉（图 A.2.3）

苏作家具通身无一处透榫，也不施胶，只在几个关键部位用竹钉固定。这种竹钉俗称管门钉，取自古代管城门的兵士“管门丁”之意。图 A.2.3 所示搭脑与扶手上的 4 颗竹钉起固定全身的作用。

4. 走马销（图 A.2.4）

“走马”源于古建筑术语“走马板”，是活动自由的意思。走马销是栽销的一种，即在两顺材之间，用燕尾状栽销连接，其巧妙的结构，可使二者既紧密结合，又可拆卸自如，所以又名“仙人脱靴”，是罗汉床围板、太师椅扶手上最常见的方便用销。

5. 插销（图 A.2.5）

镜框、玻璃灯笼、碧纱橱等多见用这种销法，制作要求精致，起线并暗藏于线条之中。

6. 桌挂销（图 A.2.6）

桌挂销亦称偏口挂销，是明清硬木桌类家具腿部与牙板结合部必用的结构。其牢固程度高，不会丢失，配合“抱肩榫”，有较强的抗扭力。桌挂销有定位准确、可反复拆装、越打越严的特点，便于长途运输，是苏、广及宫廷造办处硬木桌子上必用的销子。

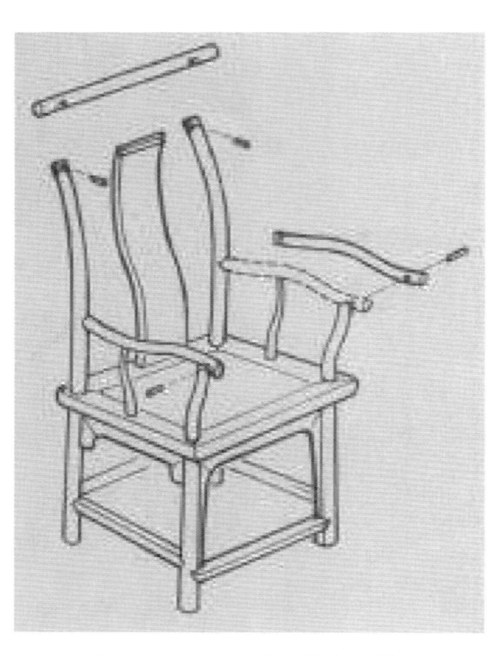

图 A.2.3　明式官帽椅上的管门钉

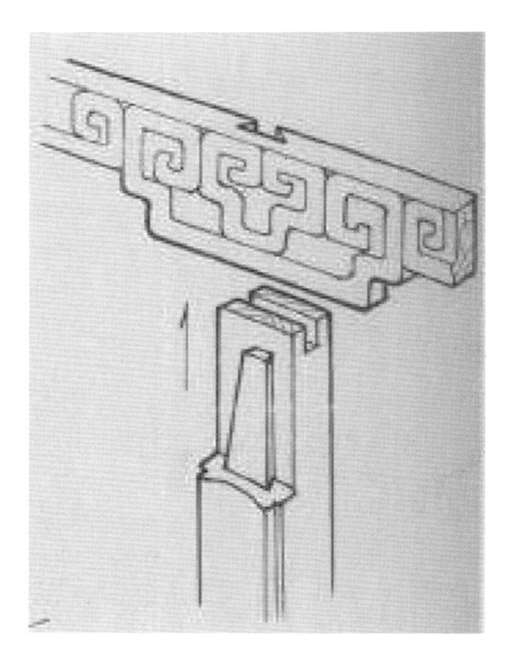

图 A.2.4　走马销

图 A.2.5　插销

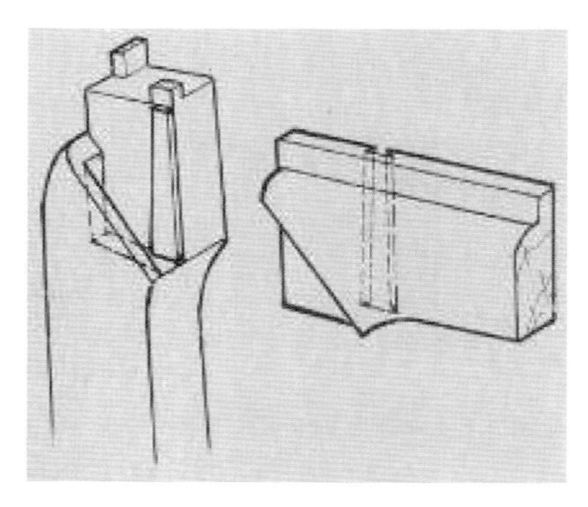

图 A.2.6　桌挂销

7. 穿销（图 A.2.7）

穿销是在栽销的基础上延长其一端，使其贯穿于牙板的内侧。一般穿销通常有梯形的角度，边沿有燕尾形的榫口，可在增强部件强度的同时，管束其干缩湿涨的方向，使二木永远贴紧。

8. 栽销（图 A.2.8）

栽销是在两顺向木材之间凿眼垂直栽上的薄方木片，以联结固定二者间的位置，如在桌面心板之间，床牙板与大边之间等。

9. 透销（图 A.2.9）

透销是在栽销的基础上，使销子延长并通透于其一板材的中心，多见于大型的铁力、紫檀等床案厚重的牙板与大边的拍合，十分坚固。

10. 半粘牙板用钉（图 A.2.10）

常见有清初精美的吴式家具，通身无一处透榫，也不施胶，只是在几个关键部位用三两枚钉来固定，历经数百年后完好如初。

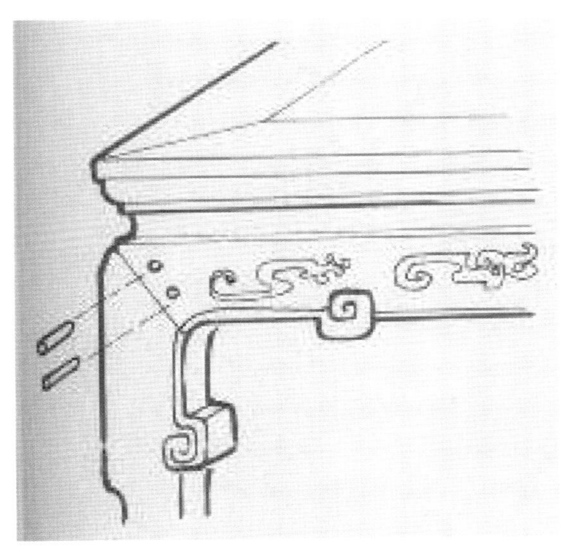

图 A.2.7　穿销

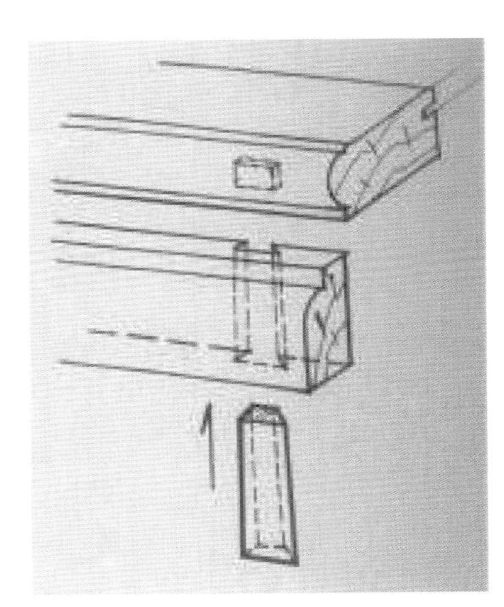

图 A.2.8　栽销

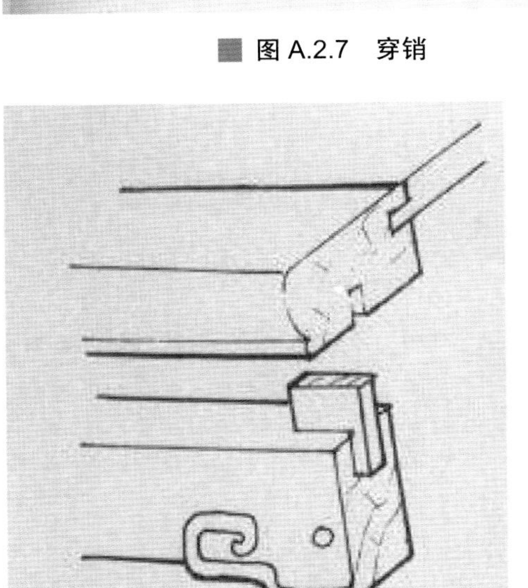

图 A.2.9　透销

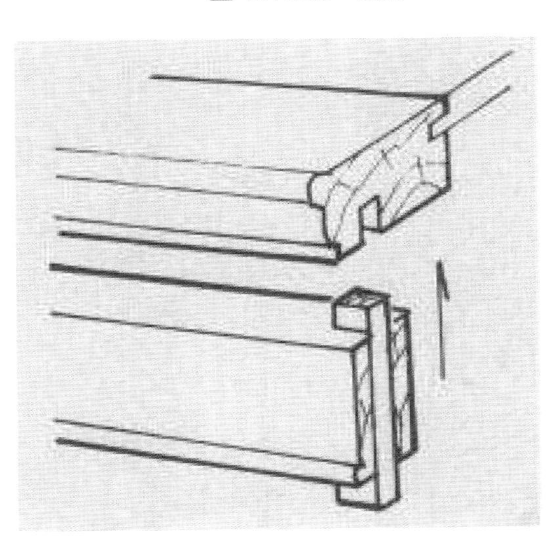

图 A.2.10　半粘牙板用钉

11. 大进小出楔（图 A.2.11）

在半楔的基础上，用较壮而规整的木楔穿透家具表层将半榫备牢，省工省料，既美观又坚固。这种楔一般用在两层材料不一致的家具之上，也可在断损的榫的修复上使用。

12. 竹销钉（图 A.2.12）

竹销钉指竹钉，不是铁钉。在古典家具中，除西北干燥地区偶见铁钉外，其他地区极少以铁为钉。用铁钉是中国古典家具工艺上的大忌。竹钉断面多为圆形，间或有方形。销，指两顺向木材间用于管束其相关位置的小木块。管而不死，可拆卸活动。

13. 苏作半榫用钉（图 A.2.13）

中国古典家具发展到了明清之际，除部分民间家具外，大部分宫廷家具及城市高档家具均采用了南洋的硬质木料，外表经水磨汤蜡处理，非常华美。而内部则处理成半榫、闷钉、抄手榫等形式，保存外观的纹理齐整、线条顺畅。

14. 修理断腿的钉（图 A.2.14）

在北京的旧家具行，修理那些不散架的家具或断损的家具时，往往首先使用“三簧钻”打开原有的旧钉，或者开孔打入新钉，以恢复原有面貌。“三簧钻”是北京匠师特制的一种钻具。

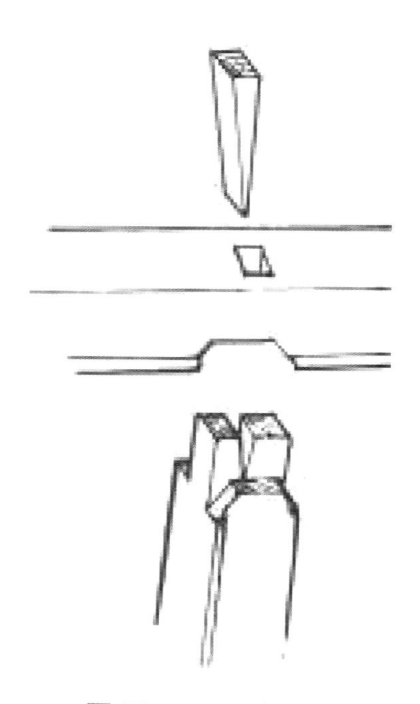

图 A.2.11　大进小出楔

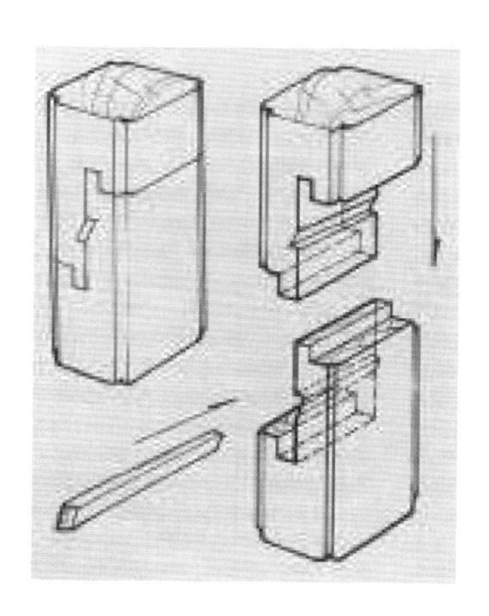

图 A.2.12　竹销钉

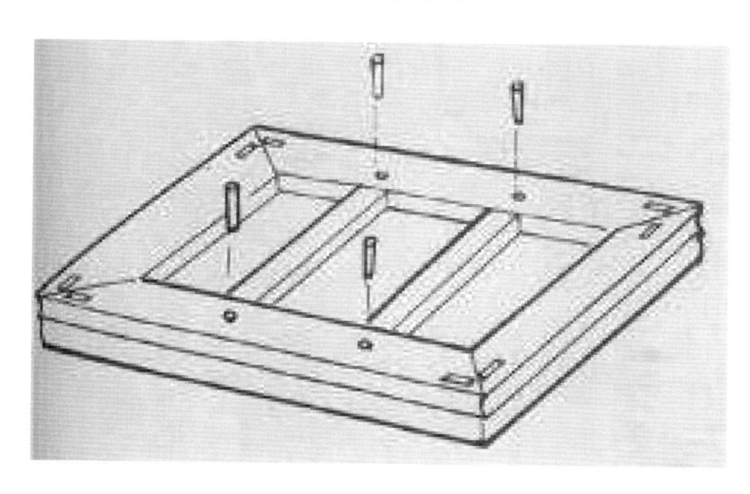

图 A.2.13　苏作半榫用钉

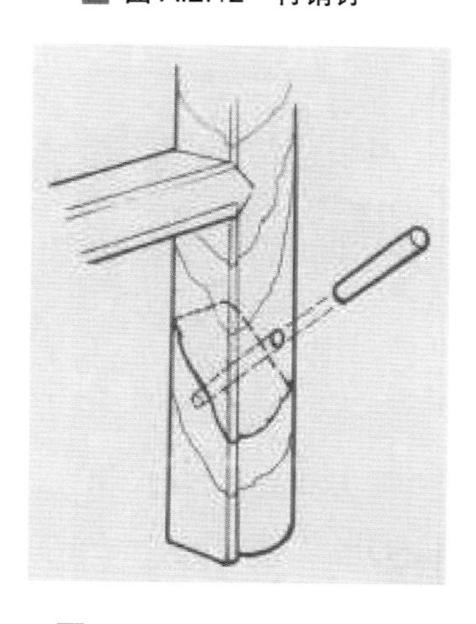

图 A.2.14　修理断腿的钉

15. 破头楔（图 A.2.15）

通常在透榫端部靠近外侧的适当位置，预先锯开楔口，待榫入卯后，再备入楔子，使榫头体积加大。此楔口也可以临备楔前用凿子刻开，常用在攒边的桌面、椅面、床面的四角等结构部位的透榫上。

16. 圈口穿销（图 A.2.16）

圈口穿销是比较少见的结构，做工讲究，明代黄花梨万历柜及圈椅上应用，可作鉴定断代的依据。

17. 半榫破头楔（图 A.2.17）

破头楔用在半榫之内，易入难出，是一种没有可逆性的独特而坚固的结构，最适宜用在像抽屉桌面下的矮老等悬垂而负重的部件上。这种做法不常使用，因为它没法修复，故被称为“绝户活”。

18. 挤楔（图 A.2.18）

楔是一种一头宽厚、一头窄薄的三角形木片，将其打入榫卯之间，使二者结合严密。榫卯结合时，榫的尺寸要小于眼，二者之间的缝隙则须由挤楔备严，以使之坚固。挤楔兼有调整部件相关位置的作用，是中国古典家具结构中的常用部件。

19. 束腰（图 A.2.19）

明清家具多有束腰。束腰是从须弥座造型变化而来的，在家具上指面框和牙条之间的缩进部分。这是我国传统家具的典型特征之一。清式家具的束腰装饰丰富多变，工匠们创造了数不清的式样和变体，而且较少雷同。

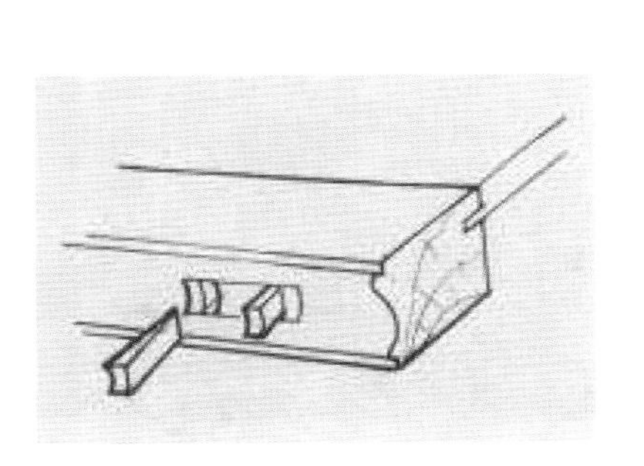

图 A.2.15 破头楔

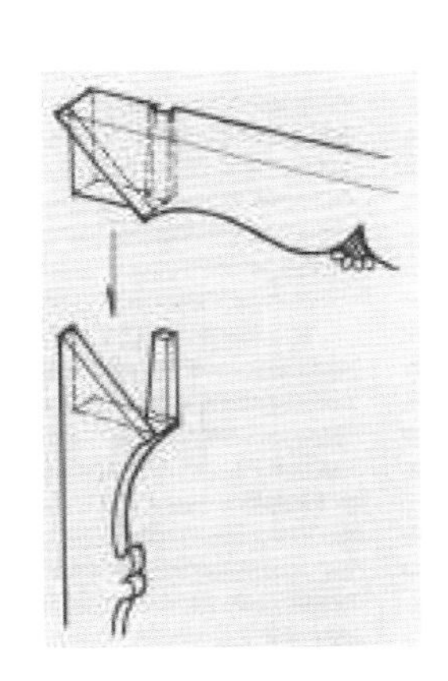

图 A.2.16 圈口穿销

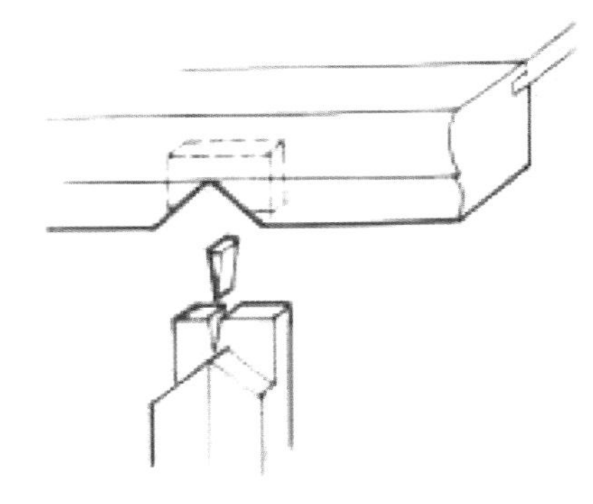

图 A.2.17 半榫破头楔

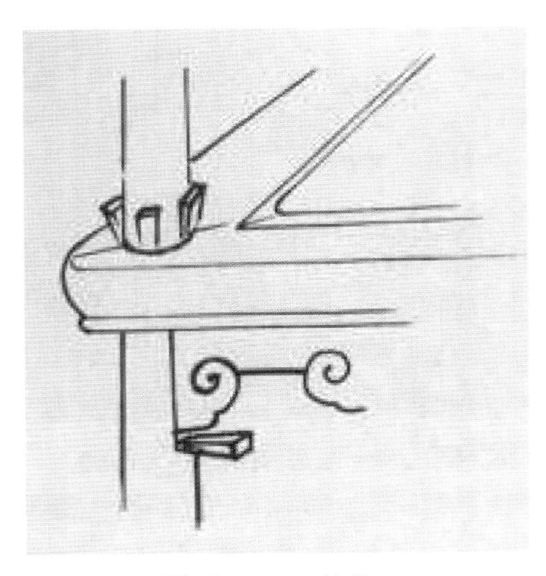

图 A.2.18 挤楔

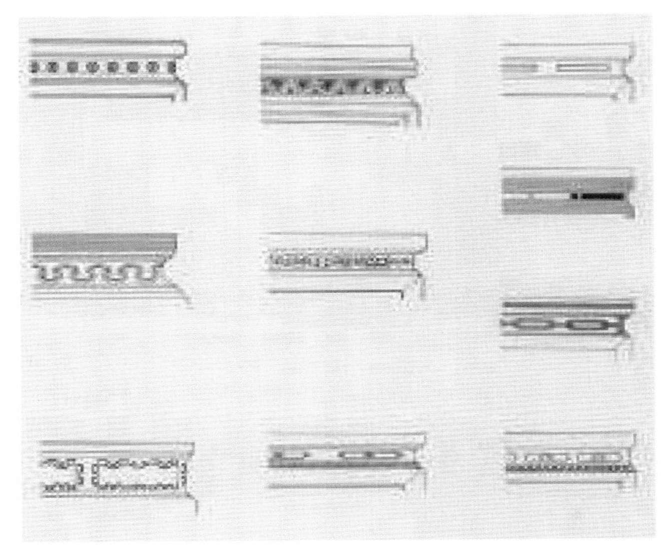

图 A.2.19 束腰示例

附录B

中国传统家具制作（修复）工艺

老家具的修整是一个极其复杂的过程，从进厂到完成修复，需要很多道工序和严格的质量检验。为了保存其古旧的神韵，大多需要以精湛的传统手工艺为主要修复手段。而为了达到修复的效果，常借鉴现代化的木材加工工艺。根据明清古典家具特性，可以采取老家具保旧、翻新、留皮 3 种修复方式。古典家具修复质量的监控贯穿于修复作业的整个过程。

1. 老家具保旧

老家具保旧是指木工修理后，透白花的部位刮磨，其他旧漆面和装饰不做处理，必须保持古旧的特征。

（1）老家具选择：观察家具的霉烂程度，确定其能够保留家具风貌后再进行修理。

（2）打开：首先需要仔细观察家具的结构，在不同部件上标好序号以方便后来安装，按照与原家具组装时相反的顺序把家具拆开。保持家具的完整性并尽量避免破坏漆膜和形成新的损伤，尽量避免动用刨刀。部分古旧民间家具制作时采用的结构和手法特殊，俗称“绝户活”，导致拆装不可逆，此时尽量不要进行拆卸，而保持原状。

（3）清洗：除去浮尘和积土可用大功率吹风机吹，不能使用湿布擦。在看清部件本身面目前盲目地使用湿布擦拭会造成无法预料的伤害。有时部件上还会有水泥浆、沥青、化学油漆等现代垃圾之类的黏着物，对此尽量不使用化学药剂清除，应使用物理手段清除，如用精细的刀刮和打磨。在决定不保留原有漆面后，使用水洗，边冲洗边用特制的刷子刷，积垢深厚的，可以加一点食用碱调制的碱水。榫卯等处的胶、泥等污迹需要热水浸泡才能清洗干净。洗过的古旧家具需阴干 1 周以上，否则遇水膨胀后，拆开后的榫头就难以复原。然后视具体情况进行熏蒸消毒，以去除虫子与虫卵。

（4）去漆（保旧工件除外）：一般用细砂纸轻轻打磨，较硬的部位使用刀刮。去漆时不能破坏原有的精雕部分，比如桌案类家具腿部常见的“一炷香”线脚，经过长时间的自然风化，十分脆弱，一旦磨掉，除非线脚改制别样，否则就成为永久损坏，再怎么修也回不过神来。

（5）配料和木工整修：看清家具本身的木质及损坏程度和部位，如果确实需要配料，则要找到同质、同色、同纹的老木料搭配，且要选择相对色浅的材料。即使情况特殊，也要尽量使用木材纹理相近、颜色稍浅的材料代替。如腿足、扶手、角牙等部件，如果还有对称的另外一半在，就必须按照原样复制。如果同时缺失，则需要根据整件家具的形态风格，进行搭配和补充。比如圈椅背板上常用的挂牙是最不易保存下来的部分，其长度方向就是其纹理纵向延伸的方向，而在其宽度方向上，由于纵向木质纤维之间的结合力弱，而挂牙一般又很薄，通常不会超过五六毫米厚，很容易因纤维分离而断裂，只能选用同样材质的老材进行粘贴。胶合前需刨光粘合的表面，控制纹理方向一致，以消除明显的粘合缝隙，如不行则需要重新制作。最难修复的是雕刻的部位，图案缺失后，需用同样的风格修补，而不同时期、不同地方的工匠手法又不尽相同，即使使用同样的材质，明眼人也能看出破绽，何况大多雕刻部位的损伤是由于部件过于纤细，一旦局部腐朽或碰撞后，只能保留这种残缺美。比如缺个仕女、缺只蝙蝠等，要以同样的风格修补好。

（6）拼板：拼板时拼板面和侧面要呈 90° 角，胶合拼接要经过压力和一定温度处理。一般采用卡子固定 4~8 小时，卸出后再停放 24~48 小时。拼合后的整板要求无缝、平直，外表无胶印，无开裂现象。

（7）试装：将各部位修整后的零件进行初装。为避免家具添新料，可根据侧板和门子的大小进行缩框。要求保持原来外观，各部件及框架结构严紧、合理。

（8）组装：按家具原结构进行合理组装，榫卯结构严紧，边框平直，无胶印，表面光滑，四脚操平。

（9）配铜活：有些箱柜的铜活坏了，也需按原来的式样做一个，如吊牌、面叶、合叶、套脚、包角、牛鼻环子等，都是中国传统家具不可忽视的饰件。从制作工艺上分镂空、錾花、打毛、做旧等，连点点斑斑的绿锈也做得出，很有沧桑感。

2. 老家具翻新

进行老家具翻新也要遵循一定的工艺流程，具体如下。

（1）打开：同老家具保旧。

（2）清洗：同老家具保旧。

（3）去漆：同老家具保旧。

（4）选料：参照老家具保旧。

（5）配料：根据加工要求和每件家具各部位的承受力，进行配料，要求无裂、无疤节、无腐烂。

（6）打磨：家具漆面可直接用角磨机打磨。厚的桐油漆面需用喷灯烤化漆面后进行打磨；薄漆处可直接转入刮磨车间，用刮刀进行处理。打磨的要求是各部件打白到位，不留死角，不留表漆、油污，深浅一致。自然的木质肌理和纹路是最耐看的朴素美。打磨去除木材表面的毛刺，就是为了表现自然的“包浆”效果。优质木材长时间使用后，表面会形成一层温润如玉的亮光，越用越亮，这种岁月的痕迹就称为包浆。按收藏界的修复原则，应该是尽可能地保留原有的包浆并尽快形成新的包浆效果，所以最好在家具表面烫蜡。比如柏木和榉木，经过打磨后烫蜡，用不了多久就会出现“包浆”，光洁度并不比硬木家具差。传统打磨用的是挫草，用这种草泡水之后，可慢慢地磨出木头的光彩来。现代一般使用钢丝棉、高号数细砂纸（800 号以上）、各种动物毛发（动物棕毛越硬越好）由粗到细多次打磨，之后再打蜡擦油，一般使用蜂蜡，越原始的蜡效果越好。

（7）拼板：完整可用的板，用钢刷清板边，上胶后拼接。弯板要进行调直，即在弯料的四面刷水，用微火烘烤凸起的一面，待烤透后将凹面向下放在调直架中，一端固定，另一端用木棍向下顶，一段时间后即直（勿把木料烤焦，勿用力太猛，否则会把木料折断）。拼接后的板要求用卡子固定加压，常温需保持 4~8 小时。

（8）试装：同老家具保旧。

（9）组装：要求用特殊胶粉，按原结构组装，榫卯结构严紧，框类的对角线对称。整件家具无粉胶，四脚操平。

（10）做漆面或髹饰：做漆面并不是简单地刷漆，而是尽可能保留原有漆面，大多数清水木色的古旧民间家具擦蜡即可。这是古旧民间家具修复工艺中的独特之处。也有需要重新罩漆的，一般情况下，头道漆后，要再上 4~5 道面漆，上 2 次色，揩漆和复漆一共需要 8~10 道，木质好的上面漆和复漆的道数可适当减少。漆膜同样需要打磨，效果最好的是使用人的头发反复摩擦。漆面打磨的总体要求是不留死角、不留油污、色泽均匀一致。如果不可避免地要上漆，也是有限地进行，比如描金柜的花饰磨淡了，漆皮起壳了，有些顾客要求维持原状，有些顾客会要求补一下，那些小面积地修补不会走失原韵，是可以的。有些老家具还是用披麻带灰工艺做漆面的，如今这种工艺很少有人会做，需要请高手来复原。如果用化学漆一刷，一脸贼光，这件老家具的价值就会大大降低。

（11）配铜活：同老家具保旧。

3. 老家具留皮

留皮，即是旧家具脱漆后保留花皮做简单处理，保留老家具的色调和木质效果。留皮壳经过油漆后，仍属古典家具。

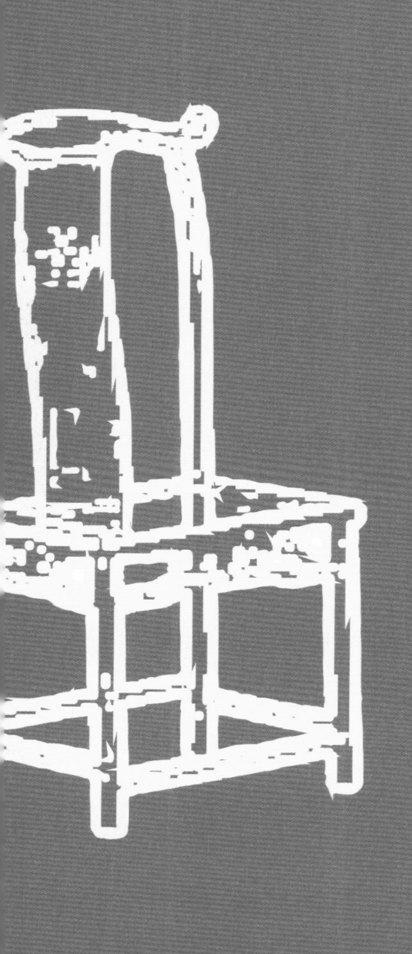

附录C

中国传统家具的基本术语

A

矮火盆架　用以支承取暖炭盆的矮架子，多用一般木材制成。

矮面盆架　腿足等高的矮形面盆架。

矮形桌案　几种低矮桌案的总称，包括炕桌、炕几、炕案等。

矮桌展腿式　有束腰高桌形式之一。上部类似一张矮桌，一般有雕饰，其下圆足光素，貌若可分，实为一器。

矮老　短柱，多用在枨子和它的上部构建之间。

暗回纹　用藤编出的一种十分精细的软屉纹样。

暗锁　钥匙孔被金属饰件遮盖，表面上不明显的锁。

凹面　即洼面。

B

八宝　源于佛教，以轮、螺、伞、盖、花、罐、鱼、肠为题材的图案。

八步床　拔步床之异称，指床前有小廊的架子床。

八仙桌　适宜坐 8 个人的方桌。

霸王枨　上端托着桌面的穿带，并用梢钉固定；下端则与足腿靠上的部分结合在一起。榫头从榫眼下部口大处插入，然后向上一推就挂在一起了。“霸王”之寓意，就是指这种结构异常坚固，能支撑整件家具。

白茬　用一般木材造成，不打蜡或上其他涂料的家具。

白蜡　硬木家具烫蜡时所使用的白色蜂蜡。

白石　家具上使用的白色变质岩。

白铜　铜、镍、锌的合金，用以制造家具上的金属饰件。

百宝嵌　用多种珍贵物料造成的花纹镶嵌，多施之于硬木家具或漆木器。

百纳包裹　用薄而小的木片或其他物件作为家具的装饰贴面。

板凳　日用长凳，多用一般木材制成。

板足　炕几、条几用厚板造成的足，或虽非厚板而貌似厚板的足。

半踩地　《则例》语，花纹与地子约各占一半的浮雕。

半槽地　北京工匠用语，花纹与地子约各占一半的浮雕。“槽”当为“踩”一音之转。

半榫　榫眼不凿透，榫头不外露的榫卯。

半桌　约相当于半张八仙桌而略宽的长方桌案。

包角　镶钉在家具转角处的金属饰件。

包镶　用一般木材造胎骨，薄片硬木造贴面的家具。

宝塔纹　苏州工匠用语，指榉木层层叠起的天然纹理。

宝座　显示尊贵身份的特殊坐具。

宝座式镜台　台上有靠背及扶手，造型如宝座的镜台，一般有一定的高度，有雕刻装饰。

包浆　老家具表面因长久使用而留下的痕迹。因为有汗渍渗透和手掌的不断抚摸，木质表面会泛起一层温润的光泽。

抱鼓 在墩子上的鼓状物，用以加强站牙，抵夹立柱。

抱鼓麻叶云 《则例》语。墩子上的抱鼓和墩子尽端的鞋履状，其上雕有云纹。

抱肩榫 有束腰家具的腿足与束腰、牙条相结合时所用的榫卯。从外形看，此榫的断面是半个银锭形的挂销，与开牙条背面的槽口套挂，从而使束腰及牙条结实稳定。

本庄 做国内人的生意。

笔管式棂格 用横竖直材界出仰俯“品”字形的棂格。

笔管式鱼门洞 窄而长的开孔，有如横放的笔管，近似炮仗筒鱼门洞，但开孔较窄。

箅子 屏风边框内的方格木骨，以便糊纸或织物，多用一般木材制成。

边簧 在装板面心四周踩出的长条榫舌。

边框 用大边及抹头，或用弧形弯材攒成的方形、长方形、圆形或其他形状的外框。

边抹 大边及抹头的合称。方形的及长方形的边框由此二者构成。

边线 沿着构件的边缘造出高起的阳线或踩下去的平线或阴线。

扁灯笼框 将灯笼框横过来成为扁方形的图案。

鳔胶 用鱼鳔制成的胶。

冰裂纹 冰绽纹的别称，即模仿天然冰裂的图案，如用短而直的木条做成冰裂状的棂格。

冰盘沿 边框外缘立面各种上舒下敛的线脚。

冰箱 贮放天然冰的容器。方形撇口，锡里，木板作壁及盖下有几座，多为清代中晚期制品。

波纹 窗棂图案之一，见《园治》，也用在家具上。

波折形 模拟织物下垂或荷叶边弯曲的形状。

博古 以各种文玩器物为题材的装饰图案。

步步高赶枨 椅下分散枨子交接点的造法之一。踏脚枨最低，两侧枨子稍高，后枨最高。

步步紧 棂格的造法之一，指方格逐步向中心收缩。常见于明清建筑的支摘窗及槅扇。

C

踩 《则例》及北京匠师用语。可上溯到宋《营造法式》的“采”，有减低或造出之意。如“踩地”谓将花纹之外的地子去低，使花纹突出。“踩边簧”谓将面心板四周去低，造出边簧，以便装入边框内缘的槽口。

草龙 程式化龙纹之一，肢尾旋转如卷草。

草席贴面硬屉 藤编软屉年久破损，细藤工濒于失传，故自20世纪以来，家具店用木板粘贴草席来代替，是一种带破坏性的修配方法。

侧脚 古建筑用语，相当于北京匠师所谓的“挓”，言家具腿足下端向外挓开。

叉帮车 就是将几件不完整的家具拼装成一件。此举难度较大，须用同样材质的家具拼凑，而且还要照顾到家具的风格，否则内行一眼就能看破。

插肩榫 案类家具常用的一种榫卯结构。虽然外观与夹头榫不同，但结构实质是相似的，也是足腿顶端出榫，与案面底的卯眼相对拢，上部也开口，嵌夹牙条。但足腿上端外部削出斜肩，牙条与足腿相交处剔出槽口，使牙条与足腿拍合时，将腿足的斜肩嵌夹，形成表面的平齐。此榫的优点是牙条受重下压后，与足腿的斜肩咬合得更紧密。

插肩榫变体 案形结体的一种罕见的造法。剔削腿足外皮上端一段而留做一个与牙条、牙头等高的挂销。牙条、牙头则在其里皮开槽口，与挂销结合。

插门 官皮箱、药箱、书箱有时采用此种装置。独扇板门，下边装榫，插入门口的榫眼内，推着可将门关好。门上一般安锁，或由安在箱顶的金属饰件将门扣牢。

插屏式围子 罗汉床的五屏风或七屏风围子，安装时正中一扇嵌插到左右两扇的边框槽口内，因与插屏式座屏风相似而得名。

插屏式座屏风 可装可卸的座屏风。底座立柱内侧有槽口，屏扇两侧有槽舌，可将屏扇嵌插到底座上。

插销 板条角接合，两条格角相交处都开槽口，插入木销，用以代榫。

茶几 会客时放置茶盏的高儿，入清始流行，当从香几演变而来。

茶乌 乌木的一种。

柴木 一般杂木，言其价贱，可作柴烧用。

缠枝莲纹 有卷转枝叶的莲纹。

禅椅 可供僧人盘足趺（fū）坐的大椅。

长凳 无靠背狭长坐具的总称。

长短榫 腿足上端出两榫，与大边、抹头底面的榫眼相交，因一长一短而得名。

朝衣柜 柜门两旁有余塞板的宽大四件柜，因朝服不用折叠便可放入而得名。

砗磲（chē qú）嵌 用一种名叫砗磲的大贝壳作嵌件的镶嵌。

扯不断 可无休止延伸的长条图案。

彻 全部用某一种贵重木材制成的家具。如全用紫檀曰“彻紫檀”，全用黄花梨曰“彻黄花梨”。

枨子 用在腿足之间的联结构件。

吃药 指买进假货。

螭虎灵芝 以螭虎及灵芝为题材的图案。

螭虎龙 螭纹的俗称。

螭虎闹灵芝 螭虎灵芝的俗称，尤指二者纠结在一起的图案。

螭纹 从龙纹变出的动物形象。一曰龙无角为“螭”，但有的螭纹有角。

重叠式棋桌 桌面可以展开并叠起的棋桌。

抽屉 占用家具内部空间，安装可以推入抽出的容具。

抽屉架 设在柜内或架格上用以支架抽屉的装置。

抽屉脸 抽屉正面外露的部分，谓如人的脸面。

抽屉桌 窄长而有抽屉的桌子。

出梢 “梢”北京匠师读作 shào，不作 shāo，指面心的穿带，一端较宽，向另一端稍稍窄去。

橱 南方称柜曰橱，是一种主要用以储物的家具。

杵榆 坚桦的别名。

揣揣榫 板条角接合，两条各出一榫的为揣揣榫，有如两手各揣入一袖。

床榻 《说文》论述：“床，身之安也。”而榻是专作休息也待客所用的坐具。

穿带 贯穿面心背面、出榫与大边的榫眼结合的木条。

穿销 木销贯穿构件的里皮，出榫与另一构件的榫眼结合，常在牙条上使用。

穿衣镜 由独扇的座屏风演变而成，可以照出人体全身的长镜，清中期始流行。

穿枝过梗 层次多而深的透雕。

串进 《鲁班经匠家镜》语，有两件合成一件之意。如圆桌“串进两半边做”，是说圆桌由两张半圆桌拼合成一张。

窗齿 《鲁班经匠家镜》语。素衣架两根枨子之间的直棂，故曰“窗齿”。

床围子 安装在罗汉床、架子床床面上，近似短墙或栏杆的装置。

锤合 在白铜饰件上锤打红铜，造出两色花纹。

春凳 宽大的长凳。

绰幕 《营造法式》大木构件名称。与夹头榫结构腿足上端嵌夹牙条的造法相似。

撺尖入卯 《营造法式》语，将格肩的三角尖插入榫卯。即北京匠师所谓的大格肩。

攒 用攒接的方法造成一个构件叫“攒”，与“挖”相对。

攒边打槽装板 大边及抹头的里口打槽，大边上凿眼，嵌装面心板的边簧及穿带。桌案面及硬屉的凳盘、椅盘等多用此造法。

攒边格角 大边与抹头合口处各斜切成 45° 角，以便攒成框，是谓攒边格角。

攒边装板围子 用攒边打槽装板的方法造成的床围子。

攒边做 大边出榫、抹头凿眼、攒成边框的造法。

攒斗 攒接与斗簇两种造法的合称。

攒角牙 用攒接方法造成的角牙。

攒接 用纵横或斜直的短材，经过榫卯攒接拍合，造成各种透空图案。

攒接围子 用攒接的方法造成的床围子。

攒靠背 用攒框分段装板方法造成的椅子靠背。

攒框 用攒边方法造成的边框。

攒牙头 用攒接的方法造成的透空牙头。

矬（cuó）书架 矮型的书架，约相当于一般架格的一半高度。

D

褡裢桌 书桌的一种。由于中间的抽屉高、两旁低，使人联想到钱褡裢而得名。

搭板书案 由两个有抽屉的几子支承案面的架几式书案。

搭脑 椅子后背最上的一根横木，因可供倚搭头脑后部而得名。引而广之，其他家具上与此部位相似的构件也叫搭脑。

打槽装板 凡用开槽的方法嵌装板片的均可用此称呼。

打洼 “洼”北京匠师读作wà，不作wā。线脚的一种，即把构件的表面造成凹面。

大边 四框如为长方形，则长而出榫的两根为大边；如为正方形，则出榫的两根为大边；如为圆形，则外框的每一根都可称为大边。

大床 《鲁班经匠家镜》指床前有廊，廊两端开门的大型拔步床。北京匠师用此泛指大于罗汉床的架子床和拔步床。

大雕填 北京文物业称“款彩”漆器为“大雕填”。

大方扛箱 《鲁班经匠家镜》语，两人穿杠抬行的大提盒。

大格肩 格肩榫的三角尖插入与它相交的榫眼。

大进小出 榫子前小后大，因而入卯处眼大，露榫子处眼小。

大理石 广义泛指各种变质岩。狭义指云南苍山出产的大理石。

大面 长方形家具正面大于侧面，故正面为大面，侧面为小面。大面亦称看面。

大琴桌 大条桌的别名。

大汕 清初僧，字石濂，善设计硬木家具。

大条凳 狭长坐具，常用来承放沉重物品。

大挖 用大料挖制弯形的构件曰“大挖”，一般指挖制鼓腿彭牙的腿足。

大挖马蹄 鼓腿彭牙腿足的马蹄。

大挖外翻马蹄 三弯腿外翻较多的马蹄。

大叶榆 榉木的别名。

带 联结大边的横木，包括穿过面心板底面的穿带，用在软屉下的弯带等。

带口 在面心板背面，为穿带开出的槽口。

单矮老 每个矮老之间的距离相等，有别于双矮老、三矮老等的分组排列。

单榫 构件一端只出一个榫子。

单根锭榫 闷榫的造法之一，构件一端出一个银锭榫。

丹凤朝阳 以凤及太阳为题材的图案。

挡板 有管脚枨或托子的炕案、条案，在枨子或托子之上、两足之间打槽安装的木板，往往有雕饰。

倒棱 削去构件上的硬棱，使其柔和。

倒挂花牙 《鲁班经匠家镜》语。上宽下窄，纵边长于横边的雕花角牙。

灯草线 饱满的阳线。

灯杆 灯台正中上承灯盏的立木。

灯挂椅 靠背椅的一种，后背高而窄，因似南方挂油灯盏的竹制灯挂而得名。

灯笼锦 用斗簇或斗簇加攒接方法造成的方形、圆形等的图案。

灯笼框 门窗、槅扇上常用的一种棂格，因似灯笼的框架而得名。

灯台 底座中植立木，上承灯盏的照明用具。

凳 无靠背坐具。

凳盘 凳子的屉盘，一般用四根边框中设软屉或木板硬屉造成。

底枨 柜子最下一根打槽装底板的枨子。

底座 家具底部的座。

地栿（fú） 底屏风贴着地面的横木。

钿沙地 用螺钿屑调漆造成的有细点闪光的漆地。

吊牌 吊挂在金属饰件上用作拉手的牌子，常在抽屉及柜门上使用。

顶柜 四件柜放在立柜之上的一件，亦名顶箱。

顶架 架子床的床顶。

掉五门 这是苏作木匠对家具制作精细程度的赞美之语。比如椅子或凳子，在做完之后，将同样的几只置于地面上顺序移动，其脚印的大小、腿与腿之间的距离，不差分毫。

斗 斗合、拼凑的意思。

独板面 条案、架几案等的面板。不采用攒边装板的造法，而用厚板造成。

独板围子 用厚板造成的罗汉床围子。有的椅子和宝座也采用此造法。

独眠床 单人床或榻。

墩子 座屏风、衣架、灯台等底部为树植立木而设的略似桥形的厚重构件。

多宝格 可陈置多种文玩器物、有横竖间隔的清代架格。

E

二人凳 适宜两人并坐的长方凳。

F

饭橱 苏州地区盛放食物、餐具而有门安透棂的架格，北方俗称“气死猫”。

饭桌 炕桌的别名。

方凳 正方形的杌凳。

方角柜 上顶方正，四角为 90° 的柜子。

方炕桌 桌面为正方形的炕桌。

方胜 用斜方联结成的图案，常见于卡子花及铜饰件。

方桌 正方形的桌，包括八仙、六仙、四仙等。

飞角 翘头案的翘头。

风车式 一种棂格图案，取其近似儿童玩的风车。

扶手 设在坐具两侧，可以扶手及支承肘臂的装置。

扶手椅 有靠背及扶手的椅子。

浮雕 表面高起的雕刻花纹。

浮雕透雕结合 浮雕、透雕并用的雕刻花纹。

G

甘蔗床 榨取甘蔗汁的用具。

杠箱 用穿杠由两人肩抬的大型提盘。

高拱罗锅枨 中部高起显著的罗锅枨，常见于一腿三牙方桌及酒桌或半桌。

高火盆架 高度约与杌凳相等，面心开大圆孔，中坐火盆的取暖用具。

高丽木 柞木的别称。

高面盆架 后足高于前足的面盆架。

高束腰 束腰较高，能看到壶门台座痕迹的一种形式。

搁板 李立翁语，指柜橱内的隔层板。

格板 架格足间由横顺枨及木板构成的隔层。

格角榫 在大边与抹头合口处，造出榫卯，并各斜切 45°。

供案 桌形结体的祭祀用案。

供桌 桌形结体的祭祀用桌。

勾挂垫榫 用在霸王枨下端与腿足接合的榫卯。

勾挂接合 条案纵端的牙条与大面的长牙条作锯齿形的接合。

鼓钉 坐墩上摹造鼓钉钉帽的装饰。

鼓墩 ①坐墩的别名。②桌腿下端鼓墩形的足，近似石柱础。

鼓腿 向外出的腿足。

鼓腿彭牙　有束腰家具形式之一。牙条与腿足自束腰以下向外鼓出，腿足至下端又向内兜转，以大挖内翻马蹄结束。

固定式灯台　灯杆固定，不能上下升降的灯台。

官帽椅　扶手椅中的一类，包括四出头官帽椅和不出头的南官帽椅。

官皮箱　一种常见的小型家具。底座上设抽屉，两开门，抽屉上有平盘及箱盖。从造型及其雕饰来看，应为梳妆用具。

广式　又称广作，广东制的硬木家具，主要指清中期以来用红木、新花梨制的清式家具。

鬼子椅　见《扬州画舫录》。椅子造型待考，可能就是玫瑰椅。

柜　以储藏为主要用途的有门家具。

柜帮　柜子两侧的立墙。

柜橱　①柜子的别称。②从闷户橱变化出来而把抽屉下的闷仓改装为柜的家具。

柜塞　独具抽屉的闷户橱，因常摆在两柜之间而得名。

滚凳　形似脚踏，安有活动轴辊，脚踏滚动，有利于血液循环，是一种医疗用具。

H

海棠式凳　凳面如秋海棠花造型的杌凳。

荷叶托　镜架或镜台上承托铜镜的荷叶形木托。

合叶　即铰链。亦写作合页。

合叶门　钉有合叶的门，多用于方角柜。

横枨　案形结体家具侧面连接两足的枨子。有时泛指连接任何两根立材的横木。

红木　有新、老两种。老红木为清中期至20世纪初硬木家具的主要用材。新红木为现代硬木家具用材之一，从东南亚进口。

后加彩　在漆面严重褪色的老家具上重新描金绘彩，一般多用于描金柜。

胡床　东汉时从西域传来的交脚坐具，乃交杌、交椅的前身。

蝴蝶式合叶　造型似蝴蝶的合叶。

虎爪　雕在家具腿足下端的兽爪。

花梨　拉丁名 *Ormosia Henryi*，清中期以来硬木家具的主要用材之一，亦称新花梨。

花匣　北方民间尤其是回族家庭，妇女用来贮放插头的绒花、绢花的小箱。

画案　案形结体，宽于一般条案的无抽屉大案。

画桌　桌形结体，宽于一般条桌的无抽屉大桌。

槐花　染刷家具的黄色染料。

黄柏　南柏的别名。

黄花梨　明至清前期硬木家具的主要用材。近年经成俊卿定名为降香黄檀。

黄杨　拉丁名 *Buxus Microphylia*，一种质地致密的黄色木材。

回文　以回纹为基础的图案，如连接起来可无休止地延长。回文及其变体纹样北京匠师通称拐子。

火盆架　支承炭火盆的架子，有高、矮两种。

J

几　几形造型的家具，渊源于古代供人凭倚的几。

几案　几是古时人们坐时依凭的家具，案是人们进食、读书写字时使用的家具，几案的名称是后来才有的。

几腿案　《则例》语，即架几案。

几腿架格　用两几来支承的架格。

几形结体　板足与面板直角相交，保留古代几的基本结构的家具。

几子　支承架几案案面的方形或长方形的家具。

鸡翅木　鸂鶒（xī chì）木或写作“鸡翅木”。

鸡舌木　疑即鸂鶒木。

鸂鶒木　红豆木属中的一种，有紫褐色深浅花纹的硬木。

挤楔　榫卯结合时，二者之间的缝隙须由挤楔备严，以使之坚固。挤楔兼有调整部件相关位置的作用。

夹头榫 这是案形结体家具常用的一种榫卯结构。四只足腿在顶端出榫，与案面底的卯眼相对拢。腿足的上端开口，嵌夹牙条及牙头，使外观腿足高出牙条及牙头之上。这种结构能使四只足腿将牙条夹住，并连接成方框，能使案面和足腿的角度不易改变，使四足均匀地随案面重量。

嫁底 闷户橱的别称。因过去嫁女多用它来作陪嫁物品的底座而得名。

架格 四足中夹横板作隔层，具备存放与陈设两种功能的家具。

架几案 面板下用两几支架的长案。

架几书案 采用架几案造法的书案。

架子床 床上立柱，上承床顶，立柱间安围子的床。

叫行 同行间的生意，也称敲榔头。

降香木 黄花梨产地海南岛，称黄花梨为降香木。

交杌 可以折叠的交足杌凳，即马扎。

交椅 可以折叠的交足椅子。

脚床 宋代对椅子或床榻前的脚踏的称谓。

脚蹬子 脚踏的俗称。

脚踏 床前或宝座前供人踏脚的矮凳。

轿厢 搭置在两根轿杠之上，可随轿出行的小箱。

轿椅 肩舆的一种，椅两旁夹杠，由两人在前后抬行。

接桌 即半桌。当一张八仙桌不够用时，往往接一张约半张八仙桌大小的长方桌，故半桌又名接桌。

金漆 家具上常用的金漆为《髹饰录》所谓的“罩金髹”木胎漆地上贴金箔，上面再罩透明漆。

京造 指晚清、民国时期北京制造的硬木家具。造型庸俗，花纹繁琐，榫卯草率，全靠胶粘，受潮便散，是传统硬木家具的末流。

镜架 木框内设镜架，上放铜镜，可以支起放下的梳妆用具。

镜台 台座安抽屉，上有铜镜支架，可以支起放下的梳妆用具。

镜箱 南宋时流行的一种梳妆用具，是官皮箱的前身。

酒桌 明代饮善用的小型长方桌案，多作案形结体，但北京匠师习惯称之为酒桌。

榉木 拉丁名 *Zelkova Schneideriana*，明式家具主要用材之一，北方称之为南榆。

椐木 榉木常简写成椐木。

卷草 以旋转的蔓草为题材的图案。

卷云纹 形象完整，左右对称而卷转的云纹。

K

开光 家具上界出框格，内施雕刻；或经锼挖，任其空透；或安圈口，内镶文木或文石等。

开门 成语“开门见山”的腰斩，用来评价一件无可争议的真货。也有呼作“大开门”的，那就更富江湖气了。

炕案 炕上使用，案形结体的狭长矮案。

炕柜 炕上使用的小柜。

炕几 炕上使用，几形或桌形结体的狭长矮桌。

炕琴 炕琴桌儿的简称。

炕琴桌儿 北方民间对炕几及炕案的称谓。

靠背 椅子或宝座受人背靠的部分。

靠背板 椅子或宝座受人背靠的长板。

靠背条椅 有靠背的大长条凳。

靠背椅 只有靠背，没有扶手的椅子。

坑子货 指做得不好或材质有问题的家具，有时也指新仿的家具和收进后好几年也脱不了手的货色。

宽长条桌案 画桌、画案、书桌、书案四种宽而长的桌案的总称。

L

拉环 金属的环形拉手，多用于抽屉上。

拉手 家具上金属吊牌及拉环的总称。

栏杆 家具上出现形似栏杆的装置。

栏杆式供桌 桌面设有栏杆的供桌。

老红木 清中期以后制造硬木家具所大量使用的木材。

老花梨 即新花梨。这一名称的使用，意在哄骗顾客，提高售价。

立柜 四件柜中顶箱下面的柜子。

联二橱 有两个抽屉的闷户橱。

联二橱式炕案 形似联二橱而短足的炕上用具。

联二柜橱 形如联二橱，但把抽屉下的闷仓改为两开门的柜子。

联三橱 有三个抽屉的闷户橱。

联三橱式炕案 形似联三橱而短足的炕上用具。

联三柜橱 形如联三柜，但把抽屉下的闷仓改为两开门的柜子。

凉床 《鲁班经匠家镜》语，指拔步床。

亮格 架格的格，因没有门，敞亮于外而得名。

亮格柜 部分为亮格、部分为柜的家具。

灵芝纹 以灵芝为题材的花纹。

鎏金 在铜饰件上镀金。

六方凳 凳面为六方形的杌凳。

六方椅 椅面为六方形的椅子。

六方桌 由两张扇面桌拼成的六方桌。

六件柜 每具立柜上有两具顶箱，成对柜子由6件组成的大柜。

六柱床 苏州地区称谓，指有门柱的架子床，因床面共有6根立柱而得名。

龙凤榫 拼两块长木板用的榫卯。

龙凤纹 以龙凤为题材的花纹。

龙纹 以龙为题材的花纹的总称。

螺钿 ①从贝壳取得的镶嵌材料。②嵌螺钿的简称。

落膛 闷户柜、圆角柜等家具抽屉或门下面的空间，可用于存放一些比较贵重的物品。因不易被发现而得名。

罗锅枨 也叫桥梁枨，一般指桌、椅类家具之下连接腿柱的横枨，因为中间高拱，两头低，形似罗锅而得名。

M

马扎 交杌的俗称。

蚂蟥工 特指家具表面的浅浮雕。因浅浮雕的凸出部分呈半圆状，形似蚂蟥爬行在木器表面，故得此名。

满罩式架子床 床身以上造成一具完整花罩的架子床。

玫瑰椅 扶手椅的一种。体形较小，后背及扶手与座面垂直。

美人床 只有后背及一侧有围子的小床，清代始流行。

门凳 放在大门道内粗苯而长大的凳子。

门户橱 闷户橱或写作门户橱。

门围子架子床 有门围子的架子床。

闷户鲁儿 闷户橱的俗称。

闷榫 隐藏不外露的榫卯。

面盆架 支架面盆的架子。

面条柜 圆角柜的俗称。

明抽屉 装有拉手，明显可见的抽屉。

明榫 外露可见的榫卯。

磨光 嵌件与家具表面平齐，经过打磨光滑便算完工的镶嵌造法。

魔术 从一件损坏了的、很脏的、松开了的或畸形的家具，到恢复成其原来面目、完整的形状并给予一个崭新的生命的过程。这不仅需要用心去理解，还需要世代相传的一流手艺。这是古董家具的精髓所在。

牡丹纹 以牡丹花为题材的花纹图案。

木梳背 搭脑下安多根直棂的靠背椅，又称梳背椅。

木楔 ①垫塞在霸王枨勾挂垫榫之下的楔子。②安在升降式灯台上可以调整灯杆高度的楔子。

南官帽椅 搭脑扶手不出头的官帽椅。

楠木 拉丁名 *Phoebe Nanmu*。

楠木瘿子 从大楠木根部或结瘿处取得的有旋转纹理的楠木。

N

腻子 用猪血料与土粉子或砖灰调成的糊，用以填堵家具缝隙及往硬屉上粘草席的粘贴剂。

年纪 老家具的年份。

牛头式椅 搭脑出头向后弯，使人联想到牛头的一种靠背椅。

P

爬山 原来用于评价修补过的老字画，过去旧货行的人将没有落款或小名头的老画挖去一部分，然后补上名字的题款，冒充名人真品。而在老家具行业，特指修补过的老家具。

拍子式镜架 折叠式镜架的别称。

拍子式镜台 折叠式镜台的别称。

皮壳 特指老家具原有的漆皮。家具在长期使用过程中，木材、漆面与空气、水分等自然环境亲密接触，被慢慢风化，原有的漆面产生了温润如玉的包浆，还有漆面皲裂的效果。

屏风 古代汉族建筑物内部挡风用的一种家具，一般陈设于室内的显著位置，起到分割、美化、挡风、协调等作用。

屏风式镜台 台座设抽屉，上设座屏风式装饰的镜台。

屏扇 指独扇屏风或多扇屏风的每一扇。

平头案 无翘头的条案。

Q

漆木家具 现代考古用语，指木胎外髹漆的家具。

七屏风式 宝座的靠背及扶手、罗汉床的围子，由7扇组成。

棋桌 桌内设有棋盘或双陆局的桌子，一般有活桌面，可装可卸。

嵌瓷 ①用瓷砖作桌凳的面或镶罗汉床的围子。②用特制的瓷片镶嵌花纹。

嵌骨 用兽骨作镶嵌花纹。

嵌螺钿 用贝类壳片作镶嵌花纹。

钱石板围子 嵌装石板的罗汉床围子。

嵌牙 用象牙作镶嵌花纹。

翘头 家具面板两端的翘起部分，多出现在案形结体的家具上。

翘头案 有翘头的条案。

琴凳 《鲁班经匠家镜》语，厅堂中用的大长凳，包括靠背长椅。

琴桌 广义指不同尺寸的条桌，狭义指专为弹琴而制的桌案。

圈椅 圆后背的椅子（圆后背交椅除外）。

S

三弯腿 将桌类家具的腿柱上段与下段过渡处向里挖成弯折状，弯腿家具的足部多为内翻成蹄形。

三屏风 由三扇屏风组成的座屏风。

三屏风式 宝座的靠背及扶手、罗汉床围子皆由三扇组成。

山字形座屏风 座屏风中间一扇高，两旁的两扇低，形如“山”字，故名。

杉木 软性木材，拉丁名 *Cunninghamia Sinensis*。

扇面式凳 凳面作扇面形的杌凳。

扇面式桌 桌面作扇面形的桌子。多成对，两张可以拼成一张六方桌。

上箱下柜 立柜上承有向上掀盖的箱子，而不是两开门的顶柜。

生辣 老家具所具有的较好的成色。

升降式灯台 灯杆可以上下升降的灯台。

实肩 榫子格肩后不开口，其下不虚，故曰“实肩”，与“虚肩”相对而言。

寿字 用“寿”字作题材的吉祥图案。

梳妆台 梳妆用具，包括镜架、镜台、官皮箱等。

书案 案形结体的或架几案式的，有抽屉而面板较宽的案子。

书橱 中形的圆角柜，苏州地区称谓。

书格 架格的别名。

书桌 桌形结体，有抽屉而比较宽大的桌子。

束腰 位于家具面沿下的一道向内收缩、长度小于面沿和牙条的腰线。束腰有高束腰和低束腰之分，束腰线也有直束腰和打洼束腰之分。束腰家具是明式家具的重要特征。

竖柜 立柜的别名。

双榫 构件顶端造出两个同样的榫子。

四出头 四出头扶手椅或四出头官帽椅的简称。

四出头扶手椅 四出头官帽椅的别名。

四出头官帽椅 扶手椅的形式之一。搭脑两端及两个扶手的一端均出头，故曰“四出头”。

四件柜 一对四件柜由两具立柜、两具顶箱组成，因共计 4 件而得名。

四仙 小形方桌，每面只宜坐一人。

四柱床 有 4 根角柱的架子床。

松木 拉丁名 *Pinus*，种族甚繁。

苏式 ①指明至清前期的苏州地区制造的明式家具，在传统家具中达到了最高的水平。②指清代中期以后到民国的该地区的硬木家具，造型庸俗繁琐，与明式大异。北京匠师言“苏式”多指后者，也称“苏作”。

素衣架 《鲁班经匠家镜》语，不施雕饰的衣架。

酸枝 豆科植物蝶形花亚科中黄檀属植物，在黄檀属植物中，除海南岛降香黄檀被称为香枝（俗称黄花梨）外，其余尽属酸枝类。

榫槽 长条的卯眼，如为造龙凤榫而刨成的长条槽口。

榫卯 榫子与卯眼的合称，泛指一切榫子和卯眼。

榫舌 长条的榫子，如龙凤榫及面心板四周的边簧。

榫头 即榫子。南方工匠称榫子为榫头。

榫销 构件本身不造榫，用他木造成另行栽入或插入的榫子或木销。

榫眼 受纳榫子的卯眼。

榫子 即榫头。北方工匠称榫头为榫子。

T

榻 只有床身、床面别无装置的卧具，一般比床小。

踏步床 拔步床的别名。

踏床 宋代对脚踏的称谓。交椅上的脚踏或称为踏床。

踏脚枨 椅子正面可以踏脚的一根枨子。如是杌凳，则四面的 4 根枨子均可称为踏脚枨。

台座 家具下部有一定高度的底座。

躺椅 可供人伸足躺卧的椅子。

烫蜡 白蜡加温，擦在家具表面，再用力拿干布将家具擦出光亮来。

藤床 《鲁班经匠家镜》中对四柱架子床的称谓。

藤皮 藤子的外皮，劈成细长条，有如竹篾，用以编织软屉。

藤屉 用藤材编成的软屉。

剔红 即红色雕漆。传世有明代年款的剔红家具，至清代更为流行。

提盒 有提梁的分层箱盒。

提盒式药箱 造成提盒外形的多抽屉箱具。

提环 安在箱子两侧的金属拉手。

屉板 架格或柜橱内横向分隔空间的木板。

屉盘 坐具、卧具受人坐卧的平面，由边框中设软屉或硬屉构成。

天然几 明代对有翘头的大画案的称谓（见《长物志》）。现苏州地区仍用此名称。

天圆地方 椅子腿足一种常见造法。椅盘以上为圆材，椅盘以下为方材，或外圆里方，因此得名。

条案 窄而长的高案。

条凳 窄而长的凳子。

条几 由三块厚板造成的，或貌似由三块厚板造成的窄而长的高几。

条形桌案 条几、条桌、条案、架几案等窄而长的桌案的总称。

条桌 腿在四角的窄而长的高桌。

铜泡钉 钉在火盆架上支架火盆的圆帽铜钉。

铜饰件 铜制的家具饰件。

透格柜　门扇装有一部分透格的柜子。

透格门　部分或整扇装有透格的柜门。

透棂架格　部分或全部装有透棂的架格。

透榫　榫眼凿通，榫端显露在外的榫卯。

团寿字纹　用寿字组成的圆形图案。

椭圆凳　凳面为椭圆形的杌凳。

托泥　家具腿足之下的木框或垫木承托，可以防止家具腿受潮腐烂。供桌和半月桌一般会有托泥。

W

碗橱　饭橱，苏州地区的称谓。

万历格　万历柜的别名。

万历柜　亮格柜的一种，上为亮格，中为柜子，下有矮几。

卍**字**　家具中出现的卍、卐两种图案。

卍**字不到头**　由卍或卐相连而成的图案，可以无休止地延伸。

望柱　栏杆的柱子，多树立在两块栏板之间。

围屏　安在椅子、宝座、罗汉床、架子床后背及两侧，近似栏板的装置。

文椅　江浙地区对玫瑰椅的称谓。

乌木　致密如紫檀而色黑如墨的一种硬木，又称“乌鱼”、“乌樠木”、“乌文木”。

五屏风　由五扇组成的座屏风。

五屏风式　椅子和宝座的靠背及扶手、罗汉床的围子、镜台屏风等由 5 扇组成，故此得名。

五圈　五接扶手的圈椅。

杌　没有靠背及扶手的坐具。

杌凳　北方对凳子的通称。

X

线脚　现代建筑及室内装饰用语，今用作各种线条及凹凸面的总称。

镶嵌　用与家具本身有区别的物料来拼镶、填嵌，造出花纹，取得装饰效果。

相思木　鸂鶒木的别名。

箱　有底有盖，可以储藏物品的家具。

香几　以置放香炉为主要用途的几子。

香炉腿　又称撇腿，腿足下端向外微撇后着地。常见于有管脚枨的条案。

香楠木　即楠木。

响膛　用攒边装面心板方法造成的架几案面。

象鼻足　三弯腿卷珠足的别称。

象纹　以象为题材的图案。

销钉　用以固定构件的木钉或竹钉。

小床　榻的别名。

小琴桌　三四尺长或更小的条桌。

小箱　以存放细软及簿册为主要用途的箱子。

小座屏风　放在床榻上或桌案上的小型屏具。

斜卍**字**　欹斜的卍字图案，常见于床围子。

绣墩　坐墩的别名。

须弥座　有束腰的台座。

漩涡枨　呈漩涡状的枨子。

Y

宴桌　清代宫廷赐宴用的矮桌，形同炕桌。

砚屏　案头家具，摆在笔砚之后的小型座屏风。

腰枨　处在上下两个构件之间的枨子，如柜子后背或侧面安在柜顶与柜底之间的枨子。

药柜　存放药品用的多抽屉柜式家具。

药箱　存放药品用的多抽屉箱式家具。

洋庄　做外国人的生意。

衣架　披搭衣服用的架子。

衣笼　《鲁班经匠家镜》语，衣箱之深而大者。

衣箱　有底有盖，可以存放衣物的箱子。

封书　方角柜形式之一。无顶箱，外形有如一套线装书。

一统碑　靠背椅的一种。靠背方正垂直像一统石碑。

椅　有靠背或既有靠背又有扶手的坐具。

椅盘　椅子的屉盘，一般由 4 根边框，中设软屉或硬屉构成。

椅披 披搭在椅子靠背上的丝织品。

椅圈 圈椅上的圆形扶手。

印匣 盛放印玺的箱具，一般为盝（lù）顶式。

瘿木 亦称影木。指木质纹理特征是树之瘿瘤所形成的，并不专指某一种木材。

硬挤门 没有闩杆的柜门，由两扇门硬挤到一起而得名。

硬木 各种硬性木材的统称，与柴木相对而言。

硬屉与软屉 硬屉指家具椅面、榻面用木板镶作；软屉则指用藤面编织成面芯。

油桌 一种案形结体的长方高形桌案，为家庭及店肆的常备家具。

有束腰 面板和牙条之间有收缩部分的家具。

玉器工 特指家具表面的浅浮雕参照了汉代玉器的纹饰和工艺，在硬木家具上比较多见。

圆凳 凳面为圆形的杌凳。

圆雕 四面着刀的立体雕刻。

圆角柜 柜帽圆转角的柜子，多为木轴门，侧脚显著。

月洞式架子床 门罩开圆门的架子床。

月亮门 架子床门罩上的圆门。

月亮扶手 《则例》语，即圈椅上的圆形扶手。

月牙桌 即半圆桌，两张可以拼成一张圆桌。

云鹤纹 以仙鹤及云为题材的图案。

云龙纹 以龙及云为题材的图案。

云头纹 完整而左右对称的云纹。

云纹 云龙、云鹤等各种云纹的总称。

Z

扎榫 苏州地区对走马销的称谓。

杂木 一般木材，与“柴木”意义相近，尤指一件家具使用了几种一般木材。

栽榫 构件本身不出榫，另取木块栽入构件作榫。

樟木 拉丁名 *Cinnamomum Camphora*。可以防虫，宜作箱柜的非硬性木材。

折叠式面盆架 腿足可以折叠的面盆架。

折叠式镜架 支镜装置可以折叠的镜架。

折叠式镜台 支镜装置可以折叠的镜台。

折叠榻 榻身及腿足可以折叠的榻。

折叠椅 《三才图会》语，即直后背交椅。

枕凳 可用作枕头的小凳。

枕屏 放在床榻上的小座屏风。

直后背交椅 后背如灯挂椅的交椅。

直足 无马蹄，直落到地的腿足。

中抹 门扇或围屏居中一根连接两根大边的横材。

烛台 即灯台。

桌 腿足位于四角的为“桌”，有个别品种例外。

紫檀 拉丁名 *Pterocarpus Santalinus*。硬木中最名贵的一种深色材料。

紫檀瘿子 有旋转纹理的紫檀木。

棕绷 用棕绳编成的软屉。

棕绳 编软屉用料。藤屉之下多先用棕绳穿编打底。

综角榫 粽角榫的另外一种写法。

粽角榫 三根方材接合于一角的榫卯。以似粽子的一角而得名。

走马销 栽榫的一种，下大上小。

足 家具的整条腿足，亦指安在托泥之下的小足。

醉翁椅 《三才图会》语，指交椅式躺椅。

做旧 用新木材或老料做成仿老家具，以及在新家具上做出使用痕迹，以鱼目混珠。

坐墩 造型近似木腔鼓的坐具。

座屏风 有底座的屏风，与围屏相对而言。

柞木 拉丁名 *Ouercus Dentata*，属槲（hú）树科。

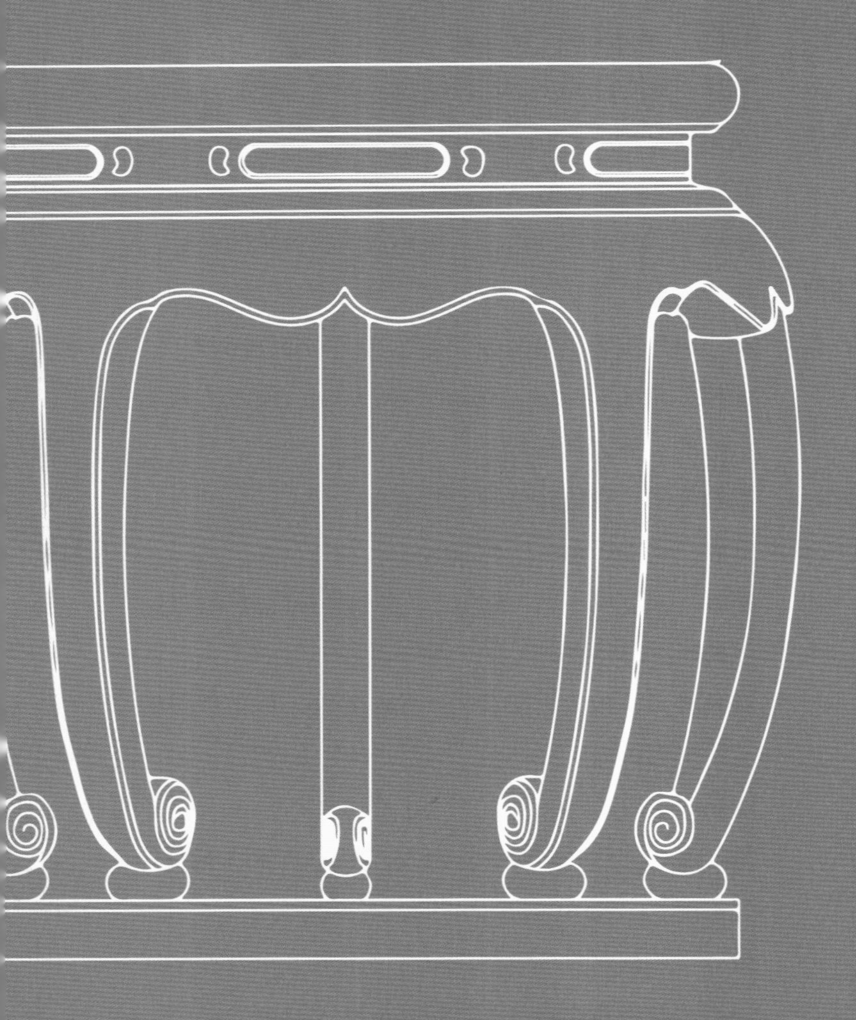

附录D

中国传统家具图片解析

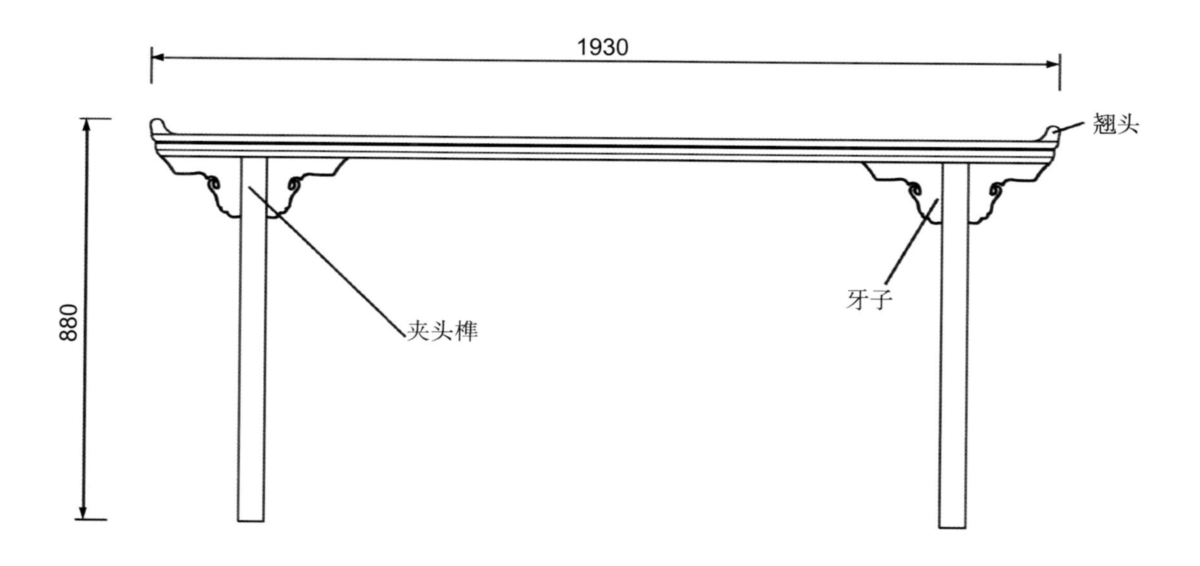
1930
翘头
880
夹头榫
牙子

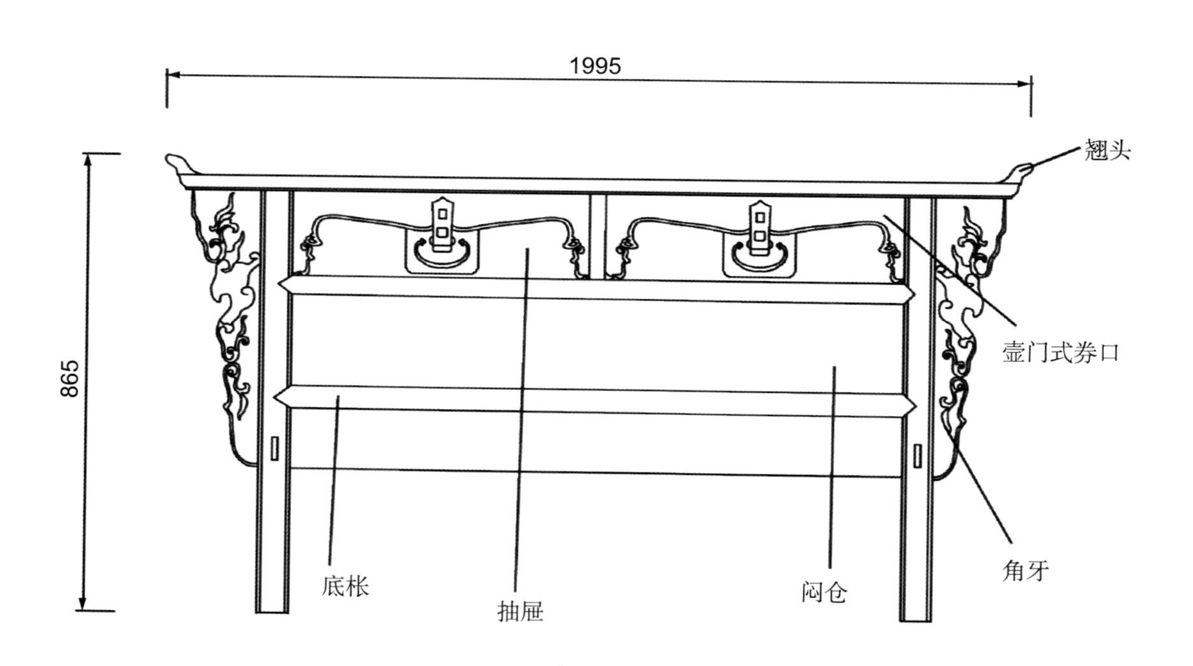
1995
翘头
865
壶门式券口
底枨
抽屉
闷仓
角牙

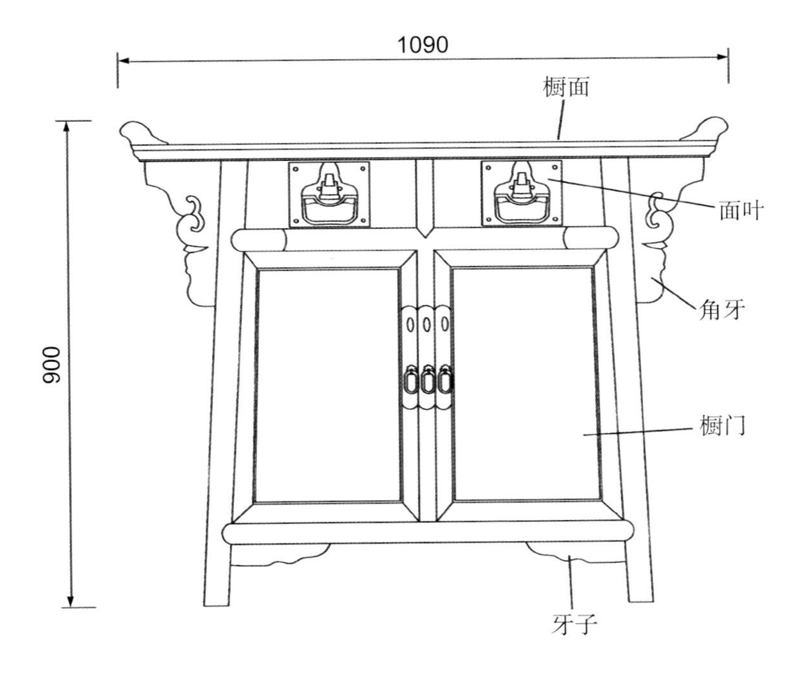
1090
橱面
面叶
900
角牙
橱门
牙子

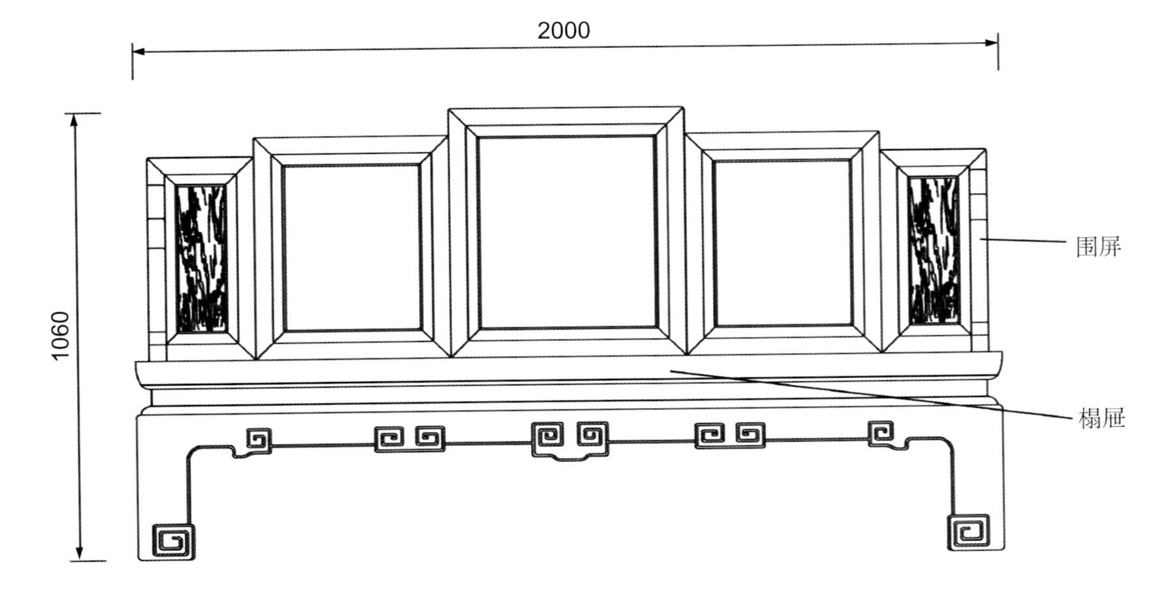
2000
1060
围屏
榻屉

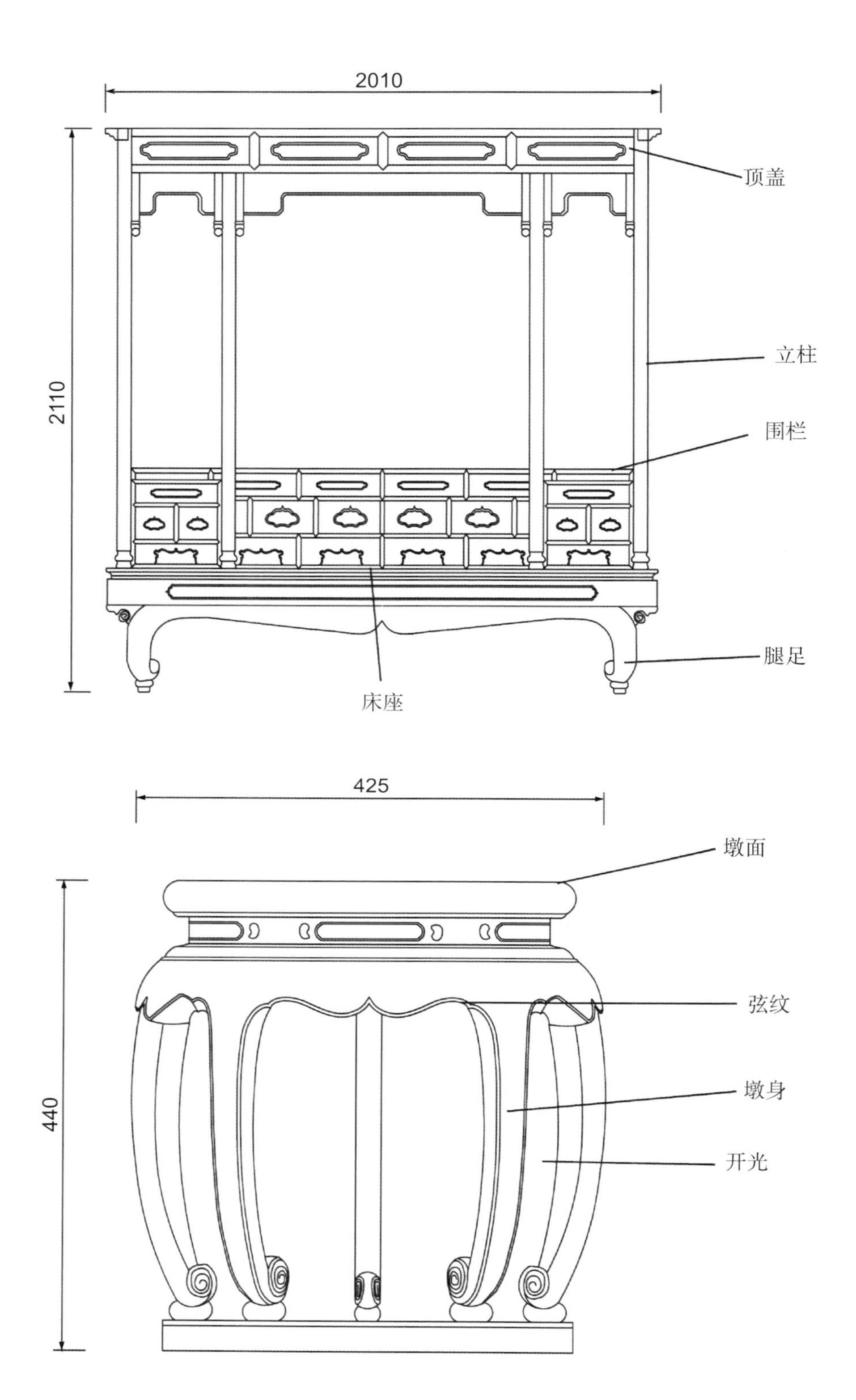
2010
2110
顶盖
立柱
围栏
腿足
床座
425
440
墩面
弦纹
墩身
开光

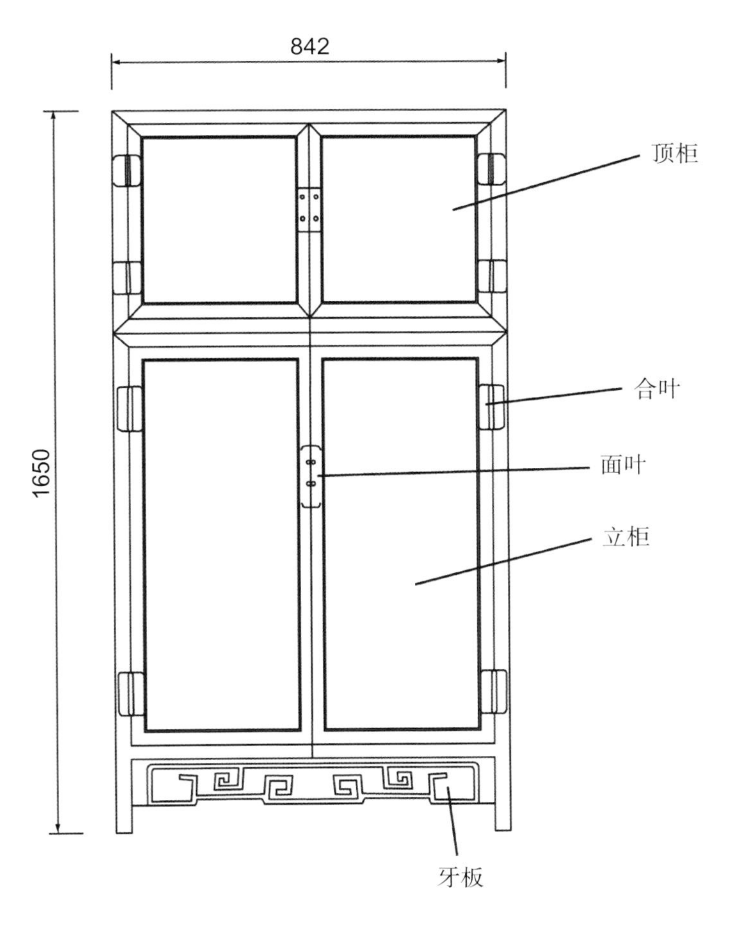
842
1650
顶柜
合叶
面叶
立柜
牙板

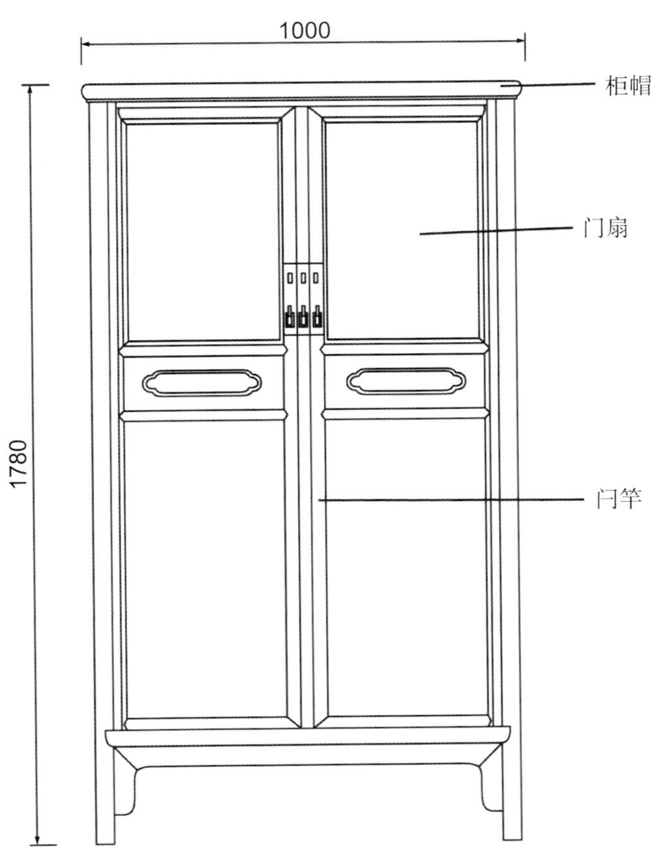
1000
1780
柜帽
门扇
闩竿

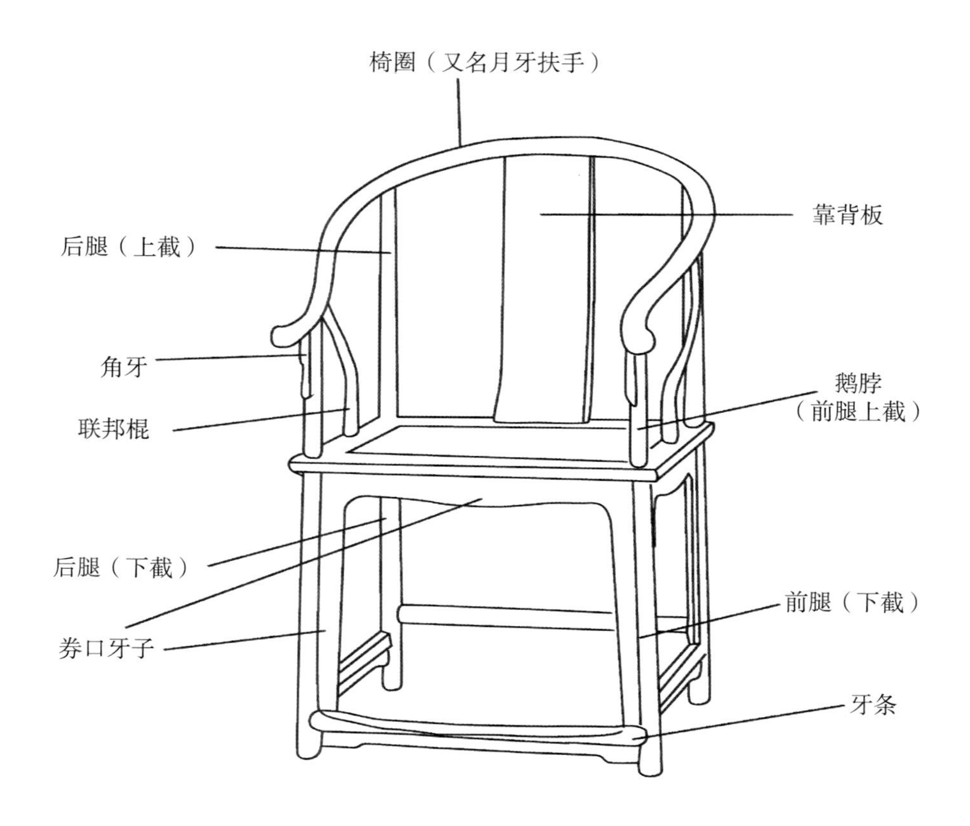
椅圈（又名月牙扶手）
靠背板
后腿（上截）
角牙
鹅脖
（前腿上截）
联邦棍
后腿（下截）
前腿（下截）
券口牙子
牙条

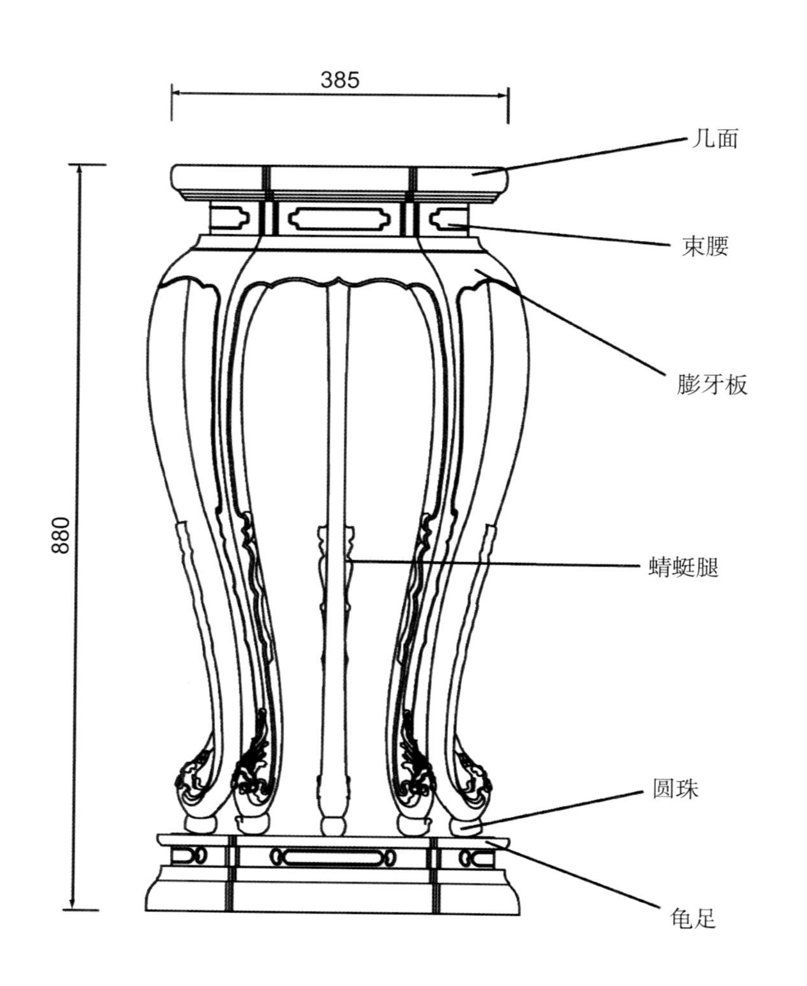
385
几面
束腰
膨牙板
880
蜻蜓腿
圆珠
龟足

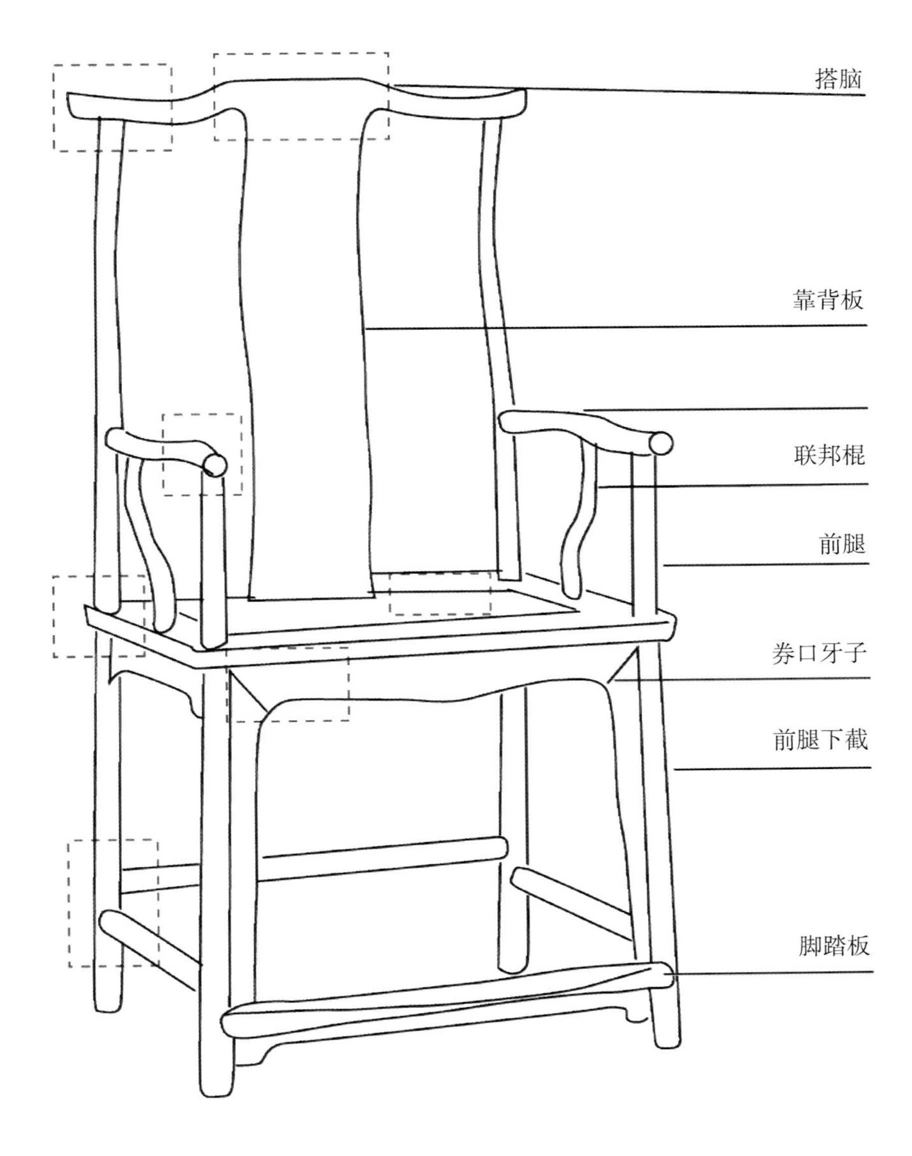
搭脑
靠背板
联邦棍
前腿
券口牙子
前腿下截
脚踏板

图索引

7

8

9

附录 A

后 记

我国城市化的快速发展，对传统文化的解构和破坏是显而易见的，各地无数传统建筑和家具已不复存在。综观全球，2008年的世界经济危机对传统家具产业造成较大冲击，传统家具图书的出版也不断降温。在这样的背景下，《中华民族传统家具大典》的编委们怀着拯救中国传统文化的强烈责任心和使命感，克服种种困难，历时5年，编纂出这部世界家具史上第一部综合性中国传统家具大典。我作为主编，倍感欣慰！

看着眼前堆积如山的书稿，回首过去5年里的点点滴滴，我很激动，也很感慨。5年来，编委们对30多年来收集的海量家具资料进行了深入研究，对书稿进行了细致的推敲，从4万多张图片中认真挑选，注重细节，精益求精。行将付梓的这部书稿涉及的中国传统家具覆盖全国23个省（自治区、直辖市）和16个民族，堪称中国传统家具的百科全书。

为了确保本书的学术权威性、系统性和传承性，在成书过程中，南京林业大学张齐生院士、东北林业大学李坚院士和日本千叶大学名誉教授宫崎清先生为本书的编写提供了很多指导和帮助；20多位编委不计任何报酬，在繁忙的工作中挤出时间，认真阅读和分析了家具界老一辈专家的研究成果，参考了国内外已出版的各种古典家具图书、论文及其相关资料；不少兄弟院校、传统家具企业的领导和设计师们为我们提供了热情支持和无私帮助；我的几届数十名研究生在传统家具图片的收集、分类、处理和整理上费尽了心血。

清华大学出版社的张秋玲编审，亲自策划、亲自指导，对这部书的出版计划进行了一次又一次调整，书稿规模增加到最初计划的3倍，装帧形式也从最初的黑白简装版改为现在的彩色精装版，使读者能够更真切地体会到中国传统家具的美妙；她还亲自拨冗担任责任编辑，以高度的责任心对书稿进行了多次审阅和修改，不断推敲、反复锤炼，不放过书中任何一个有疑点的数据、费解的字句甚至标点符号。

许美琪教授不顾年迈体弱，对本书进行了认真审查；南京林业大学周橙旻副教授和天津城建大学张小开副教授，默默无闻、任劳任怨地承担了一次又一次的书稿修改和汇总工作……正是因为他们的无私付出，才使这部大典能够如期和读者见面。

在此，谨向所有关心、支持和帮助本书出版的单位和专家表示最衷心的感谢！

由于我们经验不足，研究条件有限，第一次承担这样大的课题难免会出现一些疏漏，恳请广大读者和专家批评指教！

张福昌

2016年3月8日凌晨